자가용/사업용/운송용 조종사를 위한

항공교통안전공단 시행
항공종사자(조종사) 한정심사 학과시험 문제집

계기비행증명

필기

편집부 엮음

항공출판사

Preface

    1903년 12월 17일 미국의 라이트형제가 인류 최초로 동력비행을 실시한 이후 비행기의 성능은 급속도로 발전하였습니다. 특히 최초의 제트여객기인 보잉 707 항공기가 1954년 2월 승객 100명을 태우고 비행에 성공하여 대형기의 실용화 시대의 막을 열어주었습니다. 이어 점보제트기의 보급률 증가와 고속화로 대량수송이 가능하게 되었으며, 비행기의 설계, 제작기술 및 생산력의 향상 등 항공기술의 모든 분야에 걸쳐 급격한 발전을 이룩하였습니다.

    우리나라는 1969년 3월 대한항공공사를 민영화하여 오늘날의 대한항공을 설립하였으며, 이후 본격적인 민항공시대로 돌입하여 국제경쟁력을 갖춘 항공운송산업이 발전하는 계기가 되었습니다. 국내 항공운송시장은 2009년 항공운송사업 면허체계 개정으로 국내/국제 항공운송사업과 더불어 소형항공운송사업을 규정함으로써 다양한 항공운송시장의 설립 토대를 마련하였으며, 우리나라의 경제발전과 더불어 세계적인 항공사로 성장하였습니다.

    항공기 제작산업을 살펴보면 1991년 창공-91이 국내기술로 개발한 첫 공식 승인 비행기입니다. 한국 최초의 고유 모델 항공기인 'KT-1'은 터보프롭엔진을 장착한 공군 초등 기본훈련기로 1988년에 개발이 결정되어 1996년에 시험비행을 성공한 후 1999년부터 양산되었으며, 이후 대량 생산되어 외국에도 수출되었습니다. 2002년에는 한국항공우주산업(KAI)이 개발한 초음속 고등 훈련기인 'T-50'의 시험비행에 성공했습니다. 미국의 록히드 마틴과 같은 외국 기술의 도움을 상당히 받긴 했지만, 우리나라는 아음속(亞音速) 비행기와는 차원이 다른 고도의 기술집약체인 초음속 고유 모델 항공기의 세계 12번째 생산국이 된 것입니다. 이후 노후화된 UH-1, 500MD를 대체하기 위해 2006년 6월에 한국형 중형 기동 헬리콥터인 KUH(수리온) 개발에 착수하였고, 2010년에 초도비행에 성공하여 2012년 12월부터 실전 배치되었습니다.

    또한 2021년 4월에는 최초의 국산 전투기인 'KF-21 보라매' 시제기 1호가 출고되었으며, 2022년 7월 초도비행에 성공하였습니다. KF-21 사업은 대한민국의 자체 전투기 개발능력 확보 및 노후 전투기 대체를 위해 추진 중인 공군의 4.5세대 미디엄급 전투기 개발사업입니다. 오는 2026년 6월까지 지상·비행시험을 거쳐 KF-21 개발을 완료하면 우리나라는 세계 8번째 초음속 전투기 독자 개발 국가가 될 전망입니다.

이러한 국내 항공관련 산업 전반에 걸친 확대와 폭넓은 발전에 따라 항공종사자의 역할과 수요도 갈수록 커지고 있습니다.

차후 항공업계에 진출하기 위해 항공종사자 자격증명시험(조종사)을 준비하고 있는 예비 조종사들이나 현재 항공업계에 재직 중인 현직 조종사들이 계기비행증명 한정심사를 공부하는 데 있어서 본서가 도움이 되기를 바라며, 본서의 특징을 들면 다음과 같습니다.

1. 전체 내용을 제1편-계기비행 일반, 제2편-항공교통업무, 제3편-계기비행절차 및 운영으로 구분하여 장/절을 구성하고, 항공종사자 한정심사인 계기비행증명 학과시험의 과목별 세목에 해당하는 내용을 수록하였습니다.

2. 장마다 학과시험에 주로 출제되는 주요 내용을 요약하여 수록하였습니다. 또한 각 장의 말미에 지난해 기출문제를 분석한 총 500여 문항의 출제예상문제를 수록하여 계기비행증명 시험의 출제경향을 파악하고, 이에 대비할 수 있도록 구성하였습니다. 출제예상문제의 추천하는 학습방법은 다음과 같습니다.
   - 적당한 크기의 시트지를 준비하여 문제 아래에 있는 해설 및 정답을 가립니다.
   - 정답을 보지 않고 문제를 풉니다. 먼저 답지를 보고 정답만 알아서는 안됩니다.
   - 틀린 문제에는 체크를 하고, 해설을 확인하여 관련 내용을 숙지합니다.
   - 예상문제를 전부 풀었다면 틀렸던 문제는 다시 풀어봅니다. 틀렸던 문제를 다시 틀리지 않도록 주의를 기울이는 것이 무엇보다 중요합니다.

3. 출제빈도가 높은 문제 위주로 6회 분량(240문제)의 모의고사를 출제하여 본인의 실력 정도를 테스트해 볼 수 있도록 하였습니다. 또한 문제마다 해설을 수록하여 정답/오답의 관련 내용을 파악하여 이해도를 높일 수 있도록 하였습니다.

끝으로 본서를 발간할 수 있도록 예상문제의 출제, 편집, 교정/교열과 검수, 그리고 출판에 이르기까지 모든 부분에 걸쳐 도움을 주신 모든 분들에게 깊은 감사의 말씀을 드립니다.

편집부

Table of Contents

I. 계기비행 일반

제1장. 자세계기비행(Attitude Instrument Flying)
- 제1절. 자세계기비행 일반 ··6
- 제2절. 기본비행기동 ··9
- 제3절. 조종사 항법-60:1 법칙 ··15
- 출제예상문제 ··18

제2장. 비행계기(Flight Instrument)
- 제1절. 동정압계통 계기 ···30
- 제2절. 자기 캠퍼스(Magnetic Compass) ···33
- 제3절. 자이로 계기(Gyroscopic Instrument) ···35
- 제4절. 전자식 비행계기(Electronic Flight Instrument) ···································36
- 출제예상문제 ··38

제3장. 인적요소(Human Factors)
- 제1절. 인적요소 개요 ··47
- 제2절. 항공생리 ··50
- 제3절. 항공심리 ··53
- 출제예상문제 ··61

II. 항공교통업무(Air Traffic Services)

제1장. 항행안전시설(Navigation Aids)
- 제1절. 항행안전무선시설(Radio Navigation Aids) ··64
- 제2절. 항공등화 및 공항표지시설 ···70
- 출제예상문제 ··75

제2장. 항공교통업무 일반
- 제1절. 일반사항 ··90
- 제2절. 조종사가 이용할 수 있는 업무 ···93
- 제3절. 공항 운영(Airport Operations) ···94
- 제4절. 항공교통관제 허가 ··97
- 출제예상문제 ··101

III 계기비행절차 및 운영

제1장. 계기비행절차(Instrument Flight Procedures)

제1절. 비행전(Preflight) ··120
제2절. 출발절차(Departure Procedures) ···122
제3절. 항공로 절차(En Route Procedures) ··123
제4절. 도착절차(Arrival Procedures) ···128
제5절. 접근절차(Approach Procedures) ··134
출제예상문제 ···139

제2장. 관련 일반사항

제1절. 조난 및 긴급절차 ···176
제2절. 항공기상 ···177
제3절. 고도계 수정(Altimeter Setting) ···179
제4절. 항적난기류(Wake Turbulence) ··181
제5절. 항공차트(Aeronautical Charts) ··182
출제예상문제 ···184

IV 모의고사

계기비행증명 학과(필기)시험 제1회 모의고사 ···201
계기비행증명 학과(필기)시험 제2회 모의고사 ···210
계기비행증명 학과(필기)시험 제3회 모의고사 ···219
계기비행증명 학과(필기)시험 제4회 모의고사 ···228
계기비행증명 학과(필기)시험 제5회 모의고사 ···237
계기비행증명 학과(필기)시험 제6회 모의고사 ···246

계기비행증명 (Instrument Rating)

PART 1

계기비행 일반

- 자세계기비행
- 비행계기
- 인적요소

1. 자세계기비행(Attitude Instrument Flying)

제1절 자세계기비행 일반

1. 자세계기비행 방법
 가. 조종계기와 성능계기를 이용하는 방법
  (1) 계기의 구분
   (가) 조종계기(Control instruments)
     조종계기는 자세(attitude)와 출력(power) 지시를 시현하고, 자세와 출력을 정밀하게 조절할 수 있도록 해 준다. 자세를 시현하는 계기는 자세계(attitude indicator) 이다. 출력을 시현하는 계기는 항공기 마다 다르며, 여기에는 manifold pressure gauge, tachometer, fuel flow indicator 등이 포함된다.
   (나) 성능계기(Performance instruments)
     성능계기는 항공기의 실제 성능을 지시한다. 성능(performance)은 altimeter, airspeed 또는 vertical speed indicator를 참조하여 결정할 수 있다.
   (다) 항법계기(Navigation instruments)
     항법계기는 선택된 항법 시설이나 지점(fix)에 대한 항공기 위치를 지시한다. 여기에는 course indicators, range indicators, glideslope indicators, bearing pointers 등과 같은 다양한 형태의 계기가 포함된다.
  (2) 절차적 단계(Procedural steps)
     조종 및 성능계기를 이용하여 조종사가 항공기 자세를 바꿀 때의 절차적 단계는 다음과 같다.
   (가) Establish : 원하는 성능을 얻을 수 있도록 조종계기 상에서 자세와 power를 설정한다.
   (나) Trim : Trim을 사용하여 조종간에 작용하는 압력을 완화 시킨다.
   (다) Cross-check : 성능계기를 cross-check 하여 자세나 power 설정이 원하는 성능을 나타내는지 확인한다. Cross-check에는 보는 것, 그리고 판독하는 것이 모두 포함된다.
   (라) Adjust : 필요한 경우 조종계기 상에서 자세와 power 설정을 조정한다.
 나. 주요계기와 보조계기를 이용하는 방법(Primary and supporting method)
  (1) 계기의 구분
     자세계기비행을 하는 다른 방법은 조종기능과 관련된 계기를 항공기 성능에 따라 분류하는 것이다. 계기는 조종기능에 따라 pitch 조종계기, bank 조종계기, power 조절계기 및 trim 조종계기로 분류된다.
   (가) Pitch 조종계기(Pitch control instruments)
     Pitch 조종은 elevator를 움직여 가로축에 대한 항공기의 회전을 제어한다. 이러한 pitch 자세 조종계기에는 자세계, 고도계, 승강계 및 속도계가 있다. 자세계는 항공기의 pitch 자세를 직접적으로 지시하며, 그 밖의 pitch 자세 조종계기는 항공기의 pitch 자세를 간접적으로 지시한다.

제1장 자세계기비행(Attitude Instrument Flying) 7

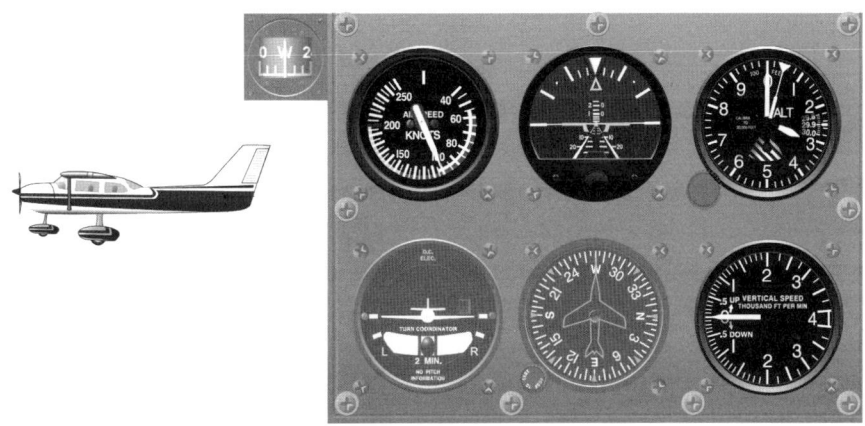

그림 1-1. Pitch 조종계기(Pitch control instrument)

(나) Bank 조종계기(Bank control instruments)
　　Bank 조종은 aileron을 움직여 세로축에 대한 항공기의 회전을 제어한다. 이러한 bank 자세 조종계기에는 자세계(attitude indicator), 방향지시계(heading indicator), 선회지시계(turn coordinator/turn and slip indicator) 및 magnetic compass가 있다.

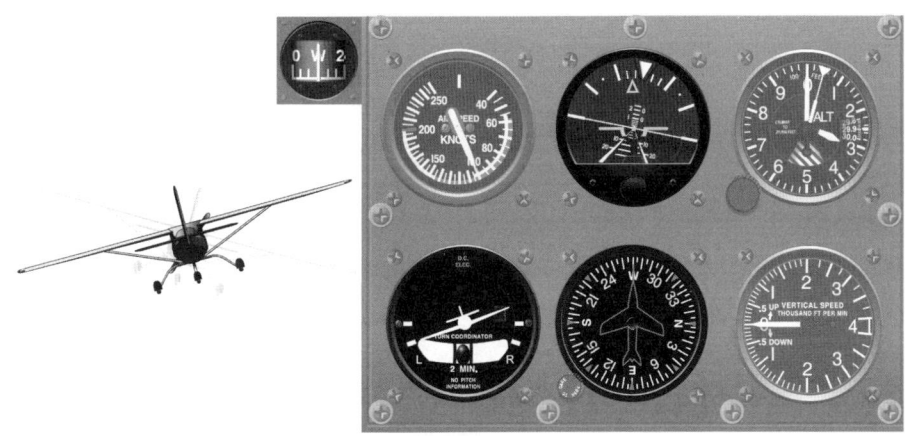

그림 1-2. Bank 조종계기(Bank control instrument)

(다) Power 조절계기(Power control instruments)
　　항공기는 다양한 동력장치로 구동되며, 각 동력장치에는 항공기 작동에 적용되는 출력을 나타내는 특정 계기가 있다. 계기비행 도중 필요한 출력조절을 위해 이러한 계기를 사용하여야 한다. 이러한 출력조절계기에는 속도계와 엔진계기가 있으며, 엔진계기에는 manifold pressure gauge 와 tachometer(RPM)가 있다.

(라) Trim 조종계기(Trim control instruments)
　　부드럽고 정확한 계기비행을 위해서는 적절한 trim 사용이 필수적이다.

(2) 주요계기와 보조계기(Primary instrument and Supporting instrument)
　　어떠한 기동이나 비행상태에서 pitch, bank와 power control의 요구조건은 특정 주요계기(key instrument)에 의해 명확하게 지시된다.

특정 기동이나 조건에서 가장 적절하고 유용한 정보를 제공하는 계기를 주요계기(primary instrument)라고 하고, 주요계기를 대체하고 보완하는 계기를 보조계기(supporting instrument)라고 한다. 예를 들어, 자세계는 항공기 자세정보를 즉각적이고 직접적으로 제공하는 유일한 계기이므로 pitch나 bank 자세를 변경할 때 주요계기로 간주한다. 새로운 자세가 되면 다른 계기가 주요계기가 되고 자세계는 일반적으로 보조계기가 된다.

2. 기본기술(Fundamental Skills)

가. Instrument cross-check

첫 번째 기본기술인 cross-check는 가장 기초가 되는 기술로 자세와 성능정보를 위한 연속적이고 논리적인 계기의 관찰이다. 특히 항공기의 자세와 성능에 대한 적절한 조작을 할 때 반드시 실시되어야 한다.

(1) Cross-check 방법

(가) 선택된 radial cross-check(Selected radial cross-check)

선택된 래디얼(radial) cross-check을 사용할 때 조종사는 시간의 80~90%를 자세계를 보는 데 사용하고, 비행계기 중 하나를 힐끔 보기 위해 자세계에서 시선을 옮긴다. 이 방법으로 조종사의 눈은 비행계기 간 직접 이동하지 않고 자세계를 경유한다.

그림 1-3. 선택된 radial cross-check

(나) Inverted-V cross-check

눈을 움직여 자세계에서 선회지시계로, 다시 자세계로, 아래 방향 승강계로, 다시 자세계로 돌아오는 것을 'Inverted-V cross-check'라 부른다.

(다) Rectangular cross-check

만약 조종사의 눈이 위쪽 세 개의 계기(속도계, 자세계와 고도계)를 가로질러 움직인 다음, 아래쪽 세 개의 계기(승강계, 방향 indicator와 선회지시계)를 훑어본다면, 움직인 경로는 사각형이 될 것이다(시계 방향이나 반시계 방향은 개인적 선택이다). 이 cross-check 방법은 실행되는 기동에 따른 계기 중요도에 상관없이 각 계기로부터의 정보에 동일한 중요도를 부과한다. 그러나 이 방법은 기동에 중요한 계기로 돌아오는 데 걸리는 시간을 연장한다.

그림 1-4. Rectangular cross-check

(2) Cross-check common errors

초보자는 어떤 계기를 보는지 정확히 모르고, 빠르게 계기를 cross-check 할 것이다. 만약 조종사가 훈련하는 동안 기본계기 숙련도를 유지하지 못한다면, 훈련을 하는 동안이나 차후에 다음의 3가지 common error가 생길 수 있다.

(가) Fixation : 하나의 계기에만 집중해서 다른 계기를 보지 못하거나 보는 시간이 줄어드는 경우

(나) Omission : Scanning을 하는 동안 특정 계기에 대한 reading을 하지 않거나, 필요시에 보지 못하는 경우

(다) Emphasis : Cross-check을 통한 전반적인 계기 이해가 아닌 특정 계기에 의존하는 행위

나. 계기 판독(Instrument interpretation)

두 번째로 기본적인 기술인 계기 판독은 충분한 연구와 분석을 필요로 한다. 계기 판독은 각 계기의 구조와 작동원리를 이해하는 데서 시작한다. 그런 다음 비행하고 있는 항공기의 성능, 실행할 특정 기동, cross-check와 항공기에 적용할 수 있는 조종기술, 조작하고 있는 비행상황에 지식을 적용해야 한다.

다. 항공기 조종(Aircraft control)

세 번째 기본적인 계기비행기술은 항공기 조종이다. 항공기 조종은 pitch control, bank control, power control 및 trim의 네 가지 요소로 구성되어 있다.

제2절 기본비행기동(Basic Flight Maneuvers)

1. 직진수평비행(Straight-and-Level Flight)

가. Pitch 조종(Pitch control)

비행기의 pitch 자세는 비행기의 종축과 실제 수평선과의 각도이다. 수평비행을 할 때 pitch 자세는 대기속도와 무게에 따라 변한다. 항공기의 pitch 자세를 판단하는 데 사용되는 계기에는 자세계, 고도계, 승강계 및 속도계가 있다.

(1) 자세계(Attitude indicator)

항공기의 pitch 자세를 직접적으로 나타내주는 자세계는 수평비행을 유지하기 위한 보조계기가

된다. 원하는 pitch 자세는 elevator를 조종하여 자세계의 horizon Bar를 기준으로 miniature aircraft를 올리거나 내려서 얻을 수 있다.

(2) 고도계(Altimeter)

고도계는 수평비행을 유지하기 위한 주요 pitch 계기가 된다.

일정한 power 상태에서 수평비행을 하는 동안 고도가 변하는 것은(turbulence air를 제외하고) pitch 변화의 결과이다. 그러므로 고도계는 일정한 power로 수평비행을 할 때 pitch 자세를 간접적으로 지시한다.

(3) 승강계(Vertical Speed Indicator)

승강계는 고도계와 마찬가지로 pitch 자세를 간접적으로 지시하며, 추세(trend) 계기이자 비율(rate) 계기이다. 승강계는 추세 계기로서 비행기의 초기 수직 움직임을 즉각적으로 보여주므로 수평비행을 유지하기 위한 보조계기가 된다. 수평비행을 유지하기 위해 승강계를 고도계와 자세계와 함께 사용한다.

승강계(VSI)를 비율 계기로 사용하고 고도계, 자세계와 연계하여 수평비행을 유지하는 데 사용할 때, 다음을 명심해야 한다. 원하는 고도에서 멀어진 고도는 원하는 고도로 돌아갈 때의 비율과 관련이 있다. 어림셈으로 vertical-speed rate는 고도오차의 두 배를 적용한다. 예를 들어, 고도가 100 ft 벗어났다면, 원하는 고도로 돌아가기 위한 상승률은 분 당 200 ft(200 fpm)가 된다. 만약 100 ft 이상 차이가 나면, 수정은 상응하여 더 커야 한다. 그러나 주어진 속도와 외장에서 비행기의 최적 상승률이나 강하율을 넘어서는 안 된다.

때때로 비행기가 수평비행 중일 때, VSI 조정이 안 되어 약간 상승이나 강하를 지시할 수 있다. 만약 계기를 조정할 수 없다면, pitch 조종을 할 때 오차를 고려해야 한다. 예를 들어, 수평비행 시 바늘이 200 fpm 강하를 지시하면 그 지시를 0으로 간주하여야 한다.

나. Bank 조종(Bank control)

비행기의 bank 자세는 비행기의 횡축 수평선과의 각도이다. 직진수평비행 경로를 유지하기 위해 비행기의 날개와 수평선이 수평을 이루어야 한다. Bank 조종에 사용되는 계기는 자세계, 방향지시계 및 turn coordinator 이다.

(1) 자세계(Attitude indicator)

자세계는 bank 자세의 변화를 직접적으로 그리고 즉각적으로 나타내므로 수평비행을 유지하기 위한 보조계기가 된다. 자세계의 분명한 이점은 pitch와 bank 자세를 한 눈에 즉시 볼 수 있다는 것이다.

(2) 방향지시계(Heading indicator)

비행 중에 bank가 발생하면 이로 인해 선회가 발생하고, heading이 변하므로 항공기의 bank 자세는 방향지시계에 간접적으로 나타난다. 따라서 방향지시계는 수평비행을 유지하기 위한 주요 bank 계기가 된다.

방향지시계를 보고 직진수평비행에서 벗어나는 것을 인지했을 때, 원하는 방향으로 돌아가기 위해 선회할 방향의 각도를 초과하지 않는 bank를 사용하여 수정한다. 즉 방향 10° 이내 변화 시 10° bank angle로 수정하고, 그 이외의 경우에도 bank 수정을 위한 bank angle은 표준율 선회를 넘어서는 안된다. 더 많은 bank angle을 사용하는 것은 높은 수준의 실력이 필요하고, 과조작(over control)과 비정상적인 bank control의 결과를 가져올 수 있다.

(3) Turn coordinator

Turn coordinator의 miniature aircraft는 비행기의 bank 자세를 간접적으로 나타낸다. miniature aircraft가 수평일 때, 비행기는 직진비행이 된다.

그림 1-5. Bank control

다. Power 조절(Power control)

주어진 특정 속도에서의 power 설정은 비행기가 수평비행을 할지 또는 상승이나 강하를 할지를 결정짓는다. 만약 직진수평비행에서 속도를 일정하게 유지하고 power를 증가시키면 비행기는 상승할 것이고, 속도를 일정하게 유지하고 power를 감소시키면 비행기는 강하할 것이다. 반면에 고도를 일정하게 유지한다면 power의 적용이 속도를 결정하게 된다. 따라서 airspeed indicator는 수평비행을 유지하기 위한 주요 power 계기가 된다. 보조 power 계기는 manifold pressure gauge 이다. 또는 propeller가 fixed pitch일 경우 tachometer가 된다.

2. 직진 상승과 강하(Straight Climbs and Descents)

가. 상승(Climb)

(1) 진입(Entry)

수평비행 상태에서 정속상승비행으로 진입하기 위해서는 선정된 상승속도에 맞는 대략적인 nose-high 자세로 miniature aircraft를 들어 올린다. Pitch 변경과 동시에 상승 출력 설정으로 출력을 높이거나, pitch를 변경한 다음 상승속도에 근접한 이후에 출력을 높일 수도 있다. 상승 진입을 위해 자세계는 pitch의 primary 계기가 되고 방향지시계는 bank의 primary가 된다. 적절한 상승 power 설정이 유지되는지를 확인하기 위해 tachometer나 manifold pressure gauge가 primary 계기가 된다.

비행기가 정속상승자세에서 안정된 다음, 속도계는 pitch의 primary 계기가 되고 방향지시계는 bank의 primary가 된다. 적절한 상승 power 설정이 유지되는지를 확인하기 위해 주요계기로 조종사는 tachometer나 manifold pressure gauge를 주시할 것이다. 만약 선택된 power 설정 시의 상승자세를 유지한다면, 속도는 원하는 속도에서 안정이 될 것이다. 만약 속도가 높거나 낮다면, 적절한 약간의 pitch 수정을 하면 된다. Constant-airspeed climb에 진입하기 위해, 직진수평비행을 하면서 먼저 순항속도에서 상승속도로 속도를 줄인다.

정률상승에 진입하는 기술은 순항속도에서 정속상승에 진입하는 데 사용되는 방법과 아주 유사하다. 대략적인 설정에 원하는 비율로 power가 증가하면 동시에 원하는 속도와 상승률에 맞도록 miniature aircraft를 들어 올린다. Power가 증가하면 VSI가 원하는 수치에 도달하기 전까지 속도계는 pitch control의 주요계기가 된다. VSI가 안정되면 VSI는 pitch 조종의 primary가 되고, tachometer나 manifold pressure gauge는 power 조절의 primary가 된다. 방향지시계는 bank 조종의 primary가 되고 자세계와 turn coordinator는 bank 조종의 보조계기가 된다.

(2) 수평조작(leveling off)

상승을 하다 level-off를 하려면 원하는 고도에 도달하기 전에 pitch를 줄여야 한다. 원하는 고도에 도달하기 전에 pitch를 변경하지 않으면 항공기의 관성으로 인해 수평 pitch 자세로 전환하는 동안 원하는 고도를 지나치게 된다. Lead의 양은 상승률에 따라 달라진다. 상승속도가 빠를수록 level off에 더 큰 lead가 필요하다. 하나의 효과적인 방법은 상승률의 10% 이전에 level off를 하는 것이다. (예를 들어 상승률이 1,000 fpm인 경우, 1,000 fpm ÷ 10 = 100 ft lead)

나. 강하(Descents)

직진수평비행을 유지하면서 속도를 강하속도로 줄인 다음 출력을 감소시킨다. 출력을 조절함과 동시에 기수를 내려 일정한 속도를 유지하고, trim을 사용하여 조종간에 작용하는 압력을 완화한다. 정속강하를 하는 동안 원하는 속도에서 벗어나면 pitch 조절이 필요하다. 정률강하의 경우 진입은 정속강하와 동일하지만, 원하는 강하율 근처에서 안정되었을 때 VSI가 pitch 조종에 primary가 되고 방향지시계가 bank 조종에 primary가 된다. 속도계는 power 조절에 primary가 된다.

3. 선회(Turns)

가. 선회비행

(1) 선회율(Rate of turn)

선회율이란 단위 시간당 비행기 heading 각도의 변화율을 말하며, 일반적으로 1초 동안 변화한 각도로 나타낸다.

계기비행의 표준선회율은 초당 3°의 heading 변경이다. 따라서 표준선회율에서 90°의 선회에는 30초, 180° 선회에는 1분, 그리고 360°의 선회에는 2분이 소요된다. 반표준율 선회는 초당 1.5°의 heading 변경이며, 이 선회율로 완전한 360° 선회를 하는 데는 4분이 소요된다.

(2) 선회반경과 선회경사각

선회율은 대기속도와 선회경사각의 함수로서 대기속도에 반비례하고 선회경사각에 비례한다. 비행속도가 빠르면 빠를수록 선회반경은 커지고 선회율은 감소한다. 반대로 비행속도가 느리면 느릴수록 선회반경은 작아지고 선회율은 증가한다. 따라서 더 빠른 비행속도에서 동일한 선회율을 유지하기 위해서는 더 큰 선회경사각이 필요하다.

표준율 선회에 필요한 대략적인 선회경사각을 결정하는 방법은 대기속도의 15%를 사용하는 것이다. 이를 구하기 위해서는 대기속도를 10으로 나눈 다음, 여기에 값의 1/2을 더한다. 예를 들어 100 knots의 대기속도로 표준율 선회를 하는데 필요한 대략적인 선회경사각(bank angle)을 구하면 다음과 같다.

$$선회경사각(bank\ angle) = \frac{100}{10} + \left(\frac{1}{2} \times \frac{100}{10}\right) = 5°$$

(3) 내활(slip) 및 외활(skid)

정상 수평선회는 항공기가 선회할 때 양력의 수평성분과 원심력이 균형을 이루는 상태이다. 외활(skid)은 선회에 필요한 bank 양보다 rudder 양이 많아서 양력의 수평성분보다 원심력이 큰 상태이다. 반대로 내활(slip)은 선회에 필요한 bank 양보다 rudder 양이 적어서 양력의 수평성분보다 원심력이 작은 상태이다.

비행속도와 선회경사각이 일정하다고 가정했을 때 원심력이 클수록 선회반경은 짧아진다. 따라서 선회 중 외활(skid)이 발생하면 선회반경은 짧아지며, 내활(slip)이 발생하면 선회반경은 증가하게 된다.

나. 표준율 선회(Standard-rate turns)

표준율 수평선회에 진입하기 위해, 원하는 선회방향으로 aileron과 rudder에 압력을 가한다. Roll-in을 하는 동안 자세계를 사용하여 대략적인 bank 각도를 맞추고, turn coordinator의 miniature aircraft로 표준율 선회가 이루어지고 있는지 또는 turn and bank indicator를 확인한다. 고도계는 pitch 조절에 주요계기가 된다. Turn coordinator의 miniature aircraft를 primary bank 기준으로 사용하고 자세계를 보조 bank 계기로 사용하여 표준율 선회를 위한 bank를 유지한다.

Roll-in을 하는 동안 bank가 증가하면 수직 양력 성분이 감소하므로 고도계, 승강계와 자세계를 확인하여 필요한 경우 pitch를 조절한다. 일정한 속도를 유지하려면 속도계는 power에 대한 primary가 되고, 항력이 증가하면 throttle을 조절해야 한다.

다. 시간차 선회(Timed turns)

시간차 선회는 주어진 시간에 특정 각도로 heading을 변경시키기 위하여 시계와 turn coordinator를 사용하는 선회이다. 예를 들어 표준율 선회(초당 3도)의 경우 비행기는 15초 동안 45°를 선회하고, 반표준율 선회의 경우 비행기는 30초 동안 45°를 선회한다.

Turn coordinator가 표준율 선회를 지시하도록 설정하고, 시계의 초침이 주요 지점(12, 3, 6, 9)을 지날 때 방향지시계의 heading을 확인한다. 일정한 선회율로 선회하는 동안 10초 간격으로 heading의 변화를 확인한다. 10초 동안 비행기의 heading이 30° 미만이거나 30°를 초과했다면, turn coordinator의 miniature aircraft로 선회경사각을 조절하여 표준율 선회가 되도록 하여야 한다. Turn coordinator의 miniature aircraft는 bank 조종의 primary가 되고, 고도계는 pitch 조종의 primary가 되며 속도계는 power 조절의 primary가 된다.

라. 나침반 선회(Compass turns)

대부분의 소형 비행기에서 magnetic compass는 유일하게 다른 비행계기와 동력원과는 무관한 방향지시 계기이다. Magnetic compass로 선회를 할 때는 다음과 같은 지시선도(lead)와 지시지연(lag)을 고려하여야 한다. 15°에서 18° 사이의 선회경사각(bank angle)으로 북쪽이나 남쪽 방향으로 선회를 할 때 lead나 lag의 양은 선회를 실시하고 있는 지역의 위도에 따라 달라지고 대략 위도와 동일하다.

북쪽 방향으로 선회를 할 때, roll-out에 사용되는 lead는 해당 지역의 위도(latitude)에 선회 회복 시에 일반적으로 사용되는 lead를 더한다. 남쪽 방향으로 선회를 할 때는 위도에 선회 회복 시에 사용되는 lead를 뺀다. 예를 들어 위도가 30°인 곳에서 동쪽 방향으로 비행을 하다 북쪽으로 선회할 경우에는 나침반이 37°(30°, 그리고 15° bank angle의 절반을 더한 값)를 가리킬 때 roll-out을 시작한다. 동쪽 방향으로 비행을 하다 남쪽으로 선회할 경우에는 나침반이 203°(180°에 30°를 더하고 bank angle의 절반을 뺀 값)를 가리킬 때 roll-out을 시작한다. 서쪽 방향으로 비행을 하다 선회를 할 경우 roll-out을 시작할 적절한 지점은 북쪽으로 선회 시 323°, 그리고 남쪽으로 선회 시에는 157°이다.

북쪽 방향으로 비행을 하다 동쪽이나 서쪽으로 선회할 경우에는 동쪽이나 서쪽이 지시되기 대략 10°에서 12° 이전에 roll-out을 시작한다. 남쪽 방향으로 비행을 하다 동쪽이나 서쪽으로 선회할 경우에는 동쪽이나 서쪽이 지시되기 대략 5° 이전에 roll-out을 시작한다.

4. 비정상 자세와 회복(Unusual Attitudes and Recoveries)

비정상 자세는 보통 계기비행에 필요하지 않은 비행 자세이다. 대형 운송 항공기의 경우 25°를 초과하는 nose up pitch 자체, 10°를 초과하는 nose down pitch 자세, 그리고 45°를 초과하는 선회경사각(bank angle)을 일반적으로 비정상 자세(unusual attitude)라고 정의한다.

심하지 않은 비정상 자세의 경우 조종사는 자세계를 이용하여 회복할 수 있다. 그러나 자세계가 spillable type이면 이미 지시범위를 초과했을 수도 있고, 기계적인 고장으로 인해 오작동할 수도 있으므로 자세계에 의존해서는 안된다. 자세계가 nonspillable type이고 올바르게 작동한다 하더라도 최대 5°의 pitch와 bank error가 발생할 수 있고 급격한 자세에서는 지시를 판독하기가 매우 어렵다. 비정상 자세가 발생하면 POH/AFM에서 추천하는 회복 절차에 따라야 한다. POH/AFM에 추천하는 절차가 없다면 속도계, 고도계, 승강계 및 turn coordinator를 참조하여 회복하여야 한다.

가. Nose-high 자세(Nose-high attitudes)

Nose-high 비정상 자세의 주요 증상은 속도 감소와 고도 증가이다. 만약 속도가 줄고 있거나 원하는 속도 이하라면, 감속되는 비율에 따라 필요한 만큼 power를 증가시켜야 한다. 실속을 방지하기 위해 nose를 내리고, aileron과 rudder에 압력을 가해 bank를 수정하여 날개를 수평으로 유지한다. 수정 조작은 거의 동시에 적용되지만 순서는 위와 같다. 고도계와 속도계의 움직이는 방향이 반전되기 전에 멈추고 승강계가 반전의 경향을 나타낼 때 수평비행자세에 도달한 것이다. 직진수평비행은 miniature aircraft가 수평이 되고 turn coordinator의 ball이 중앙에 있을 때 이루어진다.

비정상적인 자세에서 자세계가 한계를 초과한 경우, nose-low나 nose-high 자세인지는 속도계와 고도계로 판단할 수 있다. 승강계도 유용하지만 난기류에서는 신뢰할 수 없다.

나. Nose-low 자세(Nose-low attitudes)

Nose-low 비정상 자세의 주요 증상은 속도 증가와 고도 감소이다. 만약 속도가 증가하고, 또는 원하는 속도 이상일 때는 과도한 속도와 고도 손실을 막기 위해 power를 줄여야 한다. Aileron과 rudder에 압력을 가해 bank 자세를 수정하여 날개를 수평으로 유지한 다음 nose를 서서히 올린다. 고도계와 속도계의 바늘 움직임이 감소하면 자세는 수평비행에 접근하고 있는 것이다. 바늘이 멈추고 반대로 움직이면 항공기는 수평비행을 지나치고 있는 것이다.

속도계, 고도계와 turn coordinator의 지시가 안정되면 자세계를 cross-check 하는 데 포함시킨다. 만약 IFR 상황에서 주어진 고도에서 비정상 자세에 진입했다면 직진수평비행으로 안정시킨 다음 원래 고도로 돌아간다.

제3절 조종사 항법(Pilot Navigation) - 60:1 법칙

1. 60:1 법칙(Sixty-to-one Rule)

60:1 법칙은 모든 항법 계산의 기초가 되는 법칙으로 이를 간단히 나타내면, 각도 1°는 60 NM 떨어진 거리에서 1 NM의 원호(거리)에 해당한다는 것이다.

이 규칙은 원(circle)의 성질에서 나온 것이다. 반지름 R인 원의 원주 길이는 $2\pi R$ 이다. 원의 중심각은 360°이므로 원호 1°의 원주 길이는 $\frac{2\pi R}{360}$ 이다.

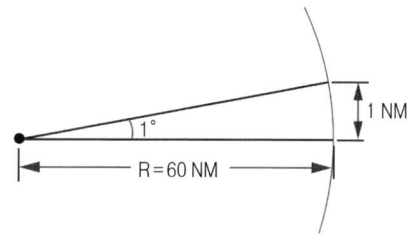

2π는 약 $6(2 \times 3.142)$ 이므로, 반지름(R)이 60 NM 일 때, 원호(arc) 1°의 원주 길이는 대략 $\frac{2\pi R}{360} = \frac{6 \times 60}{360} = 1 \, \text{NM}$이 된다.

그림과 같이 1°의 각도는 60 NM 떨어진 거리에서 약 1 NM의 길이에 해당한다는 것이 기본적인 60:1의 법칙이다. 따라서 1° 편위되어 60 NM을 비행한 후에는 1 NM을 벗어나게 된다고 볼 수 있다. 60:1의 법칙이 선형적으로 비례 됨을 가정할 때 120 NM 떨어진 곳에서 1° 원호의 길이는 약 2 NM이 되고, 180 NM 떨어진 곳에서는 약 3 NM이 될 것이다.

60:1의 법칙은 각도가 커질수록 오차도 커지기 때문에 이러한 법칙을 큰 각도에 적용할 때는 오차를 염두에 두어야 한다.

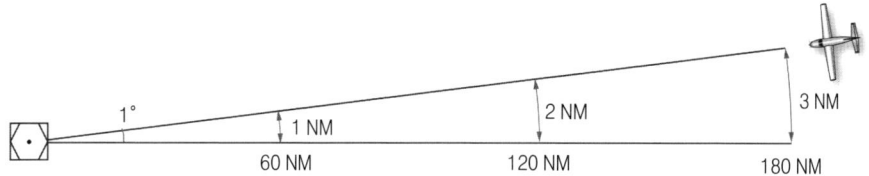

2. 60:1 법칙의 적용

가. Station까지의 시간과 거리(Time/Distance to station)

비행 중인 항공기는 지상에 설치된 항행안전무선시설(예; VOR/DME, NDB)로부터 송신되는 전파를 수신하여 지상국(station)으로부터의 상대적인 위치와 거리를 알 수 있다. 지상에 설치된 항행안전무선시설로부터 항공기까지의 상대적 위치를 radial이라 하며, 항공기로부터 지상국까지의 위치를 bearing이라고 한다. 일반적으로 radial은 VOR 시설을 이용하여 측정한 항공기 위치를 말하며, NDB 시설을 이용하여 측정한 위치를 bearing이라고 한다.

지상에 설치된 station의 bearing이 항공기 heading에 직교에 가까울 때, 즉 ADF 또는 VOR 등의 상대방위(relative bearing)가 항공기 heading 090° 또는 270°의 10° 이내일 때 다음과 같은 공식에 의거 항공기로부터 station까지의 시간과 거리를 구할 수 있다.

$$\text{Station까지의 시간} = \frac{\text{방위 변화 소요시간(분)} \times 60}{\text{방위 변화량(°)}}$$

$$\text{Station까지의 거리} = \frac{\text{비행 속도} \times \text{방위 변화 소요시간(분)}}{\text{방위 변화량(°)}}$$

[예제] 항공기가 200 kts의 속도로 비행 중 ADF bearing이 10° 변화하는데 30초가 소요되었다면, 이 항공기로부터 station까지의 시간 및 거리는 얼마인가?

[풀이]
- Station까지의 시간 = $\dfrac{\text{방위 변화 소요시간(분)} \times 60}{\text{방위 변화량(°)}} = \dfrac{0.5 \times 60}{10} = 3분$
- Station까지의 거리 = $\dfrac{\text{비행 속도} \times \text{방위 변화 소요시간(분)}}{\text{방위 변화량(°)}} = \dfrac{200 \times 0.5}{10} = 10\,\text{NM}$

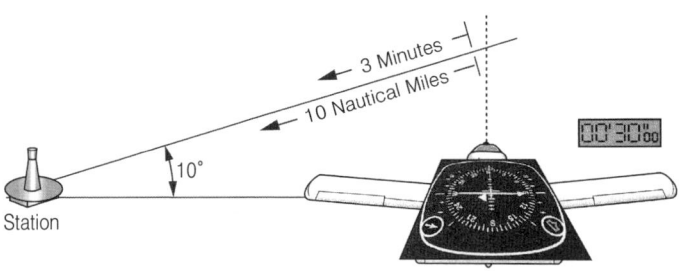

나. 편위각(Track error angle)

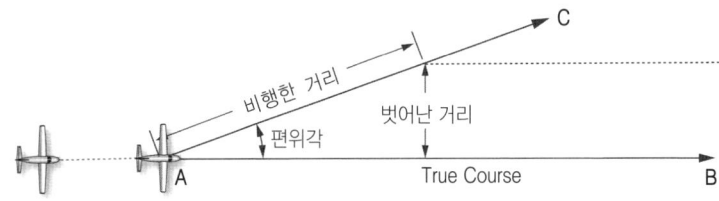

그림 1-6. 편위각(Track error angle)

그림 1-6과 같이 A 지점에서 B 지점으로 AB 항로를 따라 비행하고 있는 항공기가 항로를 벗어나 C 지점으로 향하게 되었을 경우, 원래의 항로로부터 벗어난 각도인 편위각을 구하는 공식은 다음과 같다. 항공기가 원래의 항로인 AB 항로와 평행하게 비행하기 위해서는 벗어난 각도의 반대 방향으로 편위각만큼 침로를 수정하여야 한다.

$$\text{편위각(°)} = \dfrac{\text{벗어난 거리} \times 60}{\text{비행한 거리}}$$

[예제] 출발지점으로부터 30 NM 비행 중 항공기의 위치가 항로에서 4 NM 벗어났다면 항로에서 몇 도 벗어난 것인가?

[풀이] 편위각(°) = $\dfrac{\text{벗어난 거리} \times 60}{\text{비행한 거리}} = \dfrac{4 \times 60}{30} = 8°$

다. 상승률(Rate of climb)

상승률이란 항공기의 수직방향에 대한 속도를 말하며, 분당 상승거리로 나타내어 fpm(feet per minute)으로 표시한다. 대지속도(groudspeed)를 알 때 거리당 상승거리(FPNM, feet per nautical mile)의 기울기로 상승하기 위한 상승률을 구하는 공식은 다음과 같다.

$$\text{상승률(fpm)} = \text{NM 당 상승거리(ft/NM)} \times \dfrac{\text{대지속도(GS)}}{60}$$

[예제] 8,000 ft까지 300 ft/NM의 최저 climb rate가 요구되는 계기출발절차의 경우, 항공기가 100 kts의 ground speed로 상승할 때 필요한 분당 상승률(rate of climb)은 얼마인가?

[풀이] 상승률(fpm) = NM 당 상승거리(ft/NM) × $\dfrac{\text{대지속도(GS)}}{60}$

$$= 300 \times \dfrac{100}{60} = 500 \text{ fpm}$$

라. 강하율(Rate of descent)

60:1 법칙을 이용하여 주어진 속도에서 원하는 강하각(descent angle)을 유지하기 위해 필요한 강하율을 구하면 다음과 같다. 식과 같이 ILS approach 시 Groundspeed가 증가하면 glide slope를 유지하기 위한 강하율은 증가한다.

$$\text{강하율(fpm)} = \text{강하각} \times 100 \times \dfrac{\text{대지속도(GS)}}{60}$$

[예제] Ground speed 120 kts의 항공기가 glide slope 5.5°인 공항에 접근 중이다. 지정된 glide slope를 유지하기 위해 필요한 강하율은 얼마인가?

[풀이] 강하율(fpm) = 강하각 × 100 × $\dfrac{\text{대지속도(GS)}}{60}$

$$= 5.5 \times 100 \times \dfrac{120}{60} = 1,100 \text{ fpm}$$

마. 강하시작지점(TOD, Top of descent)

강하시작지점(TOD)은 항공기가 목적지공항에 도착한 경우 순항고도에서 저고도로 강하를 시작하는 지점을 의미한다. 일반적으로 idle power 강하의 경우 TOD는 고도에 의해 결정되며, 계기접근 시 arrival segment에서의 TOD는 300 ft/nm의 강하율을 기준으로 한다.

강하를 시작해야 하는 거리를 구하는 간단한 방법(rule of thumb) 중의 하나는 강하해야 하는 고도를 300으로 나누어 강하를 시작해야 하는 거리를 구하는 것이다. 예를 들어 현재 고도가 9,000 ft이고 FAF 고도가 3,000 ft인 경우, 접근을 위해 강하해야 하는 고도는 6,000 ft 이다. 여기서 강하해야 할 고도 6,000 ft를 300으로 나누면 20이 된다. 따라서 FAF 20 NM 이전에 강하를 시작하면 된다.

출제예상문제

I. 자세계기비행 일반(Navigation Aids)

【문제】1. 조종사가 항공기 자세를 바꿀 때 4단계의 조작순서로 올바른 것은?
  ① Established - Trim - Crosscheck - Adjust
  ② Established - Trim - Adjust - Crosscheck
  ③ Crosscheck - Established - Trim - Adjust
  ④ Crosscheck - Trim - Established - Adjust

〈해설〉 조종사가 조종계기와 성능계기를 이용하여 항공기 자세를 바꿀 때의 절차적 단계는 다음과 같다.
  1. Establish : 원하는 성능을 얻기 위해 조종계기들에 자세와 동력을 맞춘다.
  2. Trim : 조종간 압력이 중립이 되도록 trim을 사용한다.
  3. Cross-check : 성능계기들을 cross-check 한다.
  4. Adjust : 필요한 만큼 조종계기에서 자세와 동력 설정을 조정한다.

【문제】2. 자세계기비행의 3가지 기본기술은?
  ① 계기 판독, Trim application, 항공기 조종
  ② Cross-check, 계기 판독, 항공기 조종
  ③ Cross-check, Emphasis, 항공기 조종
  ④ Cross-check, Trim application, 항공기 조종

〈해설〉 모든 자세계기비행의 3가지 기본기술을 사용하는 올바른 순서는 다음과 같다.
  1. 크로스체크(cross-check) : 고도 및 성능정보에 대한 계기의 지속적이고 논리적인 관찰
  2. 계기 판독(instrument interpretation)
  3. 항공기 조종(aircraft control)

【문제】3. 계기의 cross-check 시 각각의 계기에 동일한 비중을 두고 보는 방법은?
  ① Rectangular cross-check   ② Inverted-V cross-check
  ③ Selected radial cross-check   ④ Square zone cross-check

〈해설〉 Instrument cross-check 방법은 다음과 같다.
  1. 선택된 radial cross-check(Selected radial cross-check) : 자세계를 중심으로 주변의 계기를 순서대로 왕복하는 방법
  2. Inverted-V cross-check : 자세계를 중심으로 turn and slip과 VSI를 집중해서 보는 방법
  3. Rectangular cross-Check : 한 계기에 중점을 두지 않고, 각 계기를 사각형의 경로로 보는 방법으로 각 계기로부터의 정보에 동일한 중요도를 부과한다.

【문제】4. 계기의 cross-check 시에 발생할 수 있는 common errors가 아닌 것은?
  ① Emphasis   ② Fixation   ③ Omission   ④ Awareness

정답 1. ① 2. ② 3. ① 4. ④

〈해설〉 Cross-check 시에 발생할 수 있는 3가지 common errors는 다음과 같다.
1. Fixation : 하나의 계기에만 집중해서 다른 계기를 보지 못하거나 보는 시간이 줄어드는 경우
2. Omission : Scanning을 하는 동안 특정 계기에 대한 reading을 하지 않거나, 필요시에 보지 못하는 경우
3. Emphasis : Cross-check을 통한 전반적인 계기 이해가 아닌 특정 계기에 의존하는 행위

Ⅱ. 기본비행기동(Basic Flight Maneuvers)

【문제】1. 직진수평비행 시 계기에 대한 내용 중 틀린 것은?
① Pitch에 대한 primary 계기는 고도계이다.
② Power에 대한 primary 계기는 속도계이다.
③ Bank에 대한 primary 계기는 turn coordinator 이다.
④ Bank에 대한 supporting 계기는 자세계이다.

【문제】2. 직진수평비행 시 bank control에 대한 primary 계기는?
① Attitude indicator   ② Turn coordinator
③ Magnetic compass   ④ Heading indicator

【문제】3. 직진수평비행 시 primary 계기가 아닌 것은?
① Attitude indicator   ② Heading indicator
③ Altimeter   ④ Airspeed indicator

【문제】4. 직진수평비행을 하는 동안 고도를 유지하는데 필요한 primary 계기는?
① Attitude indicator   ② Airspeed indicator
③ Altimeter   ④ Vertical speed indicator

【문제】5. Pitch와 bank를 동시에 지시하는 비행계기는?
① Turn coordinator   ② Attitude indicator
③ Heading indicator   ④ VSI

〈해설〉 직진수평비행 시 주요(primary) 계기와 보조(supporting) 계기
1. 직진수평비행 시 pitch control에 대한 primary 계기는 고도계(altimeter)이며, bank control에 대한 primary 계기는 방향지시계(heading indicator)이다. 그리고 power control에 대한 primary 계기는 속도계(airspeed indicator)이다.
2. 자세계(attitude indicator)는 수평비행을 유지하기 위한 보조계기가 된다. 자세계의 분명한 이점은 pitch와 bank 자세를 한 눈에 즉시 볼 수 있다는 것이다.

【문제】6. 직진수평비행 중 원하는 방향으로부터 heading이 10° 벗어난 경우, 이를 수정하기 위해 필요한 bank angle은?
① 5°   ② 10°   ③ 15°   ④ 20°

정답 1. ③   2. ④   3. ①   4. ③   5. ②   6. ②

〈해설〉 방향지시계를 보고 직진수평비행에서 벗어나는 것을 인지했을 때, 원하는 방향으로 돌아가기 위해 선회할 방향의 각도를 초과하지 않는 bank를 사용하여 수정한다. 즉 방향 10° 이내 변화 시 10° bank angle로 수정하고, 그 이외의 경우에도 bank 수정을 위한 bank angle은 표준율 선회를 넘어서는 안된다.

【문제】 7. 지상활주 중 승강계가 100 fpm 강하를 지시하는 것을 발견하였다. 조치사항으로 적합한 것은?
① VSI를 수리할 때까지 비행을 해서는 안된다.
② VSI를 수리할 때까지 IFR로 비행해서는 안된다.
③ VFR 기상상태인 경우에만 IFR로 비행할 수 있다.
④ VSI가 "0"을 지시할 때 100 fpm 강하라고 생각하고 IFR로 비행할 수 있다.

〈해설〉 항공기가 지상에 있을 때, 또는 일정한 기압고도로 비행한다면 승강계는 "0"을 지시하여야 한다. 그러나 승강계는 계기비행에 필수적인 계기가 아니므로 부정확하게 지시하더라도 IFR로 계속 비행할 수 있다. 지상에서 VSI가 100 fpm 강하를 지시한 경우, VSI가 "0"을 지시할 때 실제 항공기는 100 fpm 강하하고 있다는 것을 인식해야 한다.

【문제】 8. 직진수평 비행상태에서 정속상승비행으로 전환 시 pitch와 bank의 주계기는?
① 승강계, 자세계
② 속도계, 자세계
③ 속도계, 방향지시계
④ 자세계, 방향지시계

〈해설〉 직진수평 비행상태에서 정속상승에 진입할 때 primary pitch 계기는 자세계, primary bank 계기는 방향지시계, 그리고 primary power 계기는 tachometer 또는 manifold pressure gauge 이다.

【문제】 9. 정속상승 중일 때 pitch와 bank의 주계기는?
① 승강계, 자세계
② 승강계, 방향지시계
③ 속도계, 방향지시계
④ 속도계, 자세계

〈해설〉 비행기가 정속상승자세에서 안정된 다음, 속도계는 pitch의 primary 계기가 되고 방향지시계는 bank의 primary 계기가 된다.

【문제】 10. 정률강하 시 pitch 및 bank에 대한 primary 계기는?
① 승강계, 방향지시계
② 승강계, 자세계
③ 고도계, 자세계
④ 고도계, 방향지시계

【문제】 11. 정률직진상승 시 경사각 유지를 위한 주계기와 보조계기는?
① Turn coordinator, Attitude indicator
② Attitude indicator, Turn coordinator
③ Heading indicator, Turn coordinator
④ Attitude indicator, Heading indicator

〈해설〉 정률직진상승 및 강하 시 승강계는 pitch control에 대한 primary가 된다. 방향지시계(heading indicator)는 bank control의 primary가 되고, 자세계(attitude indicator)와 turn coordinator는 bank control의 보조계기가 된다.

정답 7. ④ 8. ④ 9. ③ 10. ① 11. ③

【문제】 12. 특정 고도로 상승 또는 강하 후, 원하는 고도의 대략 몇 % 이전에 level off 하여야 하는가?
　　① 수직속도의 5%　　　　　　　　② 수직속도의 10%
　　③ 수직속도의 20%　　　　　　　　④ 수직속도의 30%
〈해설〉 상승이나 강하 시 level off를 실시할 시기를 결정하는 하나의 방법은 원하는 고도 이전에 상승률(vertical speed rate)의 10%에서 level off 하는 것이다. 예를 들어 500 ft/min으로 상승 중이라면 원하는 고도의 50 ft 이전에 level off 한다.

【문제】 13. 선회율(rate of turn)에 대한 설명 중 틀린 것은?
　　① 분당 heading의 변화각으로 나타낸다.
　　② 경사각과 속도가 일정하면 선회율은 변하지 않는다.
　　③ 일정한 속도로 선회 시 경사각이 증가하면 선회율은 증가한다.
　　④ 일정한 경사각으로 선회 시 속도가 감소하면 선회율은 증가한다.

【문제】 14. 일정한 경사각으로 수평선회 시 비행속도가 증가하면?
　　① 선회율과 선회반경 모두 증가한다.　　② 선회율과 선회반경 모두 감소한다.
　　③ 선회율은 감소하고 선회반경은 증가한다.　　④ 선회율은 증가하고 선회반경은 감소한다.

【문제】 15. 정상선회비행 시 항공기의 선회율을 높이고 선회반경을 줄이기 위한 조작은?
　　① 항공기 속도를 크게 하고 경사각을 증가시킨다.
　　② 항공기 속도를 크게 하고 경사각을 감소시킨다.
　　③ 항공기 속도를 작게 하고 경사각을 증가시킨다.
　　④ 항공기 속도를 작게 하고 경사각을 감소시킨다.

【문제】 16. 주어진 속도에서 항공기의 선회율(rate of turn)은 무엇에 따라 달라지는가?
　　① 양력의 수평분력　　　　　　　　② 양력의 수직분력
　　③ 원심력　　　　　　　　　　　　　④ 추력
〈해설〉 수평선회 시 선회율, 선회경사각과 선회반경
　1. 선회율(rate of turn)이란 단위 시간당 비행기 heading 각도의 변화율을 말하며, 일반적으로 1초 동안 변화한 각도로 나타낸다.
　2. 선회율은 대기속도와 선회경사각의 함수로서 대기속도에 반비례하고 선회경사각에 비례한다. 따라서 비행속도가 빠르면 빠를수록 선회반경은 커지고 선회율은 감소한다. 반대로 비행속도가 느리면 느릴수록 선회반경은 작아지고 선회율은 증가한다.
　3. 양력의 수평성분(수평분력)은 선회경사각에 비례하여 달라진다. 즉 선회경사각이 증가하면 양력의 수평성분이 증가하여 선회율이 증가하고 선회반경은 감소한다.

【문제】 17. Standard rate turn으로 360°를 선회하는 데 걸리는 시간은?
　　① 1분　　　　② 2분　　　　③ 3분　　　　④ 4분

[정답] 12. ②　　13. ①　　14. ③　　15. ③　　16. ①　　17. ②

〈해설〉 표준선회율은 비행기가 3°/sec의 비율로 선회하는 것을 의미한다. 표준선회율로 360°를 선회하려면 360÷3=120초, 즉 2분이 걸린다.

【문제】 18. 표준선회율을 유지하며 090°에서 270°까지 우측으로 선회하는 데 걸리는 시간은?
　　① 40초　　　　② 50초　　　　③ 60초　　　　④ 70초
〈해설〉 표준선회율은 비행기가 3°/sec의 비율로 선회하는 것을 의미한다. 표준선회율로 180°를 선회하려면 180÷3=60초가 걸린다.

【문제】 19. 표준선회율을 유지하며 090°에서 300°까지 좌측으로 선회하는 데 소요되는 시간은?
　　① 30초　　　　② 40초　　　　③ 50초　　　　④ 60초
〈해설〉 표준선회율은 비행기가 3°/sec의 비율로 선회하는 것을 의미한다. 090°에서 300°로 좌선회하는 경우 선회각도는 전체 150°(90°+60°)이다. 따라서 표준선회율로 150°를 선회하려면 150÷3=50초가 걸린다.

【문제】 20. Half standard rate turn으로 360°를 선회하는 데 걸리는 시간은?
　　① 2분　　　　② 3분　　　　③ 4분　　　　④ 5분
〈해설〉 반표준선회율은 비행기가 1.5°/sec의 비율로 선회하는 것을 의미한다. 반표준선회율로 360° 선회하려면 360÷1.5=240초, 즉 4분이 걸린다.

【문제】 21. Half standard rate turn으로 270°에서 좌선회하여 090°까지 선회하는데 걸리는 시간은?
　　① 60초　　　　② 120초　　　　③ 180초　　　　④ 240초
〈해설〉 반표준선회율은 비행기가 1.5°/sec의 비율로 선회하는 것을 의미한다. 270°에서 090°로 좌선회하는 경우 선회각도는 전체 180°(90°+90°)이다. 따라서 반표준선회율로 180° 선회하려면 150÷1.5=120초가 걸린다.

【문제】 22. 110 kts의 TAS로 표준율 선회를 하기 위해 필요한 bank angle은?
　　① 12°　　　　② 14°　　　　③ 16°　　　　④ 20°
〈해설〉 표준율 선회에 필요한 대략적인 선회경사각을 구하기 위해 대기속도를 10으로 나눈 다음, 여기에 값의 1/2을 더한다.
$$\therefore 선회경사각(bank\ angle) = \frac{110}{10} + \left(\frac{1}{2} \times \frac{110}{10}\right) = 16.5°$$

【문제】 23. 항공기가 DME arc에서 0.5마일 벗어났을 경우, arc 유지를 위해 상대방위를 몇 도 변경하여야 하는가?
　　① 5°~10°　　② 10°~20°　　③ 15°~25°　　④ 20°~30°
〈해설〉 Arc로부터 벗어난 거리 0.5 mile 당 10°~20°의 상대방위를 변경하여 거리(range)를 수정함으로써 원하는 DME arc로 돌아갈 수 있다.

정답　18. ③　19. ③　20. ③　21. ②　22. ③　23. ②

【문제】 24. 항공기가 우측으로 외활선회(skidding turn) 할 때 원심력, 양력성분과 부하계수에 대한 관계로 맞는 것은?

① 원심력은 양력의 수평성분보다 작고, 부하계수는 감소한다.
② 원심력은 양력의 수평성분보다 작고, 부하계수는 증가한다.
③ 원심력은 양력의 수평성분보다 크고, 부하계수는 감소한다.
④ 원심력은 양력의 수평성분보다 크고, 부하계수는 증가한다.

〈해설〉 외활(skid)과 내활(slip) 선회 시 원심력, 양력성분과 부하계수에 대한 관계는 다음과 같다.

구 분	외활(skid)	내활(slip)
원심력	원심력 > 양력의 수평성분	원심력 < 양력의 수평성분
부하계수(하중계수)	원심력이 정상보다 크기 때문에 부하계수(하중계수)는 증가한다.	원심력이 정상보다 작기 때문에 부하계수(하중계수)는 감소한다.

【문제】 25. 일정한 고도로 표준율 선회에 진입할 때 primary pitch 계기는?
① 속도계　　② 자세계　　③ 승강계　　④ 고도계

【문제】 26. 표준율 수평선회에 진입할 때 bank의 primary 계기와 supporting 계기는?
① 자세계, Turn coordinator
② Heading indicator, Turn coordinator
③ Turn coordinator, Heading indicator
④ Heading indicator, 자세계

〈해설〉 수평선회에 진입하는 동안 고도계는 pitch 조절에 primary가 된다. 자세계가 primary bank 계기이며, turn coordinator는 표준율선회 지시의 점검에 사용되는 supporting bank 계기이다.

【문제】 27. 표준율 수평선회 시 pitch 자세의 primary 계기는?
① Attitude indicator
② Airspeed indicator
③ Vertical speed indicator
④ Altimeter

【문제】 28. 표준율 수평선회 중 bank의 primary 계기는?
① Attitude indicator
② Heading indicator
③ Turn coordinator
④ Magnetic compass

〈해설〉 표준율 선회에 진입한 후 altimeter가 primary pitch 계기가 되고, turn coordinator가 primary bank 계기가 된다.

【문제】 29. Timed turn 시 bank가 이루어진 상태에서 pitch, bank 및 power에 대한 primary 계기는?
① 고도계, 선회경사계, 속도계
② 고도계, 속도계, 선회경사계
③ 속도계, 고도계, 선회경사계
④ 선회경사계, 고도계, 속도계

〈해설〉 Timed turn 시 primary pitch 계기는 고도계이다. Primary bank 계기는 선회경사계(turn coordinator)이고 속도계가 primary power 계기가 된다.

정답 24. ④ 25. ④ 26. ① 27. ④ 28. ③ 29. ①

【문제】 30. 북위 30° 지점에서 magnetic compass를 이용하여 bank angle 20°로 heading 090°에서 heading 360°로 좌선회 시 몇 도에서 roll out을 하여야 하는가?
① 10°　　　　② 20°　　　　③ 40°　　　　④ 50°

〈해설〉 동쪽에서 북쪽으로 선회 시에는 위도에 bank angle의 1/2을 더한 각도의 전방에서 roll out을 하여야 한다.
- roll out lead $= 30 + \left(20 \times \dfrac{1}{2}\right) = 40°$

∴ 따라서, 0(360)+40=40°에서 roll out을 하여야 한다.

【문제】 31. 북위 30° 지점에서 magnetic compass를 이용하여 bank angle 20°로 heading 270°에서 heading 180°로 좌선회 시 몇 도에서 roll out을 하여야 하는가?
① 200°　　　　② 160°　　　　③ 140°　　　　④ 220°

〈해설〉 서쪽에서 남쪽으로 선회 시에는 위도에서 bank angle의 1/2을 뺀 각도를 지나서 roll out을 하여야 한다.
- roll out lead $= 30 - \left(20 \times \dfrac{1}{2}\right) = 20°$

∴ 따라서, 180-20=160°에서 roll out을 하여야 한다.

■ 잠깐! 알고 가세요.
[선회 시 Roll out heading]

선회방향	Roll out heading
동쪽/서쪽에서 북쪽으로 선회 시	위도+(Bank angle의 1/2) 전방에서 Roll out
동쪽/서쪽에서 남쪽으로 선회 시	위도-(Bank angle의 1/2)을 지나서 Roll out
북쪽에서 동쪽/서쪽으로 선회 시	10~12° 전방에서 Roll out
남쪽에서 동쪽/서쪽으로 선회 시	5° 전방에서 Roll out

【문제】 32. Primary 및 supporting 계기에 대한 설명 중 틀린 것은?
① 정속수평비행 시 pitch에 대한 primary 계기는 VSI 이다.
② 정속수평비행 시 power에 대한 primary 계기는 airspeed indicator 이다.
③ 정속상승비행 시 pitch에 대한 primary 계기는 attitude indicator 이다.
④ 정속상승비행 시 bank에 대한 supporting turn coordinator 이다.

〈해설〉 정속수평비행 시 pitch에 대한 primary 계기는 고도계이다.

【문제】 33. 비행기가 이상자세이고 자세계를 신뢰할 수 없을 때 회복을 위한 primary 계기는?
① 고도계, 승강계, 방향지시계, 선회경사계
② 고도계, 속도계, 승강계, 선회경사계
③ 고도계, 속도계, 방향지시계, Turn and slip indicator
④ 고도계, 승강계, 방향지시계, Turn and slip indicator

정답　30. ③　31. ②　32. ①　33. ②

〈해설〉 비행기가 이상자세인 경우 자세계는 지시범위를 초과하거나 오류가 발생할 수 있으므로 이를 신뢰해서는 안된다. 이상자세인 경우 원칙적으로 고도계, 속도계, 승강계 및 선회경사계를 참조하여 회복하여야 한다.

【문제】34. 이상자세 회복 시 자세계에 장애가 있다면 어떤 계기를 보고 피치 자세를 안정시킨 뒤 후속조치를 해야 하는가?
① 고도계, 속도계
② 고도계, VSI
③ 고도계, Turn coordinator
④ 속도계, Turn coordinator

〈해설〉 자세계가 작동하지 않으면 nose-low나 nose-high 자세는 속도계와 고도계로 판단할 수 있다. Nose-high 고도의 경우 대기속도는 감소하고 고도는 증가하며, nose-low 고도의 경우는 반대이다.
승강계(VSI)도 유용하지만 난기류에서는 신뢰할 수 없으며, turn coordinator는 피치 고도를 전혀 지시하지 않는다.

【문제】35. 계기비행 중 비정상 상승자세 비행을 하고 있다면 제일 먼저 해야 할 조치로 올바른 것은?
① 선회지시계의 miniature와 ball의 움직임으로 선회율을 확인한다.
② 속도계와 승강계를 통하여 pitch 자세를 확인한다.
③ 선회지시계로 bank 여부를, 속도계로 수평 여부를 확인한다.
④ 속도계와 tachometer로 power를 확인한다.

〈해설〉 비정상 자세에서 회복하려면 먼저 계기판을 신속히 확인하여 현재의 자세를 알아야 한다. 현재의 pitch 자세가 nose-low/nose-high 인지는 대기속도계, 승강계와 고도계로 판단할 수 있다.

【문제】36. 자세계가 고장 난 상태에서 비정상 자세 회복 시, 수평자세에 도달했다는 것을 알 수 있는 적절한 방법은?
① 고도계, 속도계와 승강계 모두 안정될 때
② 승강계는 안정되고, 속도계와 고도계가 반전을 지시할 때
③ 고도계는 안정되고, 속도계와 승강계가 반전을 지시할 때
④ 고도계와 속도계는 안정되고, 승강계가 반전을 지시할 때

〈해설〉 고도계와 대기속도계의 바늘의 움직임 비율이 감소할 때 자세는 접근 수평비행이다. 고도계와 대기속도계의 움직이는 방향이 반전되기 전에 멈추고 승강계가 반전의 경향을 나타낼 때 수평비행자세에 도달한 것이다.

【문제】37. 60° bank, 20° pitch의 비정상 자세로 고도 상승 중인 항공기의 속도가 감소하고 있을 때 회복 절차로 올바른 것은?
① 출력 증가, 기수 낮춤, 날개 수평, 원래의 고도와 방위로 돌아감
② 날개 수평, 출력 증가, 기수 낮춤, 원래의 고도와 방위로 돌아감
③ 기수 낮춤, 날개 수평, 출력 증가, 원래의 고도와 방위로 돌아감
④ 출력을 증가시킴과 동시에 날개 수평, 기수 낮춤, 원래의 고도와 방위로 돌아감

[정답] 34. ① 35. ② 36. ④ 37. ①

【문제】38. Dive recovery 절차로 올바른 것은?
① 출력 감소, 날개 수평, 피치 증가
② 출력 감소, 피치 감소, 날개 수평
③ 피치 증가, 출력 증가, 날개 수평
④ 출력 증가, 날개 수평, 피치 증가

〈해설〉Nose-high 및 nose-low 비정상 자세의 회복절차는 다음과 같다.

구 분	Nose-high 비정상 자세의 경우	Nose-low 비정상 자세의 경우
회복 절차	1. 출력(power) 증가 2. 실속을 방지하기 위하여 기수 낮춤 - 피치 감소 3. 날개 수평(level wings) 유지 4. 원래의 고도와 heading으로 돌아감	1. 출력(power) 감소 2. 날개 수평(level wings) 유지 3. 기수 올림 - 피치 증가

■ 잠깐! 알고 가세요.
[Primary and Supporting Instrument]

Flight Regime	Instrument	Pitch	Bank	Power
Straight and Level	Primary	Altimeter	Heading Ind'	Airspeed Ind'
	Supporting	Attitude Ind' VSI	Turn Coordinator	Manifold Press Ind' Tachometer(rpm)
Starting a Climb and Descent Entry	Primary	Attitude Ind'	Heading Ind'	Manifold Press Ind' Tachometer(rpm)
	Supporting	Airspeed Ind' VSI	Turn Coordinator	Airspeed Ind'
Climb and Descent (Constant Speed)	Primary	Airspeed Ind'	Heading Ind'	Manifold Press Ind' Tachometer(rpm)
	Supporting	Attitude Ind' VSI	Turn Coordinator	Airspeed Ind'
Climb and Descent (Constant Rate)	Primary	VSI	Heading Ind'	Airspeed Ind'
	Supporting	Attitude Ind'	Turn Coordinator	Manifold Press Ind' Tachometer(rpm)
Starting a Turn	Primary	Altimeter	Attitude Ind'	Airspeed Ind'
	Supporting	VSI	Turn Coordinator Heading Ind'	Manifold Press Ind' Tachometer(rpm)
Timed Turn/ Standard Rate Turn	Primary	Altimeter	Turn Coordinator	Airspeed Ind'
	Supporting	Attitude Ind' VSI	Attitude Ind'	Manifold Press Ind' Tachometer(rpm)

Ⅲ. 조종사 항법(Pilot Navigation)-60:1 법칙

【문제】1. TAS 95 kts의 속도로 NDB bearing 5°를 벗어나는데 1.5분이 걸렸다면 station까지의 시간과 거리는?
① 16분, 14.3 NM
② 16분, 18.7 NM
③ 18분, 28.5 NM
④ 18분, 33.0 NM

〈해설〉1. Time to Station = $\dfrac{\text{변경 소요시간(min)} \times 60}{\text{변경 각도(°)}} = \dfrac{1.5 \times 60}{5} = 18$분

정답 38. ① / 1. ③

2. Distance to Station = $\dfrac{\text{비행 속도(knots)} \times \text{변경 소요시간(min)}}{\text{변경 각도(°)}}$

$= \dfrac{9.5 \times 1.5}{5} = 28.5 \text{ NM}$

【문제】2. VOR radial 15°를 변경하는데 3분이 걸렸다면 station까지 걸리는 시간은?

① 8분　　　② 12분　　　③ 15분　　　④ 20분

〈해설〉 ∴ Station까지의 시간 = $\dfrac{\text{변경 소요시간(min)} \times 60}{\text{변경 각도(°)}} = \dfrac{3 \times 60}{15} = 12$분

【문제】3. CDI가 한쪽으로 full deflection 되었을 경우, VOR course의 centerline으로부터 몇 도 이상 off 된 것인가?

① 2.5°　　　② 5°　　　③ 7°　　　④ 10°

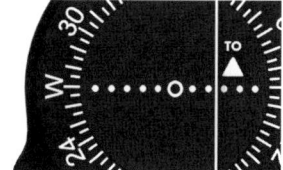

〈해설〉 VOR indicator의 CDI(course deviation indicator)는 조종사가 선택한 course에서 벗어난 정도를 지시한다. VOR indicator 중앙에 좌우로 각 다섯 개의 조그만 점(dot)이 있으며 한 개의 점은 2°를 나타낸다. CDI needle이 중간 위치에서 한쪽으로 완전히 치우쳤다면 항공기는 course에서 10° 이상을 벗어난 것이다.

〈참조〉 Instrument Flying Handbook(FAA-H-8083-15B)에 수록되어 있는 내용인 "CDI needle이 중간 위치에서 한쪽으로 완전히 치우쳤다면 항공기는 course에서 10° 이상을 벗어난 것이다."는 "course에서 12° 이상을 벗어난 것이다."로 변경되었다.

【문제】4. VOR로부터 60 NM 떨어진 거리에서 CDI가 2 dot 벗어났다면, course에서 몇 마일 off 된 것인가?

① 2 NM　　　② 4 NM　　　③ 6 NM　　　④ 8 NM

〈해설〉 CDI가 2 dot 벗어난 것은 course에서 4°(1 dot=2°) 벗어났다는 것을 의미하므로,

∴ 벗어난 거리 = $\dfrac{\text{편위각} \times \text{비행한 거리}}{60} = \dfrac{4 \times 60}{60} = 4 \text{ NM}$

【문제】5. VOR로부터 60마일 떨어진 지점에 있는 항공기의 CDI가 1/5 scale 편향을 지시하고 있다면 course centerline으로부터 몇 마일 off 된 것인가?

① 1마일　　　② 2마일　　　③ 3마일　　　④ 4마일

〈해설〉 CDI가 1/5 scale(1 dot) 벗어난 것은 course에서 2°(1 dot=2°) 벗어났다는 것을 의미하므로,

∴ 벗어난 거리 = $\dfrac{\text{편위각} \times \text{비행한 거리}}{60} = \dfrac{2 \times 60}{60} = 2 \text{ NM}$

【문제】6. VOR로부터 30 NM 떨어진 거리에서 CDI가 1/2 scale 벗어났다면, course에서 몇 마일 off 된 것인가?

① 1.5 NM　　　② 2.0 NM　　　③ 2.5 NM　　　④ 3.0 NM

정답　2. ②　3. ④　4. ②　5. ②　6. ③

⟨해설⟩ CDI가 1/2 scale(2.5 dot) 벗어난 것은 course에서 5°(1 dot=2°) 벗어났다는 것을 의미하므로,
∴ 벗어난 거리 = $\dfrac{\text{편위각} \times \text{비행한 거리}}{60}$
$= \dfrac{5 \times 30}{60} = 2.5 \text{ NM}$

【문제】7. Ground speed 140 kts로 1 NM 당 300 ft 상승하기 위해 필요한 상승률은?
　① 200 fpm　　② 400 fpm　　③ 500 fpm　　④ 700 fpm
⟨해설⟩ ∴ 상승률(fpm) = NM 당 상승거리 × $\dfrac{\text{대지속도}}{60}$
$= 300 \times \dfrac{140}{60} = 700 \text{ fpm}$

【문제】8. Climb gradient가 250 ft/NM인 SID에서 Ground speed 240 kts로 상승할 때 요구되는 상승률은?
　① 750 fpm　　② 840 fpm　　③ 1,000 fpm　　④ 1,200 fpm
⟨해설⟩ ∴ 상승률(fpm) = NM 당 상승거리 × $\dfrac{\text{대지속도}}{60}$
$= 250 \times \dfrac{240}{60} = 700 \text{ fpm}$

【문제】9. 120 kts의 ground speed로 공항에 접근 중인 항공기가 3°의 glide slope를 유지하기 위해 필요한 강하율은?
　① 300 fpm　　② 460 fpm　　③ 600 fpm　　④ 740 fpm
⟨해설⟩ ∴ 강하율(fpm) = 강하각 × 100 × $\dfrac{\text{대지속도}}{60}$
$= 3 \times 100 \times \dfrac{120}{60} = 600 \text{ fpm}$

【문제】10. ILS approach 시 glide slope를 유지하기 위한 강하율은?
　① Groundspeed와 관계없이 강하율은 일정하다.
　② Groundspeed가 증가하면 강하율은 증가한다.
　③ Groundspeed가 증가하면 강하율은 감소한다.
　④ True airspeed가 증가하면 강하율은 감소한다.
⟨해설⟩ 강하율은 강하각과 ground speed에 비례한다. 따라서 ILS approach 시 Groundspeed가 증가하면 glide slope를 유지하기 위한 강하율은 증가한다.

【문제】11. 17,000 ft의 고도에서 150 kts의 속도로 공항에 접근 중인 항공기가 fix 상공 5,000 ft의 고도로 강하하려는 경우, fix 도착 몇 마일 전에 강하를 시작하여야 하는가?
　① 40 NM　　② 45 NM　　③ 49 NM　　④ 53 NM
⟨해설⟩ 300 ft/nm의 강하율을 기준으로 강하를 시작하여야 할 대략적인 거리를 구하면,

정답　7. ④　8. ③　9. ③　10. ②　11. ①

- TOD 거리 $= \dfrac{\text{강하해야 할 고도}}{300} = \dfrac{(17{,}000 - 5{,}000)}{300}$
  $= \dfrac{12{,}000}{300} = 40 \, \text{NM}$

∴ 따라서, fix로부터 40 NM 전방에서 강하를 시작하여야 한다.

2 비행계기(Flight Instruments)

제1절 동정압 계통 계기

1. 동정압 계통(Pitot-static system) 구성
가. 동정압 계기

동정압 계기는 항공기 주위에 흐르는 공기의 압력(동압, 정압)을 측정하여 압력의 크기와 변화를 나타내주는 계기로 속도계, 고도계 및 승강계 등이 있다. 속도계는 피토관(pitot tube)에서 측정되는 공기의 전압(동압+정압)과 정압공에서 측정된 정압을 이용하여 속도를 측정하고, 고도계와 승강계는 정압공(static port)에서 측정된 공기의 정압을 이용한다.

이 밖에도 피토 정압관은 여압계통, 자동조종계통, 대기자료 컴퓨터(air data computer), 비행 기록계(flight recorder) 등과 같이 전압이나 정압이 필요한 계기에 연결된다.

나. 동정압관(Pitot-static tube)의 구성

동정압관이라 하면 피토공과 정압공이 함께 있는 것을 말하나 일반적으로 피토관은 전압 만을 수감하는 피토공 만을 가지며, 정압공은 동체 좌우에 대칭으로 설치하고 서로 연결하여 빗놀이(yawing) 및 선회비행 등과 같은 원인에 의한 오차를 줄이도록 한다. 피토관은 기본적으로 층류가 흐르도록 해야 하므로 기축과 평행하게 설치하는 것이 중요하며 기수의 아랫부분 또는 앞부분, 날개의 앞전 및 수직 안정판의 앞전 등에 장착한다.

피토 정압관에는 유입된 수분 등이 배출되도록 드레인 홀(drain hole)이 마련되어 있으며, 겨울에는 제빙을 위하여 전기식 가열기(heater)가 설치되어 있다.

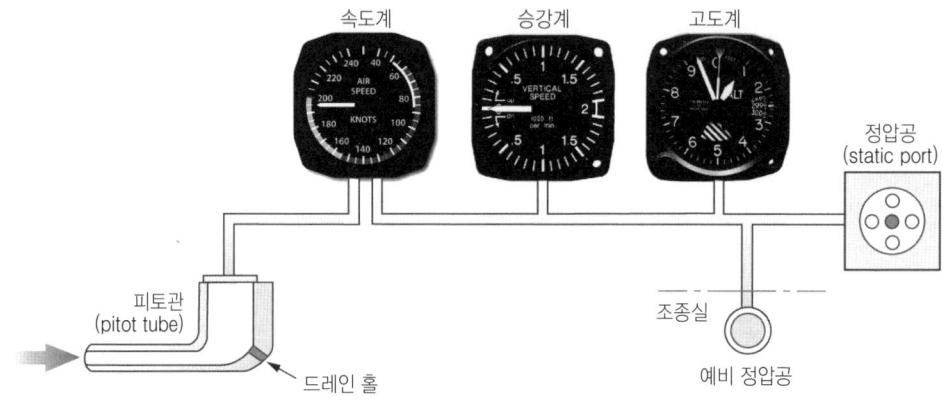

그림 1-7. 동정압 계통

다. 동정압 계통 막힘(Blockage of the pitot-static system)
(1) Pitot 계통 막힘(Blocked pitot system)

Pitot tube가 막혀 있고 drain hole은 열려 있다면 ram air는 더 이상 pitot 계통으로 들어가지 못하며, 계통의 공기는 drain hole을 통해 배출되어 잔여 압력은 해당 고도의 대기압으로 감소한다. 이러한 상황에서는 전압과 정압의 차이가 없어지기 때문에 속도계의 지시값은 서서히 "0"으로 감소

한다.

Pitot tube와 drain hole이 모두 막히고 static port가 막히지 않았다면 속도계는 고도계와 같은 작용을 한다. 따라서 비행기가 pitot 계통이 막힌 고도 이상으로 상승하면 속도계의 지시값은 증가하고, 강하하면 속도계의 지시값은 감소한다.

(2) Static 계통 막힘(Blocked static system)

Static port가 막혔더라도 pitot tube가 막히지 않았다면 속도계는 계속 작동하지만 이 속도 지시는 정확하지 않다. 이러한 상태에서 비행기가 상승하면 대기압이 감소하여 막힌 static 계통의 정압이 해당 고도의 정압보다 높으므로, 실제 속도보다 느린 속도가 지시된다. 반대로 비행기가 강하하면 막힌 static 계통의 정압이 해당 고도의 정압보다 낮으므로 실제 속도보다 빠른 속도가 지시된다.

Static 계통이 막히면 고도계와 승강계도 영향을 받는다. Static 계통이 막혀서 정압이 변하지 않으면 고도계는 현재 고도를 지시한 채 변하지 않으며, 승강계는 계속 "0"을 지시한다.

대부분의 항공기는 조종실에 예비 정압공(alternate static port)을 갖추고 있다. 정압공이 막힌 경우, 예비 정압공이 열려서 항공기 외부의 정압(대기압) 대신에 조종실 내의 공기압이 정압계통에 공급된다. 비여압 항공기의 경우, 벤튜리 효과(venturi effect)로 인해 일반적으로 조종실 내의 압력이 항공기 외부의 압력보다 낮아진다. 따라서 정압계통에 조종실 내의 예비 정압원(alternate static source)이 사용되면 대기속도계는 실제 대기속도보다 더 빠르게 지시하며, 승강계(VSI)는 순간적으로 상승을 나타낸다. 또한 고도계는 실제 고도보다 더 높게 지시한다.

여압 항공기의 경우 일반적으로 조종실 내의 압력이 항공기 외부의 압력보다 높기 때문에 이와 반대로 지시한다.

(3) 속도계, 고도계 및 승강계에 대한 영향

Pitot 계통의 pitot tube나 drain hole, 또는 static 계통의 정압공(static port)이 막혔을 때 동정압 계통의 속도계, 고도계 및 승강계에 미치는 영향은 다음과 같다.

표 1-1. Pitot 계통과 Static 계통이 막혔을 때 동정압 계통의 계기 지시

계통	Pitot 계통		Static 계통	동정압 계통 계기		
	Pitot tube	Drain hole	Static port	속도계	고도계	승강계
상태	Close	Open	Open	서서히 "0"으로 감소	영향 없음	영향 없음
	Close	Close	Open	수평비행 시 - 일정 상승비행 시 - 증가 강하비행 시 - 감소	영향 없음	영향 없음
	Close	Open	Close	상승비행 시 - 감소 강하비행 시 - 증가	고정	"0" 지시
	Open	Open	Close			

2. 속도계

가. 대기속도계(Airspeed indicator)

대기속도계는 대기에 대한 상대속도, 즉 대기속도를 지시하는 계기로서 대기가 정지하고 있을 때는 지면에서의 속도와 같다. 속도계는 동압을 측정하여 이것을 베르누이의 정리를 이용하여 속도로 환산하여 항공기의 속도를 지시하는 것이다.

나. 속도계의 색표지(Color marking)

그림 1-8. 대기속도계

(1) 적색 방사선(red radiation) : 최대 및 최소 운용한계(operating limit)를 나타낸다.
(2) 황색 호선(yellow arc) : 경고 내지 경고 범위, 안전 운용 범위와 초과금지 사이의 경계와 경고 범위를 나타낸다.
(3) 녹색 호선(green arc) : 안전 운용 범위, 즉 계속 운전 범위를 나타내는 것으로서, 순항 운용 범위를 의미한다.
  (가) 녹색 호선의 하한(V_{S1}) : 특정 외장형태(configuration)에서의 실속속도 또는 최소비행유지속도(minimum steady flight speed). 대부분 비행기의 경우, 이것은 최대착륙중량 시 clean configuration(접을 수 있다면 gear 올림, flap 올림)에서의 무동력 실속속도이다.
  (나) 녹색 호선의 상한(V_{NO}) : 구조면에서 본 최대순항속도로 항공기에 구조적 손상을 끼치지 않는 최대속도이다.
(4) 백색 호선(white arc) : 대기속도계에서 플랩 조작에 따른 항공기의 속도 범위를 나타내는 것으로서, 최대착륙중량 시의 실속속도에서 플랩을 내릴 수 있는 최대속도까지의 범위를 표시한다.

3. 승강계(Vertical Speed Indicator)

항공기의 수직 방향 속도, 즉 상승률 또는 강하율을 분당 feet로 지시하는 계기이다. 승강계는 일종의 차압계로 아네로이드(aneroid)에 작은 구멍을 뚫어 고도 변화에 의한 기압의 변화율을 측정함으로써 항공기의 승강률을 나타낸다.

승강계(VSI)는 지시 지연(lag)을 나타내지만 고도계보다 훨씬 민감하기 때문에 turbulence 또는 급격한 조종 시 fluctuation으로 인해 정확한 판독이 어렵다. 따라서 turbulence 상황에서는 VSI처럼 민감하지 않은 고도계를 참조하는 것이 유용할 수 있다.

그림 1-9. 승강계

제2절 자기 컴퍼스(Magnetic Compass)

1. 자기 컴퍼스 일반

가. 지자기의 3요소

(1) 편차(Variation)

편차는 진북과 자북 사이의 각도이며 진북으로부터 동 또는 서로 측정된다. 나침반의 자침, 즉 자북이 진북보다 동쪽을 가리키면 편동(easterly), 서쪽을 가리키면 편서(westerly)라고 하고 각각 "E" 또는 "W"를 붙여 표시한다.

(2) 자차(Deviation)

항공기 전기기기 및 전선, 기체 구조재 내의 자성체 등의 영향에 의해 생기는 나침반의 오차를 자차라고 한다. 자차는 나침반의 남북선이 지자기의 남북선과 불일치되는 사이각으로 자북과 나북의 차이이다.

(3) 복각(伏角, Magnetic dip)

수직분력에 의해 나침반의 자침(지자기 자력선의 방향)이 지구 수평면과 이루는 각을 복각이라고 한다. 자력선은 극에서는 지면에 대해 거의 수직에 가깝고 적도에서는 수평이다. 따라서 복각은 극지방으로 갈수록 90° 직각에 가깝고, 적도지방으로 가면 거의 0°에 가까워진다.

나. 침로 환산

비행 중인 항공기의 위치는 지상에 설치된 무선항행시설(예; VOR/DME, NDB)로부터 송신되는 전파를 수신하여 지상국(station)으로부터 상대적인 위치와 거리를 알 수 있다.

상대방위는 항공기 기수를 기준으로 하여 시계방향으로 측정하며, 항공기 기축과 지상국(station)이 이루는 각을 말한다. 이에 반해 자북을 기준으로 시계방향으로 측정한 방위를 자방위(MB, magnetic bearing)라고 한다.

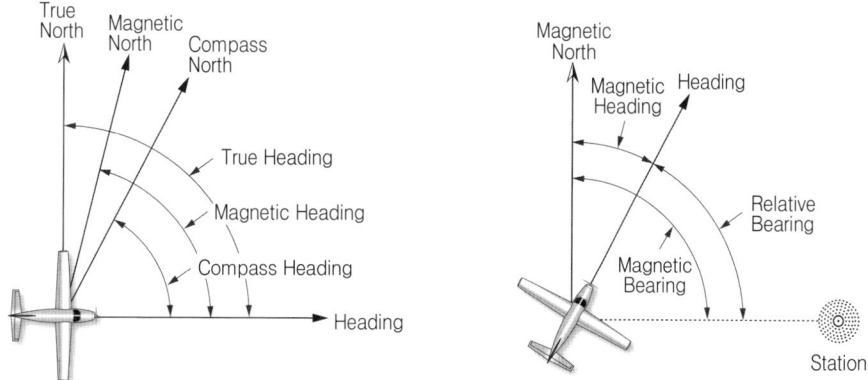

그림 1-10. 침로(heading)와 상대방위(relative bearing)

자방위(magnetic bearing, MB), 자침로(magnetic heading, MH)와 상대방위(relative bearing, RB)의 관계를 식으로 나타내면 다음과 같다.

$$자방위(MB) = 자침로(MH) + 상대방위(RB)$$

2. 자기 컴퍼스의 동적오차(Dynamic errors)

가. 북선 오차(Northern turning error)

그림 1-11. 북선 오차

자기 컴퍼스는 복각에 관계없이 컴퍼스 카드가 수평으로 유지되도록 컴퍼스 카드의 무게중심이 지지점보다 아래로 오도록 되어 있다. 그런데 컴퍼스 카드의 지지점인 중심과 무게중심이 일치하지 않은 경우, 항공기가 북진하고 있는 상태에서 동쪽 또는 서쪽으로 선회하게 되면 컴퍼스 카드는 항공기의 선회 방향과 같은 방향으로 회전하므로 선회 중에는 적게 지시하고 선회가 끝나면 많이 선회한 것으로 나타난다.

이러한 오차는 선회 때 어느 방위에서도 나타나지만 북진하다가 동 또는 서로 선회할 때 오차가 가장 크므로 북선 오차라 하며, 선회할 때에 나타난다고 하여 선회 오차라고도 한다. 이러한 선회 오차는 극 지방으로 갈수록 더 증가하는데, 이는 지구 자기장의 수직적 요소의 결과인 복각(magnetic dip)이 극 지방으로 갈수록 더욱 심화하기 때문이다. 동쪽이나 서쪽 방향으로 비행을 하다 선회를 할 때는 선회 오차가 발생하지 않는다.

북반구에서 북쪽 방향으로 비행을 하다 좌측이나 우측으로 선회를 하면 나침반 카드(compass card)는 초기에 잠깐 항공기가 선회하는 반대 방향을 지시하다가, 점차적으로 실제 선회하는 방향으로 회전한다. 결과적으로 선회 중에 항공기의 실제 선회율보다 느리게 지시하는 지시지연(lag)이 발생한다. 따라서 북반구에서 북쪽 방향으로 비행을 하다가 원하는 방향으로 roll out 하기 위해 좌측이나 우측으로 선회를 하려면, 원하는 방향 이전에 미리 roll out을 시작하여야 한다.

북반구에서 남쪽 방향으로 비행하다가 좌측이나 우측으로 선회를 하면 나침반 카드는 처음부터 올바른 방향을 지시하지만 실제 선회보다 앞서 회전한다. 결과적으로 선회 중에 항공기의 실제 선회율보다 빠르게 지시하는 지시선도(lead)가 발생한다. 따라서 북반구에서 남쪽 방향으로 비행을 하다가 원하는 방향으로 roll out 하기 위해 좌측이나 우측으로 선회를 하려면, 원하는 방향을 지난 이후에 roll out을 시작하여야 한다.

나. 가속도 오차(Acceleration 또는 Deceleration error)

항공기가 가속도 비행 시에 나타나는 지시오차로서, 컴퍼스 카드의 지지점과 무게중심의 불일치 및 지자기의 복각에 의하여 발생하는 것이다.

자기 컴퍼스의 가속도 오차는 북반구에서 기수가 동서의 진로에서 최대로 나타나며, 가속할 때는 북으로 가려는 오차가 생기고 감속할 때는 남으로 가려는 오차가 발생하는데 남북방향에서는 이러한 오차가 거의 나타나지 않으므로 동서 오차라고도 한다. 남반구에서는 컴퍼스 카드의 가속도 오차가 북반구와 반대로 발생한다.

가속도 오차는 수정방법이 없고 속도가 안정되면 오차는 없어진다.

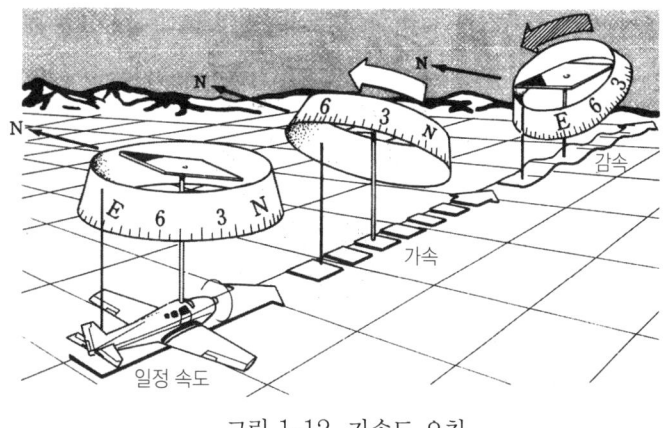

그림 1-12. 가속도 오차

제3절 자이로 계기(Gyroscopic Instrument)

1. 자이로 계기 일반

자이로 계기는 자이로(gyro)의 강직성과 섭동성을 이용하여 항공기의 기수 방위, 항공기의 분당 선회량 및 항공기의 자세를 나타내는 계기이다.

이러한 자이로의 특성을 이용하는 계기에는 자세계(attitude indicator), 방향지시계(heading indicator), 수평자세지시계(horizontal situation indicator), 그리고 선회지시계(turn indicator)인 turn and slip indicator와 turn coordinator 등이 있다.

2. 자세계(Attitude Indicator)

자세계는 자이로의 강직성(rigidity)을 이용하여 항공기의 상승/강하, 선회방향, 경사각(bank angle) 등의 정보를 제공하는 계기이다.

일반적으로 수평판(horizon disk)의 윗부분은 하늘을 나타내는 하늘색으로 아랫부분은 땅을 나타내는 검정색 혹은 갈색으로 표시하고 있으며, 윗부분에는 경사각을 눈금으로 표시하는 부분이 있다. 계기 안에 부착되어 있는 작은 항공기 모형(miniature aircraft)은 가상 수평선을 기준으로 항공기의 비행자세를 나타내 주며, 계기의 중앙 아래에 있는 조절 knob로 항공기 속도 변화에 따른 수평자세의 변화를 조절할 수 있게 되어 있다. 작은 항공기 모형의 날개 두께와 중앙의 점, 그리고 가상 수평선의 두께는 2° pitch의 크기와 같다.

그림 1-13. 자세계

자세계는 대부분의 오차가 거의 없지만 급격한 가속 시에는 약간의 pitch up 지시를 하고, 급격한 감속 시에는 pitch down 지시를 할 수 있다. 또한 선회 시에는 약간의 pitch up 및 선회 반대방향으로 bank를 지시할 수 있다. 이러한 오차는 180°로 급격한 선회 시 가장 크며, 360° 선회 시에는 초기 180° 선회 시 발생한 섭동성과 두 번째의 섭동성이 상호 상쇄되어 오차가 나타나지 않는다.

3. 선회경사계(Turn Coordinator)

선회경사계는 1개의 케이스 안에 선회지시계와 경사계가 들어 있는 계기인데 이 중에서 선회지시계 만이 자이로를 이용한 계기이다. 선회지시계(turn indicator)는 자이로의 섭동성을 이용하여 항공기가 선회할 때 분당 선회율을 나타내는 계기이며, 경사계(inclinometer)는 정상 비행할 때 항공기의 경사도와 선회비행 할 때 항공기 선회의 정상여부를 나타내는 계기이다.

경사계는 구부러진 유리관 안에 케로신과 강철 볼을 넣은 것으로서 유리관은 수평위치에서 가장 낮은 지점이 중앙에 오도록 구부러져 있다. 볼이 중앙에 있으면 항공기는 수평비행 중이며 항공기가 경사지게 되면 기울어진 쪽으로 볼이 흐른다.

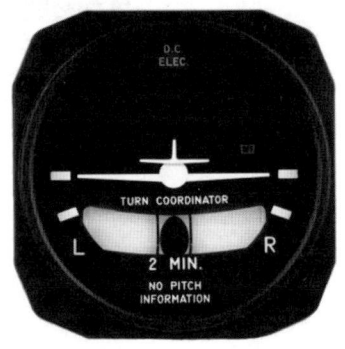

그림 1-14. 선회경사계

선회지시계의 바늘과 반대방향으로 볼이 기울어졌을 때는 항공기가 원심력 때문에 선회방향의 바깥쪽으로 밀리는 상태인 외활선회(skidding turn)이고, 선회지시계의 바늘의 방향과 같은 방향으로 기울어졌을 때는 항공기가 선회의 안쪽으로 미끄러지고 있는 상태인 내활선회(slipping turn)이다.

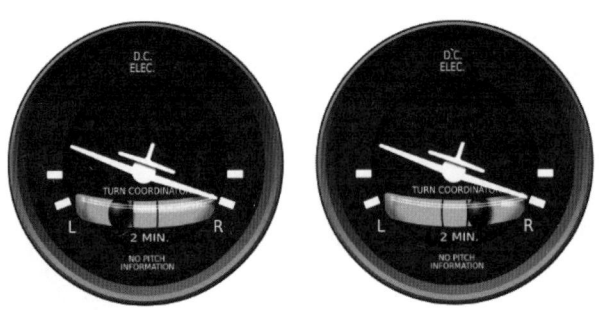

그림 1-15. Skid(좌측)/Slip(우측)

제4절 전자식 비행계기(Electronic Flight Instrument)

1. 전자식 비행계기(EFD)

오늘날 기존의 계기들은 액정 디스플레이(liquid crystal display) 화면으로 대체되고 있으며, 이를 EFD(electronic flight display) 또는 glass panel display라고 한다. EFD는 기존의 계기들을 하나의 LCD 화면에 표시하며, PFD(primary flight display)와 MFD(multi-function display)와 같은 flight display를 포함한다.

PFD는 좌측 좌석의 앞쪽에 위치하고 고도, 대기속도, 수직 속도, 자세, 방향, 트림 및 추세 정보 등 비행에 필요한 정보를 제공한다. MFD는 계기판의 중앙 근처에 위치하며, 항법 정보와 항공기 시스템 정보 등을 제공하고 필요한 경우 PFD를 표시할 수 있다.

2. 추세 지시기(Trend Indicator)

추세 벡터(trend vector)는 대기속도계 tape, 고도계 tape 및 선회율 지시기(turn rate indicator)에 자홍색이나 녹색으로 표시되는 라인이다. 이 라인의 색깔은 항공기 제조사에 따라 다를 수 있다. 속도 및 고도 tape에 표시되는 추세 벡터는 현재 속도가 유지된다면 6초 후에 관련 속도나 고도가 어떻게 될지를 나타낸다. 마찬가지로 선회율 추세 벡터는 항공기가 6초 후 어떤 침로(heading)로 비행할지를 보여준다.

3. 비정상 자세 회복 보호(Unusual Attitude Recovery Protection)

정상 순항 속도에서는 EFD 자세계의 horizon line 상에 yellow chevron(aircraft symbol)이 위치한다. 이 chevron의 전체 높이(height)는 약 5°의 pitch에 해당하며, pitch 조정을 위한 기준을 제공한다.

EFD는 비정상 자세를 인식하고 회복에 도움을 주는 추가적인 기능을 가지고 있다. 항공기가 30°의 nose-high 자세에 접근하면 자세계의 horizon line 상에 적색 chevron이 표시된다. Nose-low 비정상 자세의 경우 pitch가 15° nose-down을 초과하면 적색 chevron이 표시된다. 또한 항공기의 경사각이 60°를 초과하면, 날개를 수평으로 되돌릴 수 있는 가장 짧은 방향으로 롤 눈금(index)이 표시된다. 이러한 새로운 비정상적인 자세회복 보호기능을 통해 조종사는 항공기의 자세를 빠르게 파악하고, 이를 안전하고 신속하게 회복할 수 있다.

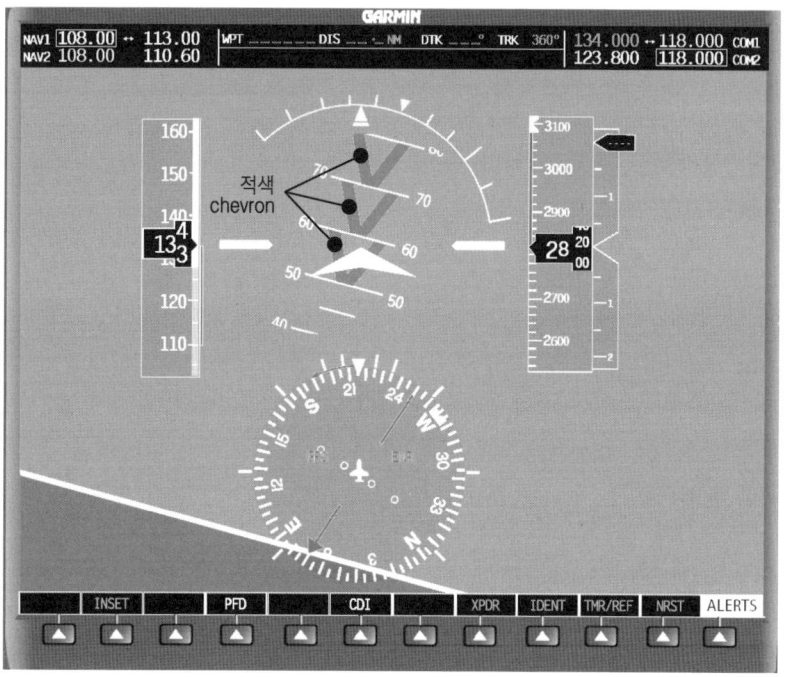

그림 1-16. EFD의 Nose-high 비정상 자세 지시

출제예상문제

I. 동정압계통 계기

【문제】1. 다음 중 정압(static pressure)을 이용하는 계기가 아닌 것은?
① Airspeed indicator　　② Altimeter
③ VSI　　④ Heading indicator

【문제】2. 다음 중 Static port와 관련 없는 계기는?
① Airspeed indicator　　② Turn coordinator
③ VSI　　④ Altimeter

【문제】3. 비행 중 Pitot tube가 막혔을 때 영향을 받는 계기는?
① Altimeter
② Vertical speed indicator
③ Airspeed indicator
④ Altimeter, Vertical speed indicator, Airspeed indicator

〈해설〉 동정압 계통(pitot-static system)은 정압을 수감하는 정압공(static port)과 전압을 수감하는 피토관(pitot tube)으로 구성되어 있다. 고도계와 승강계는 정압공에서 측정된 공기의 정압을 이용하고, 속도계는 정압공에서 측정된 정압과 피토관에서 측정된 공기의 전압(동압+정압)을 이용하여 속도를 측정한다. 따라서 피토관(pitot tube)이 막히면 속도계(airspeed indicator)는 비정상적으로 작동한다.

【문제】4. Pitot tube가 막혔을 때 속도계의 지시는? (drain hole, static port는 정상)
① 속도가 점점 "0"으로 떨어진다.　　② 고도계처럼 작동한다.
③ 현재 지시속도 그대로 멈춘다.　　④ 영향을 받지 않는다.

【문제】5. Pitot tube ram air hole과 drain hole이 모두 막힌 경우, 속도계의 증상으로 맞는 것은?
① 항공기 상승 시 속도는 일정하다.　　② 항공기 강하 시 속도는 증가한다.
③ 항공기 수평비행 중 속도는 일정하다.　　④ 항공기 상승 시 속도는 감소한다.

【문제】6. 고도 7,000 ft에서 정압공이 막힌 후 동일한 power와 동일한 조건에서 9,000 ft로 상승한 경우, 속도계(ASI)와 승강계(VSI)는?
① ASI는 정상보다 낮게 지시, VSI는 "0"을 지시
② ASI는 정상보다 높게 지시, VSI는 positive(상승)를 지시
③ ASI는 정상보다 낮게 지시, VSI는 negative(강하)를 지시
④ ASI는 정상보다 높게 지시, VSI는 "0"을 지시

정답　1. ④　2. ②　3. ③　4. ①　5. ③　6. ①

【문제】7. Pitot tube ram air input hole과 drain hole이 모두 막혔을 때 대기속도계의 지시는?
  ① 항공기가 상승하거나 강하할 때 고도계처럼 작동한다.
  ② 항공기 고도가 증가하면 속도는 감소한다.
  ③ 항공기가 상승하거나 강하해도 속도는 변하지 않는다.
  ④ 속도계는 "0"을 지시한다.

【문제】8. Pitot tube ram air hole과 static port가 모두 막혔을 때 계기에 나타나는 현상으로 맞는 것은?
  ① 고도계는 실제 고도보다 높게 지시한다.
  ② 속도계는 점점 "0"으로 감소한다.
  ③ 고도가 변하여도 속도계는 변하지 않는다.
  ④ 승강계는 "0"으로 고정된다.

【문제】9. 항공기가 고도 10,000 ft에서 정압공이 막힌 후 8,000 ft로 강하하여 수평비행을 할 경우 계기의 지시로 맞는 것은?
  ① 속도는 실제보다 높게 지시, 고도는 10,000 ft를 지시, VSI는 "0"을 지시
  ② 속도는 실제보다 낮게 지시, 고도는 10,000 ft를 지시, VSI는 상승을 지시
  ③ 속도는 실제보다 높게 지시, 고도는 8,000 ft를 지시, VSI는 "0"을 지시
  ④ 속도는 실제보다 낮게 지시, 고도는 8,000 ft를 지시, VSI는 상승을 지시

【문제】10. 항공기 강하 중 static port가 막혔을 때 승강계(VSI)의 지시로 맞는 것은?
  ① 막히기 이전의 상태를 그대로 지시한다.
  ② 처음에는 순간적으로 상승을 지시한 후 강하를 지시한다.
  ③ 실제보다 적은 강하를 지시한다.
  ④ "0"을 지시한다.

【문제】11. 정압공이 막힌 경우 계기의 지시로 맞는 것은?
  ① 고도가 변하여도 속도계는 변하지 않는다.
  ② 고도가 변하여도 고도계는 변하지 않는다.
  ③ 속도계는 점점 "0"으로 감소한다.
  ④ VSI는 순간적으로 상승을 지시한다.

〈해설〉 동정압 계통이 막혔을 때 속도계, 고도계 및 승강계의 지시

계통	Pitot 계통		Static 계통	동정압 계통 계기		
	Pitot tube	Drain hole	Static port	속도계	고도계	승강계
상태	Close	Open	Open	서서히 "0"으로 감소	영향 없음	영향 없음
	Close	Close	Open	수평비행 시 - 일정 상승비행 시 - 증가 강하비행 시 - 감소	영향 없음	영향 없음
	Close	Open	Close	상승비행 시 - 감소 강하비행 시 - 증가	고정	"0" 지시
	Open	Open	Close			

정답 7. ①   8. ④   9. ①   10. ④   11. ②

【문제】12. 정압공이 막혀서 예비정압계통을 사용 시 계기의 지시로 옳은 것은?
　① 속도계는 실제보다 낮게 지시한다.
　② 고도계는 실제보다 높게 지시한다.
　③ 고도계는 순간적으로 감소했다 정상을 지시한다.
　④ 승강계는 순간적으로 강하를 지시한다.

【문제】13. 비여압 항공기의 정압공이 막혀서 alternate static source를 사용 시 계기의 변화로 맞는 것은?
　① 속도계는 실제보다 낮게 지시한다.
　② 고도계는 실제보다 낮게 지시한다.
　③ 승강계는 순간적으로 상승을 지시한다.
　④ 승강계는 반대로 지시한다.

〈해설〉 비여압 항공기의 동정압 계통(pitot-static system)의 정압공(static port)이 막힌 경우, 예비 정압공이 열려서 조종실로 흘러 들어오는 외기의 벤튜리 효과(venturi effect)로 인해 조종실의 정압은 일반적으로 외부 대기압(정압)보다 낮아진다.
　따라서 대기속도계는 실제 대기속도보다 더 빠르게 지시한다. 그리고 승강계는 순간적으로 상승을 지시하며, 고도계는 실제 고도보다 더 높게 지시한다.

【문제】14. 속도계에서 White arc 최하단의 속도는?
　① V_{S0}　　② V_{S1}　　③ V_{FE}　　④ V_{LO}

【문제】15. 속도계의 색표지(color marking)에 대한 설명 중 틀린 것은?
　① 항공기 속도가 red radiation을 넘지 않도록 해야 한다.
　② Yellow arc는 경계와 경고범위를 나타낸다.
　③ Green arc는 안전 운용 범위로서 계속 운전 범위를 나타낸다.
　④ White arc에서 landing gear를 내릴 수 있다.

〈해설〉 대기속도계에서 백색 호선(white arc)은 플랩 조작에 따른 항공기의 속도 범위를 나타내는 것으로서, 최대착륙중량 시의 실속속도(V_{S0})를 하한으로 하고 플랩을 내릴 수 있는 최대속도를 상한으로 한다.

【문제】16. Turbulence 조우 시 VSI보다 altimeter를 더 믿어야 하는 이유는?
　① VSI의 지연오차 때문에
　② Altimeter가 VSI보다 더 정확하기 때문에
　③ Altimeter가 VSI보다 민감하지 않기 때문에
　④ Altimeter가 VSI보다 더 민감하기 때문에

〈해설〉 승강계(VSI)는 지시 지연(lag)을 나타내지만 고도계보다 훨씬 민감하기 때문에 turbulence 또는 급격한 조종 시 fluctuation으로 인해 정확한 판독이 어렵다. 따라서 turbulence 상황에서는 VSI 보다 민감하지 않은 고도계를 참조하는 것이 유용할 수 있다.

[정답]　12. ②　13. ③　14. ①　15. ④　16. ③

Ⅱ. 자기 컴퍼스(Magnetic Compass)

【문제】1. 항공기 cockpit 내부의 전자기기에 의해 발생하는 오차는?
① Magnetic dip ② Variation
③ Oscillation error ④ Deviation

〈해설〉 항공기 전기기기 및 전선, 기체 구조재 내의 자성체 등의 영향에 의하여 생기는 나침반의 오차를 자차(deviation)라고 한다.

【문제】2. NDB 송신소를 향한 relative bearing이 120°이고, magnetic heading 30°일 때 송신소를 향한 NDB의 magnetic bearing은 얼마인가?
① 45° ② 90° ③ 150° ④ 270°

〈해설〉 MB=MH+RB
       =30°+120°=150°

【문제】3. ADF 장비에서 magnetic heading 350°, relative bearing 270° 일 때 magnetic bearing은?
① 80° ② 180° ③ 260° ④ 310°

〈해설〉 MB=MH+RB
       =350°+270°=620°, 620°−360°=260°

【문제】4. 편차(variation)가 7°E인 항공기가 무풍상태의 해상을 진방위 183°로 비행하기 위한 IFR 고도는?
① 7,000 ft ② 7,500 ft ③ 8,000 ft ④ 8,500 ft

〈해설〉 비행고도는 magnetic course를 기준으로 하므로
 • MC=TC±VAR (∵W인 경우 +, E인 경우 −)
      =183−7=176°
 ∴고도 29,000 ft 미만에서 비행 시 IFR 고도는 다음과 같다.

비행방향 (MC)	IFR 고도
000°에서 179°까지	1,000 ft의 홀수배 (예: 1,000 ft, 3,000 ft, 5,000 ft ……)
180°에서 359°까지	1,000 ft의 짝수배 (예: 2,000 ft, 4,000 ft, 6,000 ft ……)

【문제】5. 북반구에서 자기 나침반의 가속 오차에 대한 설명으로 맞는 것은?
① 동쪽 방향으로 비행 중 가속하면 북쪽으로 선회한 것처럼 지시한다.
② 서쪽 방향으로 비행 중 가속하면 남쪽으로 선회한 것처럼 지시한다.
③ 남쪽 방향으로 비행 중 가속하면 우측으로 선회한 것처럼 지시한다.
④ 북쪽 방향으로 비행 중 가속하면 좌측으로 선회한 것처럼 지시한다.

정답 1. ④ 2. ③ 3. ③ 4. ① 5. ①

【문제】 6. 북반구에서 magnetic compass의 움직임에 대한 설명 중 맞는 것은?
   ① 동쪽에서 서쪽으로 비행 중 감속하면 남쪽 방향을 지시한다.
   ② 서쪽에서 동쪽으로 비행 중 직진 강하하면 북쪽 방향을 지시한다.
   ③ 남쪽 방향으로 비행 중 직진 상승하면 동쪽 방향을 계속 지시한다.
   ④ 북쪽 방향으로 비행 중 직진 상승하면서 가속하면 서쪽 방향을 지시한다.

【문제】 7. Magnetic compass에서 가감속 error의 원인은?
   ① 원심력(centrifugal force)　　② 자차(deviation)
   ③ 경차(magnetic dip)　　　　　④ 편차(variation)

〈해설〉 가속도 오차(Acceleration error, 가감속 오차)
   1. 가속도 오차는 항공기가 동서항로로 가속이나 감속비행을 할 때 관성으로 인한 복각[magnetic dip, 경차(傾差)라고도 한다]으로 인해 발생하는 오차이다. 이러한 가감속 오차는 복각이 원인이지만, 복각은 관성으로 인해 발생하므로 관성도 주요 원인이라고 할 수 있다.
   2. 동쪽이나 서쪽 방향으로 비행하면서 가속 시에는 북쪽 선회를 지시하며, 감속 시에는 남쪽 선회를 지시한다. 그러나 일정한 속도로 직진 상승하거나 강하하는 경우에는 자기 나침반 오차가 발생하지 않는다. 또한 북쪽이나 남쪽 방향을 유지한 상태에서는 강하, 상승하거나 속도가 변하여도 오차가 발생하지 않는다.

【문제】 8. 수평으로 360° 표준율 선회 시 자기나침의가 정확한 heading을 지시하는 곳은?
   ① 90°와 270° 방향　　　　　　② 45°와 325° 방향
   ③ 135°와 225°의 방향　　　　 ④ 180°와 0° 방향

〈해설〉 자기 나침반의 선회 오차는 선회 때 어느 방위에서도 나타나지만 북진하다가 동 또는 서로 선회할 때 오차가 가장 크므로 북선 오차라고 한다. 동쪽 방향(90° 방향)이나 서쪽 방향(180° 방향)으로 비행을 하다 수평선회를 할 때는 선회 오차가 발생하지 않는다.

【문제】 9. 북반구에서 북쪽으로 침로를 유지하던 중 표준율 좌선회를 시도하면, 자기나침의(magnetic compass)는 어떻게 지시하는가?
   ① 처음에는 270° 방위를 지시하다 뒤늦게 자방위를 지시한다.
   ② 처음에는 우측으로 선회하는 것처럼 지시하다 뒤늦게 원래대로 지시한다.
   ③ 처음부터 대략적으로 자방위를 맞게 지시한다.
   ④ 처음에 좌측으로 더 빨리 선회하는 것처럼 지시한다.

【문제】 10. 북반구에서 북쪽으로 정침하고 있다가 표준율로 우선회를 했을 때 자기 나침반은 어떻게 지시하는가?
   ① 초기에는 선회하는 방향의 반대방향을 지시한다.
   ② 실제보다 더 빠른 선회율로 우선회를 지시한다.
   ③ 초기에는 북쪽을 지시하다가 점차 실제 기수방위를 지시한다.
   ④ 초기에는 실제 선회한 양보다 적게 지시하다가 점차 증가한다.

정답　6. ①　7. ③　8. ①　9. ②　10. ①

【문제】11. 북반구에서 남쪽으로 기수방위를 유지하며 비행 중인 항공기가 우측으로 표준율 선회를 했을 때 자기 나침반은 어떻게 지시하는가?
① 초기에 나침반은 좌선회를 지시한다.
② 잠시 남쪽 방위에 머물러 있다가 점차 항공기의 기수 방위를 지시한다.
③ 실제 선회하고 있는 방향보다 더 적게 지시한다.
④ 실제보다 더 빠른 선회율로 우선회를 지시한다.

〈해설〉 선회 오차, 북선 오차(Northern turning error)
1. 북반구에서 북쪽 방향으로 비행을 하다 좌측이나 우측으로 선회를 하면 나침반 카드는 초기에 잠깐 항공기가 선회하는 반대 방향을 지시하다가 점차적으로 실제 선회하는 방향으로 회전한다. 결과적으로 선회 중에 항공기의 실제 선회율보다 느리게 지시하는 지시지연(lag)이 발생한다.
2. 북반구에서 남쪽 방향으로 비행하다가 좌측이나 우측으로 선회를 하면 나침반 카드는 처음부터 올바른 방향을 지시하지만 실제 선회보다 앞서 회전한다. 결과적으로 선회 중에 항공기의 실제 선회율보다 빠르게 지시하는 지시선도(lead)가 발생한다.

Ⅲ. 자이로 계기(Gyroscopic Instrument)

【문제】1. 다음 중 gyro를 이용한 계기가 아닌 것은?
① Vertical speed indicator
② Horizontal situation indicator
③ Heading indicator
④ Attitude indicator

〈해설〉 자이로 계기는 자이로(gyro)의 강직성과 섭동성을 이용하여 항공기의 기수 방위, 항공기의 분당 선회량 및 항공기의 자세를 나타내는 계기이다. 이러한 자이로의 특성을 이용하는 계기에는 자세계(attitude indicator), 방향지시계(heading indicator), 수평자세지시계(horizontal situation indicator), 그리고 선회지시계(turn indicator)인 turn and slip indicator와 turn coordinator 등이 있다.

【문제】2. IFR 비행을 위해 이륙 전 자세계에 대해 어떤 점검을 하여야 하는가?
① 난기운전 중에 수평지시계가 흔들리지 않는지 점검한다.
② Miniature airplane이 직립되고 5분 이내에 안정되는지 점검한다.
③ 수평지시계가 직립되고 5분 이내에 안정되는지 점검한다.
④ 난기운전 중에 수평지시계가 5° 이상 기울어지지 않고 안정된 상태를 유지하는지 점검한다.

【문제】3. 지상활주 중 자세계의 지시를 신뢰할 수 없는 경우는?
① 지상활주 중 회전(turn) 시 자세계의 수평지시계가 5° 이상 기울어질 때
② 시동 후 난기운전 중 자세계의 수평지시계가 흔들릴 때
③ 난기운전 후 miniature aircraft와 자세계의 수평지시계가 일치하지 않을 때
④ 지상활주 중 brake를 사용할 때 자세계의 수평지시계가 강하를 지시할 때

〈해설〉 자세계의 수평지시계(horizon bar) 요건
1. 수평지시계는 엔진 시동 후 직립되어 비행기 자세에 맞는 올바른 위치를 유지하거나 5분 이내에 안정되어야 한다.

정답 11. ④ / 1. ①   2. ③   3. ①

2. 수평지시계는 지상활주 중 직진 중에 수평 위치를 유지하고, 회전할 때는 수평지시계가 5° 이상 기울어지지 않아야 한다.

【문제】2. 항공기가 몇 도 선회하여 roll out 할 때 자세계의 pitch와 bank 오차가 가장 커지는가?
① 90도 ② 180도 ③ 270도 ④ 360도

【문제】3. 항공기가 우측으로 180° 급선회 후 직선수평 비행상태로 roll out 하였을 경우 자세계는?
① 바로 직선수평비행을 지시한다. ② Skid, 상승 및 우선회를 지시한다.
③ 상승 및 좌선회를 지시한다. ④ 상승 및 우선회를 지시한다.

〈해설〉 자세계는 대부분의 오차가 거의 없지만 급격한 가속 시에는 약간의 pitch up 지시를 하고, 급격한 감속 시에는 pitch down 지시를 할 수 있다. 또한 선회 시에는 약간의 pitch up 및 선회 반대방향으로 bank를 지시할 수 있다. 이러한 오차는 180°로 급격한 선회 시 가장 크며, 360° 선회 시에는 초기 180° 선회 시 발생한 섭동성과 두 번째의 섭동성이 상호 상쇄되어 오차가 나타나지 않는다.

【문제】4. 자세계에서 miniature aircraft wing의 폭은 대략 몇 도의 피치를 나타내는가?
① 1도 ② 2도 ③ 3도 ④ 4도

〈해설〉 자세계에서 miniature aircraft 날개(wing)의 폭(width), 중앙의 원, 그리고 가상 horizon line 의 두께는 약 2°의 pitch를 나타낸다.

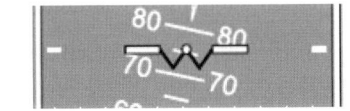

【문제】5. 지상활주 중 좌측으로 선회할 때 turn coordinator의 지시로 올바른 것은?
① Miniature aircraft는 좌측 선회를 지시하고 ball은 중앙에 위치한다.
② Miniature aircraft는 좌측 선회를 지시하고 ball은 우측으로 이동한다
③ Miniature aircraft는 좌측 선회를 지시하고 ball은 좌측으로 이동한다.
④ Miniature aircraft는 수평을 유지하고 ball은 좌측으로 이동한다.

【문제】6. 지상활주 중 선회할 때 turn and slip indicator의 지시로 올바른 것은?
① Needle은 선회방향을 지시하고, ball은 선회 반대방향으로 이동한다.
② Needle은 선회방향을 지시하고, ball은 중앙에 위치한다.
③ Needle은 중앙에 위치하고, ball은 선회 반대방향으로 이동한다.
④ Needle은 선회 반대방향을 지시하고, ball은 선회방향으로 이동한다.

〈해설〉 항공기가 지상활주 중 좌측으로 선회하면 turn coordinator의 miniature aircraft는 좌측 선회를 지시하고, ball은 우측으로 이동하여 uncoordinated turn(skid)을 지시한다.
Turn and slip indicator의 needle은 선회방향을 지시하고, ball은 원심력으로 인해 선회하는 반대방향으로 움직인다. Skid 지시는 다음 그림과 같다.

정답 2. ② 3. ③ 4. ② 5. ② 6. ①

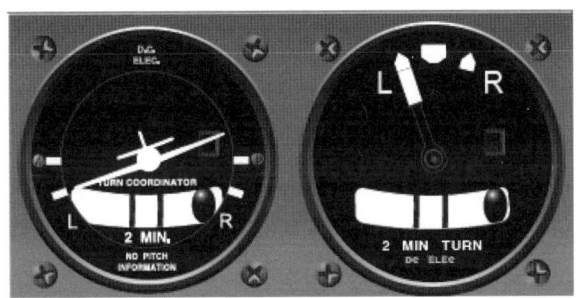

Ⅳ. 전자식 비행계기(Electronic Flight Instrument)

【문제】1. 다음 중 Instrument glass panel의 PFD에 시현되지 않는 정보는?
　① Airspeed　　② Altitude　　③ Fuel flow　　④ Vertical speed
〈해설〉Instrument glass panel의 PFD(primary flight display)는 좌측 좌석의 앞쪽에 위치하고 고도, 대기속도, 수직 속도, 자세, 방향, 트림 및 추세 정보 등 비행에 필요한 정보를 제공한다.

【문제】2. Glass panel display에서 airspeed indicator의 trend 정보는 몇 초 후의 속도를 지시하는가?
　① 3초　　② 6초　　③ 9초　　④ 12초

【문제】3. 다음 중 Glass panel display에서 trend vector를 제공하지 않는 것은?
　① Altimeter　　② Airspeed indicator
　③ Heading indicator　　④ VSI
〈해설〉Glass panel display에서 추세 벡터(trend vector)는 추세 지시기(trend indicator)에 자홍색이나 녹색으로 표시되는 라인(line) 이다. 추세 지시기는 대기속도 및 고도가 6초(Cirrus SR-20의 경우 6초, B-737의 경우 10초) 후에 어떻게 될지를 나타낸다. Heading indicator의 추세 지시기는 항공기가 선회할 방향을 나타낸다.

【문제】4. EFD의 자세계에 yellow chevron과 red chevron이 같이 나타났다면?
　① 항공기는 30° 이상의 상승 자세이다.
　② 항공기는 30° 이상의 강하 자세이다.
　③ 항공기는 60° 이상의 bank 자세이다.
　④ 자세계에 고장이 발생하였다.

【문제】5. EFD 자세계에서 노란색 chevron의 높이(두께)는 대략 몇 도의 pitch를 나타내는가?
　① 3도　　② 5도　　③ 7도　　④ 10도

정답　1. ③　2. ②　3. ④　4. ①　5. ②

〈해설〉 항공기가 비정상 피치 자세(unusual pitch attitude)인 경우, EFD(electronic flight display) 자세계의 horizon line 상에 red chevron이 나타난다. Red chevron은 nose-high 자세인 경우 피치가 30°의 nose-up을 초과하면 나타나며, nose-low 자세인 경우 15° nose-down을 초과할 때 나타난다. 이 chevron의 전체 높이(height)는 약 5°의 피치에 해당하며 피치 조정을 위한 기준을 제공한다.

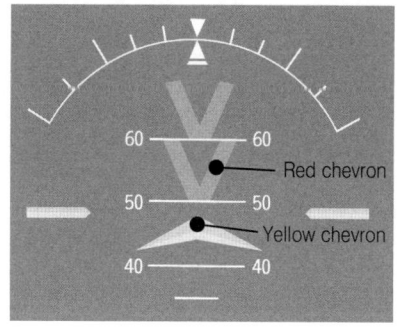

여기에서 yellow chevron은 기존 자세계에서 항공기를 나타내기 위해 사용되던 miniature aircraft를 대신하는 aircraft symbol 이다.

3 인적요소(Human Factors)

제1절 인적요소 개요

1. 인적요소의 개념과 배경

가. 인적요소(human factors)의 개념

광의의 인적요소란 인체기관이나 생리 및 심리 등 인간본질에 대한 능력과 그 한계 및 변화 등 인간 과학적 제 요소를 인지하고, 그 주변의 모든 요소와 상호작용 시 그 관계를 최적화하여 〔인간행동의 능률성과 효율성 그리고 안전성을 도모하기 위한 것이라 할 수 있다.

나. SHELL 모델

항공기 운항승무원들의 업무와 관련하여 이 모델을 살펴보면, 중앙에 있는 "L"은 liveware의 약자로서 인간 즉 운항승무원을 나타낸다(관제부문에서는 항공관제사, 정비부문에서는 항공정비사 등 각 부문에서 업무를 주도적으로 수행하는 사람을 의미). 그리고 아래 부분의 "L" 역시 liveware의 약자로서 인간을 의미하며 이는 항공기 운항업무에 직접적으로 관련되는 사람들을 나타내는데, 여기에서는 주로 항공기에 동승한 운항승무원과의 관계를 나타내고 있다.

또한 "H"는 hardware의 약자로서 항공기 운항과 관련하여 운항승무원이 조작하는 모든 장비 및 기기류를 나타내는 것이며, "S"는 software의 약자로서 항공기 운항과 관련한 법규나 비행절차, check-list 및 기호(symbol), 최근 점차 늘어나는 컴퓨터 프로그램 등이 이에 해당한다. 그리고 "E"는 environment의 약자로서 주변환경과 조종실 내 조명, 습도, 온도, 기압, 산소농도, 소음 등을 나타내는데, 이러한 각각의 요소들은 업무수행과정에서 제 기능과 역할을 발휘할 수 있도록 항상 최적의 상태와 성능을 유지하여야 한다.

SHELL 모델에서는 매우 유동적일 뿐만 아니라 많은 변수를 잠재하고 있는 liveware, 즉 인간이 중심이 되고 있으며, 그리고 그 주위에는 liveware, software, hardware, environment 등의 요소가 둘러싸고 있다.

그림 1-17. SHELL 모델

2. 인적요소의 분야

가. 표준운영절차(Standard operating procedures)

표준운영절차(SOP)란 보통 서로의 경험이나 기술적 능력을 잘 알지 못하는 운영자들을 위해 제공되는 절차이다.

(1) "3P" 이론

절차와 운영개념은 서로 연결되어 있고, 이러한 연결고리를 "조종석 운영의 3P〔원리(philosophy), 방침(policies), 절차(procedures)〕 이론"이라고 한다. 최근 실행(practice)이라는 개념을 추가하여 "4P 이론"이라는 모델도 도입되어 있다.

조종석 절차의 개념에 대한 접근을 위한 초석은 운항원리(philosophy of operating) 이다. 이러한 운항원리는 항공사 등에서 항공기 운항을 포함하는 항공사 업무를 어떻게 수행하고 있는지를 견주어 볼 수 있는 중요한 도구로 이용될 수 있다.

운항원리와 경제적 요인, 홍보, 항공기의 교체, 중요한 구조적 변화 등이 결합하여 방침을 만들어 낸다. 이러한 방침에 근거하여 가능한 한 일관성 있게 절차를 제작할 수 있게 되며, 결국 운항원리와도 일관성을 유지하게 되는 것이다.

(2) 절차의 개발

잘 설계된 절차의 기능은 주요 임무를 효과적이고 논리적이며 오류를 줄일 수 있는 방법으로 수행할 수 있도록 부수적 임무와 행위의 진행을 지시하고 구분함으로써 운항승무원을 돕는 것이다.

(가) 절차개발의 지침

① 절차운영의 결과에 대한 피드백(feedback)이 관리자나 절차를 개발하는 사람에게로 전달될 수 있는 체계가 확립되어야 한다. 이 피드백 체계는 공식적으로 진행되어야 한다. 보고내용은 면책되어야 하고 이에 대한 조치가 있어야 하며, 최초 보고자에게 조치사항이 전달되어야 한다.

② 자동화된 조종석의 절차를 개발할 경우, 자동화 장비를 이용하는 대부분의 임무는 매우 복잡하고 일련의 표준운영절차와 상호작용한다는 것을 알아야 한다.

③ 관리자는 기본적으로 자동화에 대한 원리를 개발해야 하며, 이는 특히 자동화된 조종석을 운영할 경우 중요하다.

④ 절차를 개발하거나 신기술을 조종석에 적용할 경우, 현재 사용하는 모든 절차나 방침을 신기술에 비추어 보고 재평가해야 한다.

⑤ 피드백 체계에서는 운항승무원 평가프로그램까지도 포함하여 사용되고 있는 기술을 모두 관찰할 수 있어야 한다.

⑥ 절차는 운항형태의 특이성에 따라 조율되어야 한다. 이러한 특이성을 무시하였을 경우 절차를 준수하지 않는 사례가 많아지게 된다.

⑦ 어떤 장비를 위한 절차를 만들 때 그 장비의 제한사항이나 성능을 염두에 두어야 한다. 잘 설계된 장비는 필요로 하는 절차가 간단하게 되지만 그렇지 않을 경우 절차는 복잡해진다.

⑧ 운항승무원에게 제공되는 모든 문서정보는 하나의 시스템으로 간주되어야 하며 하나의 시스템으로 제작되어야 한다.

⑨ 절차에는 외부와의 의사소통도 반드시 포함하여야 한다. 예상되는 의사소통 내용을 찾아내고, 훈련하고 다른 절차와 마찬가지로 표준화시켜야 한다.

⑩ 만일 같은 절차가 완전히 다른 결과를 야기할 수 있다면 그 절차는 모호함을 제거하기 위하여 수정되어야 한다. 간단히 말하자면 절차는 완전히 예상할 수 있는 결과를 도출하여야만 한다.

⑪ 업무부하가 높은 비행을 수행할 경우 안전과 관련된 정보교환을 위해 특히 주의를 기울여야 한다. Call-out은 간단하고 명확해야 하고 다른 승무원에게 필요한 정보만을 전송해야 한다. Call-out은 다른 승무원들이 기본적인 업무에서 벗어나지 않도록 주의를 분산시켜서도 안된다. 마지막으로 Call-out 절차는 다른 절차들이 변경될 경우 다시 검토되어야 한다.

⑫ 표준운영절차는 단순히 기계적인 절차만을 설명하는 것이 아니라 배경이 되는 논리적 설명이 추가되어야 한다. 운영 논리, 시스템 제한 그리고 "4-P" 모델과의 연계에 대한 상세한 설명이 포함되어야 한다.

(나) 절차변경의 사유

이미 제정되어 시행되고 있는 절차도 경우에 따라서는 변경되어야 한다. 변경되어야 할 사유가 있는데도 변경하지 않는다면 결과적으로 다른 문제를 유발하게 된다. 절차의 변경을 유도하는 대표적인 10가지 요인은 다음과 같다.

① 새로운 장비의 도입 (예, TCAS 도입)
② 새로운 규칙의 적용 (예, 객실에서의 금연)
③ 예기치 못한 경험 (예, 고도 강하율 위반)
④ 새로운 항로의 개설 (예, 쌍발 항공기의 운항 연장)
⑤ 새로운 경영관리 (예, 인수 합병)
⑥ 새로운 ATC 절차 (예, 샌프란시스코 국제공항(SFO)의 LDA 접근절차)
⑦ 협조 관계 (예, 탑승구에서 항공기의 후진)
⑧ 운항환경의 변화 (예, 산악지방으로의 취항)
⑨ 다기종 운영 시의 표준화
⑩ 마케팅의 영향 (예, 일등석 승객에 대한 보다 나은 서비스 제공)

나. 점검표(Checklist)

(1) 점검표(checklist)의 기능

초기의 점검표는 본래 기억력을 보조하기 위하여 개발되었다. 점검표는 운항승무원에게 조작절차를 환기시키며 항공기 조작의 기본적 표준을 제공한다.

(2) 점검표의 문제점

(가) 점검표 사용에 익숙해지면 운항승무원은 보다 많은 참조정보에 주의를 분배할 수 있고 보다 많은 정보를 처리할 수 있는 능력을 갖추게 된다. 그러나 업무부하가 극도로 고조되고 스트레스를 받는 상황에서 운항승무원은 실제 상태와 운항승무원이 예상하는 상태를 혼동하여 인지하는 경우가 발생하게 된다.

(나) 운항승무원이 점검표의 각 항목을 빠른 속도로 수행하는 상황에서는 정확도가 저하된다.

(다) 표준용어를 사용하지 않았을 때 정보전달에 문제가 발생할 수 있다. 운항승무원은 점검표의 용어가 성가시고 그 표현이 부적절하다고 생각하거나 항목 간의 순서가 부적절한 경우, 사용하는 단어의 숫자가 너무 많은 경우 표준용어를 사용하지 않으려고 한다.

(라) 수많은 점검표에서 어떤 항목을 수행 완료하였다는 뜻으로 "Set", "Check", "Completed" 등의 애매한 대답을 하게 되어 있다. 그러나 가능하다면 이러한 대답은 실제상태 혹은 수치를 불러주는 것으로 수정되어야 한다. 또한 항공기에 따라 장착된 장비가 상이하거나 기체 제작사가 서로 다를 경우 한 항공사에서 다양한 기종을 운영할 때 용어의 상이함으로 인하여 운항승무원이 혼동을 일으킬 수 있다.

다. 자동화(Automation)

(1) 조종실 자동화(flight deck automation)

조종실 자동화는 "운항승무원이 기계에 대하여 수행해야 하는 어떤 임무 혹은 임무의 한 부분을 승무원의 선택에 따라 기계에 적절히 할당하는 것"이라고 정의할 수 있다. 이러한 정의에는 감독, 의사결정 등의 인간업무를 기계가 대신하는 경고체계를 포함하고 있다.

(2) 자동화의 문제점

운항승무원의 업무를 기계적 기능으로 대치하는 자동화는 이미 언급한 바와 같이 5가지의 필요성을 가지고 진행되어 왔지만 다음과 같은 자동화의 문제점이 존재하게 된다.

(가) 상황인지의 실패

(나) 자동화에 따른 방심

(다) 자동화에 따른 압박감

(라) 운항승무원 역할의 변화

(마) 승무원과 부적절한 인터페이스 설계

(바) 운항승무원의 선발

(사) 훈련과 절차

이 밖에도 자동화에 대한 문제점으로 승무원 간의 협력관계 변화, 자동화에 대한 운항승무원들의 태도, 직무 만족도, ATC와의 문제 등이 거론되고 있다.

라. 경고표시장치(ACW System: Advisory, caution and warning systems)

경고(warning)는 시스템의 안전을 유지하기 위하여 승무원의 즉각적인 조치를 필요로 하는 상태를 나타내며, 표시색은 일반적으로 빨간색이다. 주의(caution)는 진전되거나 나빠지면 비상사태가 되는 상태를 의미하고, 즉각적인 것은 아니지만 운용자의 적절한 주의를 요구하며 표시색은 주로 적색이나 황색으로 나타낸다. 충고(advisory)는 일반적으로 정보만이 해당되는데 승무원의 조치를 필요로 하거나 그렇지 않을 수도 있으며, 이러한 표시의 색깔은 파랑, 흰색 또는 초록색이다.

Flight deck ACW 시스템은 다음과 같은 특성을 가져야 한다.

• 승무원에게 경보를 발하고 그들의 주목을 끌어야 한다.
• 상태의 본성(본질)을 알려줄 수 있어야 한다.
• 필요하고 적합한 행동의 지침을 제공해야 한다.

제2절 항공생리

1. 의약품(Medication)

조종사의 수행능력은 앓고 있는 질병뿐만 아니라 처방된 약이나 상용의약품 모두에 의해 심각하게 저하될 수 있다. 신경안정제, 진정제, 강력진통제 및 기침억제제와 같은 여러 의약품들이 주로 판단력, 기억력, 주의력, 협응력, 시력 및 계산능력을 저하시키는 효과를 나타낸다. 항히스타민제, 혈압약, 근육이완제 및 설사약과 멀미약과 같은 그 밖의 의약품들도 동일하게 중요한 기능을 저하시킬 수 있는 부작용을 일으킨다. 진정제, 신경안정제 또는 항히스타민제와 같이 신경계통을 지하시키는 의약품은 조종사를 저산소증(hypoxia)에 보다 더 잘 걸리게 할 수 있다.

2. 저산소증과 과호흡증(Hypoxia and Hyperventilation)

가. 저산소증의 발생원인

저산소증이란 인체의 생리기능을 저하시킬 만큼 혈액이나 세포 및 조직에 산소가 저하된 상태를 말한다. 원인별로 저산소성, 빈혈성, 조직중독성, 정체성 저산소증 등이 있으나, 여기에서 비행과 관련된 것은 저산소성 저산소증으로 호흡환경의 산소분압이 낮기 때문에 폐 내의 산소분압이 저하하여 발생하는 것을 말한다.

나. 저산소증의 인지와 신체기능에 미치는 영향

저산소증이 승무원들에게 위험시되는 이유는 그 증세가 통증이나 기타 불편한 증세와는 다르게 인지할 수 없는 데 있다. 저산소증의 증세는 사람에 따라 다르고 같은 사람이라도 때에 따라 다르다. 저압실 훈련에서 저산소 상태에 노출 시 느낄 수 있는 자각증세는 다음에 나열하는 것 중에 하나나 두 개, 또는 전혀 이를 느끼지 못하는 가운데 무의식 상태에 빠질 수도 있다.

자각증세로는 공기 부족감, 불안 및 초조함, 두통, 현기증, 피로감, 메스꺼움, 오열 및 오한, 시력저하, 시야 협소증, 마비감, 주의력 장애 등이며 타인이 관찰할 수 있는 타각적 증세로는 과호흡증, 청색증, 정신혼란, 의식상실 등이 있다.

다. 유효의식시간(TUC; Time of useful consciousness)

유효의식시간이란 저산소 환경에 노출되는 순간부터 정상적인 업무 수행능력에 장애가 일어나기 시작할 때까지의 시간을 가리킨다. 유효의식시간이 경과할 때 가장 문제가 되는 것은 저산소증을 치료하기 위한 자위능력을 상실한다는 것이며, 유효의식시간의 경과가 곧 의식상실은 아니다.

고도에 따른 유효의식시간의 평균치를 보면 다음과 같다.

표 1-2. 고도에 따른 유효의식시간(TUC)

고도(MSL)	유효의식시간(TUC)	고도(MSL)	유효의식시간(TUC)
45,000 ft	9~15초	28,000 ft	2.5~3분
40,000 ft	15~20초	25,000 ft	3~5분
35,000 ft	30~60초	22,000 ft	5~10분
30,000 ft	1~2분	20,000 ft	30분 이상

라. 저산소증의 예방

고공을 비행하는 항공기는 기내에 장착된 산소장구나 조종실 여압을 통하여 또는 양자를 혼합하는 방식으로 기내에 적절한 산소분압을 유지하여야 한다. 여객기들은 대부분 어떠한 고도를 비행하든지 10,000 ft 이하의 객실기압고도(cabin pressure)를 유지하므로 특별히 산소장구의 사용은 필요 없으나, 주간에 10,000 ft(야간 5,000 ft) 이상의 고공을 비행하는 항공기는 여압 상실에 대비해 산소장구를 항상 갖추도록 규정하고 있다.

민간 항공기의 경우 객실기압고도 12,500 ft까지는 산소장비 이용이 요구되지 않는다. 객실기압고도 12,500 ft~14,000 ft에서는 산소 없이 30분까지 비행이 가능하며 30분 초과 시에는 산소장비를 사용해야 한다. 객실기압고도가 14,000 ft에 도달하면 승무원은 항상 산소 마스크를 사용해야 하며, 15,000 ft 이상의 고도에서는 모든 승객에게도 산소 마스크를 제공해야 한다.

마. 과다호흡증(과호흡증, Hyperventilation)

과다호흡증이란 호흡을 지나치게 빨리한 결과 폐와 혈액 내의 탄산가스(CO_2) 분압이 정상 이하로 낮아진 상태를 말한다. 과다호흡증의 초기증세로는 현기증이 가장 잘 나타난다. 증세가 어느 정도 진전되면, 근육이 저리고 경직되는 현상으로 진전하며 판단력 및 근육 협동능력이 저하하고 때로는 의식을 잃을 수 있다. 또한 과다호흡증에 빠지면 저산소증과 가속도에 대한 내성이 저하되고, 비행착각에 빠질 가능성이 더욱 커진다. 과다호흡증은 특히 저산소증과 구별하기가 힘들어 더욱 큰 위험요소이다.

과다호흡증의 치료방법은 먼저 마음을 안정시키고, 두 번째로 호흡률을 정상 속도(분당 12~20회)로 늦춘다. 그런 다음 자기가 과다호흡증이라 생각했던 것이 저산소증 일 수도 있으므로 100% 산소를 호흡하여야 한다.

3. 비행착각

가. 착륙실수를 유발하는 착각

  (1) 활주로 폭 착각(Runway width illusion)

   일반적인 활주로보다 폭이 좁은 활주로는 항공기가 실제보다 더 높은 고도에 있는 것 같은 착각을 유발시킬 수 있다. 이러한 착각을 인지하지 못한 조종사는 더 낮게 접근하여 접근로의 장애물과 충돌하거나 활주로에 못 미쳐 착륙할 수 있는 위험을 안고 있다. 일반적인 활주로보다 폭이 넓은 활주로는 정반대의 영향을 미칠 수 있으며, 높은 고도에서 수평조작을 하여 거친 착륙(hard landing)을 하거나 활주로를 초과할 수 있는 위험을 안고 있다.

  (2) 활주로 및 지형 경사착각(Runway and terrain slope illusion)

   위로 경사진 활주로(upsloping runway), 위로 경사진 지형 또는 양쪽 다인 경우, 항공기가 실제보다 더 높은 고도에 있는 것 같은 착각을 유발시킬 수 있다. 이러한 착각을 인지하지 못한 조종사는 더 낮게 접근할 것이다. 아래로 경사진 활주로(downsloping runway), 아래로 경사진 접근 지형 또는 양쪽 다인 경우 정반대의 영향을 미칠 수 있다.

  (3) 특색이 없는 지형 착각(Featureless terrain illusion)

   수면, 어두운 지역, 그리고 눈으로 덮여 특색이 없어진 지형 위에 착륙할 때와 같이 지표면의 특색이 없는 경우, 항공기가 실제보다 더 높은 고도에 있는 것 같은 착각을 유발시킬 수 있다. 이러한 착각을 인지하지 못한 조종사는 더 낮게 접근할 것이다.

  (4) 대기현상에 의한 착각(Atmospheric illusion)

   Windscreen 상의 빗물은 더 높은 고도에 있는 것 같은 착각을 유발시키고, 대기의 연무(haze)는 활주로로부터 더 먼 거리에 있는 것 같은 착각을 유발시킬 수 있다. 이러한 착각을 인지하지 못한 조종사는 더 낮게 접근할 것이다. 안개 속으로 비행하다 보면 기수가 들리는 것(pitch up) 같은 착각이 유발될 수 있다. 이러한 착각을 인지하지 못한 조종사는 종종 갑자기 가파른 경사도로 접근할 수 있다.

나. 비행착각의 예방책

  (1) 지속적으로 반복되는 경미한 착각은 조종사가 비행임무의 다른 방향으로 주의를 돌림으로써 없어질 수 있다. 수평 직선비행 시에는 머리를 약간 움직이는 것이 효과적일 수 있다.

  (2) 강한 착각이나 정위 유지, 비행기 조종의 어려움에 갑작스럽게 직면했을 때는,

   (가) 계기로 돌아가서 크로스체크(cross check) 하라.

   (나) 항공기의 계기판을 보고 원하는 비행자세가 되도록 조작하라.

   (다) 계기점검을 지속적으로 수행하고 특히 고도계에 주의를 집중하라.

   (라) 외부의 시각적 단서가 명확하기 전까지는 시계비행과 계기비행을 혼용해서 비행하지 마라.

   (마) 심한 착각이 지속되면 도움을 청하라. 부조종사에게 조종간을 넘기거나, 지상관제사, 다른 비행기 조종사와 교신하고 고도계를 체크하라.

   (바) 조종불능인 경우에는 너무 하강하기 전에 비상 탈출하라.

제3절 항공심리

1. 인적과오(Human error)
 가. 과오의 형태에 따른 분류
  (1) 탈락 : 필요한 동작을 하지 않는 과오, 즉 동작을 했으나 늦었거나 불확실하게 한 경우 등이 포함된다.
  (2) 수행 : 해서는 안 될 일을 하는 과오, 가령 정비관계로 현저히 지연될 것을 알고서도 승객을 정시에 탑승시키는 경우가 이에 해당한다.
  (3) 대상(代償) : 어떤 필요한 일을 하는 대신 다른 조작을 하는 경우로서, 예를 들면 비행 중 엔진 고장시 다른 정상 엔진을 정지시키는 경우 등
 나. 인간의 특성
  (1) 기계가 인간보다 우월한 점
   (가) 반응의 속도 : 인간의 반응시간에 비해 10만 배의 빠른 반응을 할 수 있다.
   (나) 정확한 반복 : 똑같은 동작을 몇 번이고 되풀이하면서 오류나 오차가 없을 뿐만 아니라 단조로움에 대한 권태와 능률의 저하가 없다.
   (다) 대량의 저장된 정보를 신속히 찾아내어 처리할 수 있다.
   (라) 인간 및 다른 기계에 대한 감시와 경보기능, 특히 장시간 지속되는 감시
   (마) 신속한 고장검색 : 일단 입력된 회로가 있는 한 어떤 이상사태의 원인을 단시간에 정확히 탐색한다.
   (바) 강력한 힘을 무리 없이 낼뿐만 아니라 마모된 부분은 교환할 수 있다.
   (사) 사람이 감지하지 못하는 특수 자극(자외선과 적외선, 초음파)에 대한 높은 감수성
   (아) 작업의 질적, 양적 균일성
   (자) 감정적 반응이 없다(공포, 분노, 초조 등 과오의 원인에 대한 무제한의 내성).
  (2) 인간이 기계보다 우월한 점
   (가) 여러 가지 잡다한 방해물이 뒤섞여 있는 가운데서 필요한 신호를 가려내는 능력, 예컨대 레이더 화면에서 구름이나 산, 항공기를 식별하여 교묘히 위장된 공격목표를 가려낸다.
   (나) 예기치 않거나 매우 희귀한 사태(갑작스러운 기계고장 등)에 신속히 대처하는 능력
   (다) 계기에 나타난 여러 일차적 정보들을 종합해서 엔진의 고장을 알아내는 등 어떤 상황의 발생원인을 추정하는 능력
   (라) 응용과 창조성 : 예전의 경험을 바탕으로 다소 상이한 새로운 사태에 응용하거나 전혀 새로운 사태에 직면해서 창조적인 대응방법을 생각해 낸다.
   (마) 집중능력 : 여러 가지 방해나 간섭을 배제하고 한 가지 정보에 생각을 집중, 추적할 수 있다.
   (바) 적응능력 : 한계가 있기는 하나 처해있는 환경이나 가혹한 조건 또는 약간의 장해에 어느 정도 적응하면서 임무를 수행할 수 있다.
   (사) 효율성 : 인간은 겨우 70 kg 정도의 작은 몸집과 최소한의 에너지로서 기계에 비해 상대적으로 매우 크고 신뢰도가 높은 기능을 발휘할 수 있다.

2. 긴급사태에서의 생리적, 심리적 반응

가. 생리적 단계

 (1) 방어단계 : 자신에게 그 사태에 대한 처리능력이 있고 긴급상황과 싸우고 있는 상태이며, 여러 행동이 촉진되어 투쟁과 도피반응이 나타난다.
 (2) 피로단계 : 에너지의 과소모, 의욕감퇴와 행동의 억제가 나타난다.
 (3) 파탄단계 : 심신의 소모가 극도에 달하고 행동은 정지하며 방심(放心) 상태가 된다.

나. 심리적 단계

 (1) 불안 : 막연한 위험을 예측 또는 마음속에 위기의식이 고조된다.
 (2) 두려움 : 만성적인 공포감으로 진정한 위험에 대비하는 상태로 볼 수 있다. 이유 없이 몸을 움츠리든가 뛰어나가는 등의 행동을 한다.
 (3) 공황 : 모든 정신활동의 정지, 절망감과 신경질적인 증상이 나타난다.
 (4) 혼미 : 위 생리적 단계의 파탄에 해당하는 것으로 동작이 정지되고 죽음을 기다리는 듯한 상태

3. 스트레스 관리(Stress management)

일반적으로 받아들여지는 스트레스(stress)의 정의를 보면 위협적인 환경특성에 대한 개인의 반응이라고 볼 수 있다. 즉, 스트레스란 환경의 요구가 지나쳐서 개인의 능력 한계를 벗어날 때 발생하는 개인과 환경의 불균형/부적합 상태를 말한다. 물론 이 환경의 요구에 부응하지 못하는 것이 개인에게 중대한 영향을 미친다는 전제조건이 따른다.

스트레스를 이렇듯 환경과 개인의 부적합 상태로 파악하게 되면 그것은 상당히 부정적으로 인식할 수 있으나, 모든 스트레스가 나쁜 것은 아니다. 지나친 스트레스는 부정적인 결과를 가져오지만 적당한 스트레스는 오히려 유용하며 모든 심리적 성장, 창의적 활동, 새로운 기술의 습득에는 적당한 스트레스가 필수적이다.

출 제 예 상 문 제

Ⅰ. 인적요소 개요

【문제】1. 다음 중 Frank. H. Hawkins의 SHELL Model에서 Software 분야에 속하지 않는 것은?
① 항공법규   ② 비행절차   ③ 운항승무원   ④ 점검표

【문제】2. SHELL Model의 각 요소에 대한 설명으로 틀린 것은?
① S - Software : 항공기 운항과 관련한 법규, 비행절차, 체크리스트, 표지 등
② H - Hardware : 항공기 운항과 관련하여 운항승무원이 조작하는 모든 기기류
③ E - Environment : 주변환경과 조종실 내 조명, 습도, 온도, 기압, 산소 농도, 소음 등
④ L - Life : 운항승무원의 안정된 생활을 위한 복지 및 정책

〈해설〉 SHELL 모델 요소

구분	요소	설 명
S	Software	항공기 운항과 관련한 법규나 비행절차, checklist 및 기호 등
H	Hardware	항공기 운항과 관련하여 운항승무원이 조작하는 모든 장비 및 기기류
E	Environment	주변환경과 조종실 내 조명, 습도, 온도, 기압, 산소농도, 소음 등
L	Liveware	인간, 즉 운항승무원(각 부문에서 업무를 주도적으로 수행하는 사람)
L	Liveware	인간, 항공기 운항업무에 직접적으로 관련되는 사람(주로 항공기에 동승한 운항승무원)

【문제】3. "조종석 운영의 3P 이론"에 맞는 것으로 짝지어진 것은?
① 원칙(principle), 방침(policies), 절차(procedures)
② 원칙(principle), 실행(practice), 방침(policies)
③ 원리(philosophy), 실행(practice), 절차(procedures)
④ 원리(philosophy), 방침(policies), 절차(procedures)

〈해설〉 조종실 내의 절차와 운영개념은 서로 연결되어 있고, 이러한 연결고리를 "조종석 운영의 3P〔원리(philosophy), 방침(policies), 절차(procedures)〕 이론"이라고 한다.

【문제】4. 항공기 운항절차 개발에 대한 지침으로 맞지 않는 것은?
① 자동화에 대한 지침을 개발하여야 한다.
② 기계적인 절차만을 정립하여야 한다.
③ 운항형태의 특이성에 따라 조율되어야 한다.
④ 반드시 외부와의 의사소통을 포함하여야 한다.

〈해설〉 절차개발의 지침
  1. 절차운영의 결과에 대한 피드백(feedback)이 관리자나 절차를 개발하는 사람에게로 전달될 수 있는 체계가 확립되어야 한다.

정답   1. ③   2. ④   3. ④   4. ②

2. 관리자는 기본적으로 자동화에 대한 원리를 개발해야 하며, 이는 특히 자동화된 조종석을 운영할 경우 중요하다.
3. 절차를 개발하거나 신기술을 조종석에 적용할 경우, 현재 사용하는 모든 절차나 방침을 신기술에 비추어 보고 재평가해야 한다.
4. 절차는 운항형태의 특이성에 따라 조율되어야 한다. 이러한 특이성을 무시하였을 경우 절차를 준수하지 않는 사례가 많아지게 된다.
5. 어떤 장비를 위한 절차를 만들 때, 그 장비의 제한사항이나 성능을 염두에 두어야 한다.
6. 절차에는 외부와의 의사소통도 반드시 포함하여야 한다. 예상되는 의사소통 내용을 찾아내고, 훈련하고 다른 절차와 마찬가지로 표준화시켜야 한다.
7. 단순히 기계적인 절차만을 설명하는 것이 아니라 배경이 되는 논리적 설명이 추가되어야 한다.

【문제】5. 다음 중 절차변경의 사유에 해당하지 않는 것은?
① 예기치 못한 새로운 경험
② 새로운 경영관리
③ 운항환경의 변화
④ 복잡한 ATC 절차

【문제】6. 공식적인 절차변경의 사유가 아닌 것은?
① 운항책임자의 정책변화
② 장비의 변화
③ 새로운 ATC 절차
④ 예기치 못한 경험

〈해설〉 절차변경의 주요사유는 다음과 같다.
1. 새로운 장비의 도입 (예, TCAS 도입)
2. 새로운 규칙의 적용 (예, 객실에서의 금연)
3. 예기치 못한 경험 (예, 고도 강하율 위반)
4. 새로운 항로의 개설 (예, 쌍발 항공기의 운항 연장)
5. 새로운 경영관리 (예, 인수 합병)
6. 새로운 ATC 절차 (예, 샌프란시스코 국제공항의 LDA 접근절차)
7. 운항환경의 변화 (예, 산악지방으로의 취항)

【문제】7. Checklist를 사용하여 비행을 수행할 때 발생할 수 있는 문제점이 아닌 것은?
① 업무부하 고조, 스트레스 발생 시 상태를 혼동하여 인지하는 경우가 발생할 수 있다.
② Checklist 항목을 천천히 수행 시 정확도가 저하된다.
③ 표준용어 미사용 시 정보전달에 문제가 발생할 수 있다.
④ 다양한 기종 운용 시 용어의 상이함으로 인하여 혼동을 일으킬 수 있다.

〈해설〉 점검표(checklist)의 문제점은 다음과 같다.
1. 업무부하가 극도로 고조되고 스트레스를 받는 상황에서 운항승무원은 실제 상태와 운항승무원이 예상하는 상태를 혼동하여 인지하는 경우가 발생하게 된다.
2. 운항승무원이 점검표의 각 항목을 빠른 속도로 수행하는 상황에서는 정확도가 저하된다.
3. 표준용어를 사용하지 않았을 때 정보전달에 문제가 발생할 수 있다.
4. 한 항공사에서 다양한 기종을 운영할 때 용어의 상이함으로 인해서 운항승무원이 혼동을 일으킬 수 있다.

정답 5. ④   6. ①   7. ②

【문제】 8. 조종실 자동화에 대한 장점이 아닌 것은?
　　　① 상황인식의 확립　　　　　　　② 경제성
　　　③ 안전성 확보　　　　　　　　　④ 조종실 공간의 효율화

【문제】 9. 조종실 자동화에 따른 문제점이 아닌 것은?
　　　① 상황인지의 실패　　　　　　　② 운항승무원 권한의 강화
　　　③ 자동화에 따른 압박감　　　　　④ 자동화에 따른 방심
〈해설〉 자동화의 문제점은 다음과 같다.
　　1. 상황인지의 실패
　　2. 자동화에 따른 방심
　　3. 자동화에 따른 압박감
　　4. 운항승무원 역할의 변화
　　5. 승무원과 부적절한 인터페이스 설계
　　6. 운항승무원의 선발
　　7. 훈련과 절차

【문제】 10. 항공기 경고표시장치에서 제공하는 내용이 아닌 것은?
　　　① Note　　　② Caution　　　③ Warning　　　④ Advisory

【문제】 11. 경고표시장치가 가져야 할 특성이 아닌 것은?
　　　① 승무원에게 경고를 발하고 그들의 주목을 끌어야 한다.
　　　② 상태의 본성을 알려 줄 수 있어야 한다.
　　　③ 필요하고 적합한 행동지침을 제공하여야 한다.
　　　④ 제한된 정보를 제공하여야 한다.
〈해설〉 경고표시장치(ACW System; advisory, caution and warning systems)는 경고(warning), 주의(caution) 및 충고(advisory) 정보를 제공하며 다음과 같은 특성을 가져야 한다.
　　1. 승무원에게 경보를 발하고 그들의 주목을 끌어야 한다.
　　2. 상태의 본성(본질)을 알려줄 수 있어야 한다.
　　3. 필요하고 적합한 행동의 지침을 제공해야 한다.

Ⅱ. 항공생리

【문제】 1. 조종사가 약을 복용하고 비행을 했을 때 나타나는 증상이 아닌 것은?
　　　① 경각심 고취　　　　　　　　　② 기억력 감퇴
　　　③ 판단력 저하　　　　　　　　　④ 저산소증 악화
〈해설〉 조종사의 수행능력은 처방된 약이나 상용의약품 모두에 의해서도 심각하게 저하될 수 있다. 여러 의약품들이 주로 판단력, 기억력, 주의력, 협응력, 시력 및 계산능력을 저하시키는 효과를 나타낸다. 진정제, 신경안정제 또는 항히스타민제와 같이 신경계통을 저하시키는 의약품은 조종사를 저산소증(hypoxia)에 보다 더 잘 걸리게 할 수 있다.

정답　8. ①　　9. ②　　10. ①　　11. ④　/　1. ①

【문제】2. 저산소증(hypoxia)에 빠졌을 때 나타나는 증상이 아닌 것은?
　　① 근육 경련　　② 두통　　③ 현기증　　④ 시력 저하

【문제】3. 단독으로 비행하는 조종사에게 저산소증이 특히 위험한 이유는 무엇인가?
　　① 야간 시력이 손상되어 다른 항공기를 발견할 수 없기 때문이다.
　　② 저산소증의 증상은 조종사의 반응에 영향을 미치기 전에는 쉽게 인지하기 어렵기 때문이다.
　　③ 조종사는 산소를 흡입한다 하더라도 항공기를 조종할 수 없기 때문이다.
　　④ 저산소증은 고공에서만 발생하는 현상이기 때문이다.

【문제】4. 다음은 저산소증에 관련된 사항이다. 틀린 것은?
　　① 저산소증의 종류에는 고공성 저산소증, 빈혈성 저산소증 등이 있다.
　　② 음주, 자가 복약 후 비행 시에는 상승작용을 일으킨다.
　　③ 주, 야간 공히 10,000 ft 이상에서는 보조산소 사용을 권장한다.
　　④ 보통의 조종사는 증상을 잘 인식하지 못한다.

〈해설〉 저산소증(Hypoxia)
　　1. 저산소증이란 인체의 생리기능을 저하시킬 만큼 혈액이나 세포 및 조직에 산소가 저하된 상태를 말하는 것으로 원인별로 저산소성(고공성), 빈혈성, 조직중독성, 정체성 등이 있다.
　　2. 저산소증의 자각증세로는 공기 부족감, 불안 및 초조함, 두통, 현기증, 피로감, 메스꺼움, 오열 및 오한, 시력 저하, 시야 협소증, 마비감, 주의력 장애 등이며 타인이 관찰할 수 있는 타각적 증세로는 과호흡증, 청색증, 정신혼란, 의식상실 등이 있다.
　　3. 소량의 알코올, 그리고 항히스타민제, 신경진정제, 안정제 및 진통제와 같은 소량의 약품 투여만으로도 이들의 진정작용으로 인해 쉽게 저산소증에 빠질 수 있다. 저산소증의 영향을 인지하는 것은 일반적으로 아주 어려우며 점진적으로 발생할 때는 특히 더 어렵기 때문에 승무원들에게는 특히 위험하다.
　　4. 최적의 보호를 위해 주간에는 10,000 ft 이상, 야간에는 5,000 ft 이상에서 보조산소를 사용할 것을 조종사에게 권장하고 있다.

【문제】5. 고도 35,000 ft에서 비여압 상태일 때, 비상산소가 없는 경우 유효의식시간은?
　　① 1~2분　　② 30~60초　　③ 15~20초　　④ 9~12초

〈해설〉 "유효의식시간(time of useful consciousness)"이란 보조산소가 없는 경우 해당 고도에서 조종사가 합리적으로 비상탈출 여부를 판단하고 이를 수행할 수 있는 최대시간을 의미한다.

고 도	유효의식시간(TUC)	고 도	유효의식시간(TUC)
45,000 ft MSL	9~15초	28,000 ft MSL	2.5~3분
40,000 ft MSL	15~20초	25,000 ft MSL	3~5분
35,000 ft MSL	30~60초	22,000 ft MSL	5~10분
30,000 ft MSL	1~2분	20,000 ft MSL	30분 이상

【문제】6. 다음 중 과호흡증(hyperventilation)의 증상으로 맞는 것은?
　　① 근육경련　　　　　　　　② 호흡속도의 감소
　　③ 시야의 협소　　　　　　④ 불안 및 초조함

정답　2. ①　3. ②　4. ③　5. ②　6. ①

【문제】7. 과다호흡증(hyperventilation)이 나타날 경우 취해야 할 행동으로 맞는 것은?
① 산소 비율을 높이기 위해 환기를 시킨다.
② 정상 호흡률보다 천천히 호흡한다.
③ 긴장을 풀고 숨을 크게 내쉰다.
④ 침을 삼키거나 발살바(valsalva) 호흡을 한다.

〈해설〉 비행 중 과호흡증(과다호흡증, Hyperventilation)
1. 과호흡증은 신체를 통해 이산화탄소가 과다하게 "배출"되기 때문이며, 조종사는 어지러움, 질식, 졸음, 손발 저림 및 오한 그리고 이것들과 반응하여 한층 더 심한 과호흡증을 겪을 수 있다. 협동운동 장애, 방향감각 상실 및 고통스러운 근육경련은 언젠가는 무기력 상태로 이어질 수 있다.
2. 과다호흡증이 나타날 경우 먼저 마음을 안정시키고, 두 번째로 호흡률을 정상 속도(분당 12-20회)로 늦추어야 한다.

【문제】8. 평소보다 좁은 활주로에 착륙 시 조종사의 접근 경향성은?
① 실제보다 낮은 접근을 실시한다.
② 실제보다 높은 접근을 실시한다.
③ 기상에 따라 다르다.
④ 변화 없다.

【문제】9. 일반적인 활주로보다 폭이 넓고 downslope인 활주로에 착륙할 때, 조종사는 어떠한 시각적 착각을 유발할 수 있는가?
① 실제보다 높게 보이고, 정상 접근보다 낮게 접근할 수 있다.
② 실제보다 낮게 보이고, 정상 접근보다 높게 접근할 수 있다.
③ 실제보다 높게 보이고, 정상 접근보다 높게 접근할 수 있다.
④ 실제보다 낮게 보이고, 정상 접근보다 낮게 접근할 수 있다.

【문제】10. 착륙 중 실제보다 높은 고도에 있는 것 같은 착각을 유발하는 활주로는?
① Downslope, narrower than usual runway
② Downslope, wider than usual runway
③ Upslope, narrower than usual runway
④ Upslope, wider than usual runway

【문제】11. 비행착각에 대한 설명 중 맞는 것은?
① 날씨가 맑으면 더 멀어 보인다.
② 비가 오면 더 가까워 보인다.
③ 활주로 주변에 장애물이 없는 활주로가 장애물이 있는 활주로보다 낮게 보인다.
④ 안개 속으로 들어가면 기수가 들린다는 착각이 든다.

【문제】12. 비행착각에 대한 다음 설명 중 틀린 것은?
① 우중 - 높다는 착각
② 주변 장애물이 없는 활주로 - 높다는 착각
③ 맑은 날씨 - 멀다는 착각
④ 안개 - 기수가 들린다는 착각

정답 7. ② 8. ① 9. ② 10. ③ 11. ④ 12. ③

〈해설〉 착륙실수를 유발하는 비행 착각(Illusions in flight)
1. 활주로 폭 착각(runway width illusion)
    일반적인 활주로보다 폭이 좁은 활주로는 항공기가 실제보다 너 높은 고도에 있는 것 같은 착각을 유발시킬 수 있다. 이러한 착각을 인지하지 못한 조종사는 더 낮게 접근하여 접근로의 장애물과 충돌하거나 활주로에 못 미쳐 착륙할 수 있는 위험을 안고 있다. 일반적인 활주로보다 폭이 넓은 활주로는 정반대의 영향을 미칠 수 있다.
2. 활주로 및 지형 경사착각(runway and terrain slope illusion)
    위로 경사진 활주로(upsloping runway)는 항공기가 실제보다 더 높은 고도에 있는 것 같은 착각을 유발시킬 수 있다. 이러한 착각을 인지하지 못한 조종사는 더 낮게 접근할 것이다. 아래로 경사진 활주로(downsloping runway)는 정반대의 영향을 미칠 수 있다.
3. 특색이 없는 지형 착각(featureless terrain illusion)
    수면, 어두운 지역, 그리고 눈으로 덮여 특색이 없어진 지형 위에 착륙할 때와 같이 지표면의 특색이 없는 경우, 항공기가 실제보다 더 높은 고도에 있는 것 같은 착각을 유발시킬 수 있다.
4. 대기현상에 의한 착각(atmospheric illusion)
    Windscreen 상의 빗물은 더 높은 고도에 있는 것 같은 착각을 유발시키고, 대기의 연무(haze)는 활주로로부터 더 먼 거리에 있는 것 같은 착각을 유발시킬 수 있다. 안개 속으로 비행하다 보면 기수가 들리는 것(pitch up) 같은 착각이 유발될 수 있다.

■ 잠깐! 알고 가세요.
[착륙실수를 유발하는 착각]

구 분		착각유형	결 과
활주로 폭	폭이 좁은 활주로	높다는 착각	낮게 접근
	폭이 넓은 활주로	낮다는 착각	높게 접근
활주로/지형 경사	상경사 활주로	높다는 착각	낮게 접근
	하경사 활주로	낮다는 착각	높게 접근
특색이 없는 지형		높다는 착각	낮게 접근
대기현상	Windscreen 빗물	높다는 착각	낮게 접근
	연무	멀다는 착각	낮게 접근
	안개 속	기수가 들리는 착각	가파른 경사도로 접근

【문제】13. 야간 관측방법에 대한 설명 중 틀린 것은?
① 밝은 빛에서 암순응에 완전히 적응하는데 약 30분 소요된다.
② 주간보다 눈동자를 천천히 움직인다.
③ 보고 있는 물체에 집중한다.
④ 주변시를 이용한다.

〈해설〉야간시야(night vision)의 효율성을 높이는데 도움을 주는 방법은 다음과 같다.
1. 비행 전에 눈을 어둠에 적응시키고 그러한 적응상태를 유지하라. 밝은 빛에 노출 된 이후에 눈이 최대효율로 적응하기 까지는 대략 30분이 필요하다.
2. 만약 산소가 있다면 야간비행 중에 사용하라. 5,000 ft 근처에서 야간시야의 현저한 악화가 발생할 수 있다는 것을 명심해라.
3. 밝은 빛에 노출되었을 때 한 쪽 눈을 감아 아무것도 안 보이는 현상을 피하라.
4. 해가 진 이후에는 선글라스를 쓰지 마라.

정답 13. ③

5. 주간보다 눈을 더 천천히 움직여라.
6. 흐릿하게 보일 때는 눈을 깜빡거려라.
7. 눈으로 하여금 중심 밖을 보도록 하라.

【문제】 14. Unusual attitude의 recovery 조치로 올바르지 않은 것은?
① 우선 계기를 cross-check 한다.
② 계기를 믿는다.
③ 자신의 감각을 최대한 믿고 극복해 낸다.
④ 위험 고도에 도달하면 비상탈출 한다.

【문제】 15. 공간정위 상실 시 이를 극복하기 위한 최선의 방법은?
① 머리와 눈의 움직임을 줄인다.   ② 육체적 감각에 의존한다.
③ 호흡속도를 감소한다.   ④ 비행계기의 지시를 믿는다.

〈해설〉 강한 착각이나 정위 유지, 비행기 조종의 어려움에 갑작스럽게 직면했을 때는 잘못된 신체 감각을 무시하고 비행계기를 믿어야 한다.
1. 계기로 돌아가서 cross-check 한다.
2. 항공기의 계기판을 보고 원하는 비행자세가 되도록 조작한다.
3. 계기점검을 지속적으로 수행하고 특히 고도계에 주의를 집중한다.

【문제】 16. 사람의 신체 중 공중방향 유지에 있어서 가장 정확한 감각기관은?
① 시각   ② 청각   ③ 촉각   ④ 후각

〈해설〉 시각(視覺)은 우리 인체의 평형 유지에 있어서 가장 중요하고 정확한 기관이다. 시각이 우리로 하여금 평형을 유지하게 하는 이유는 참조물을 볼 수 있게 하기 때문이다.

Ⅲ. 항공심리

【문제】 1. 비행 중 쌍발 엔진 항공기의 한쪽 엔진에 고장이 발생하였을 때, 정상 작동 중인 다른 쪽 엔진을 정지시켰다면 어떤 형태의 과오를 범한 것인가?
① 탈락   ② 수행   ③ 대상   ④ 전이

〈해설〉 과오의 형태에 따른 분류는 다음과 같다.
1. 탈락 : 필요한 동작을 하지 않는 과오, 즉 동작을 했으나 늦었거나 불확실하게 한 경우 등이 포함된다.
2. 수행 : 해서는 안 될 일을 하는 과오, 가령 정비관계로 현저히 지연될 것을 알고서도 승객을 정시에 탑승시키는 경우가 이에 해당한다.
3. 대상(代償) : 어떤 필요한 일을 하는 대신 다른 조작을 하는 경우로서 예를 들면 비행 중 엔진 고장 시 다른 정상 엔진을 정지시키는 경우 등

【문제】 2. 기계가 인간보다 우월한 점이 아닌 것은?
① 정확성   ② 신속성
③ 대량 정보처리   ④ 창조와 응용

[정답] 14. ③   15. ④   16. ① / 1. ③   2. ④

【문제】3. 작업 수행 능력에 있어 인간이 기계보다 우월한 점은?
① 반응의 속도가 빠르다.
② 예기치 않는 상황 발생 시 신속히 대처할 수 있다.
③ 인간과 다른 기계에 대한 지속적인 감시기능이 뛰어나다.
④ 고장검색을 신속히 할 수 있다.

〈해설〉 기계와 인간의 차이점은 다음과 같다.
1. 기계가 인간보다 우월한 점
 가. 반응의 속도
 나. 정확한 반복
 다. 대량의 저장된 정보를 신속히 찾아내어 처리할 수 있다.
 라. 신속한 고장검색
2. 인간이 기계보다 우월한 점
 가. 예기치 않은, 또는 매우 희귀한 사태에 신속히 대처하는 능력
 나. 어떤 상황의 발생원인을 추정하는 능력
 다. 응용과 창조성

【문제】4. 다음 중 행동이 억제되고 의욕이 감퇴되는 단계는?
① 방어단계   ② 피로단계   ③ 공황단계   ④ 파탄단계

【문제】5. 행동이 정지되고 정신은 혼미해지는 생리적 단계는?
① 방어단계   ② 피로단계   ③ 공황단계   ④ 파탄단계

〈해설〉 긴급사태에 대한 반응의 생리적 단계를 구분하면 다음과 같다.
1. 방어단계 : 자신에게 그 사태에 대한 처리능력이 있고 긴급상황과 싸우고 있는 상태이다.
2. 피로단계 : 에너지의 과소모, 의욕감퇴와 행동의 억제가 나타난다.
3. 파탄단계 : 심신의 소모가 극도에 달하고 행동은 정지하며 방심(放心) 상태가 된다.

정답 3. ② 4. ② 5. ④

계기비행증명 (Instrument Rating)

PART 2
항공교통업무 (Air Traffic Services)

- 항행안전시설
- 항공교통업무 일반

1 항행안전시설(Navigation Aids)

제1절. 항행안전무선시설(Radio Navigation Aids)

1. 무지향표지시설(Nondirectional Radio Beacon; NDB)

무지향표지시설은 항공기의 조종사가 방위(bearing)와 기지국(station)의 방향을 판단할 수 있도록 무지향성 신호를 송신한다. 이들 시설은 일반적으로 190~535 kHz의 주파수대에서 운용된다. 무지향표지시설을 계기착륙시설(ILS)의 marker로 사용할 때, 이를 compass locator라고 한다.

2. 전방향표지시설(VHF Omni-directional Range; VOR)

가. VOR 일반

VOR은 108.0~117.95 MHz 주파수대에서 운용된다. VOR은 가시선(line-of-sight)의 제한을 받으며, 통달범위는 수신장비의 고도에 비례하여 변한다.

VOR을 확실하게 식별하는 유일한 방법은 모스부호 식별신호(Morse Code identification)로 식별하거나, 송신소 명칭(range's name) 다음에 단어 "VOR"을 사용하여 나타내는 녹음된 자동음성식별신호로 식별하는 것이다. 정비기간 중에 시설은 T-E-S-T 부호(- ● ●●● -)를 송출하거나, 부호가 제거될 수 있다. 식별부호의 제거는 시설의 조정(tune-up) 또는 수리를 위해 공식적으로 방송을 하지 않고 있으며, 간헐적이거나 일정한 신호가 수신된다 하더라도 신뢰할 수 없다는 것을 경고하는 것이다.

나. VOR 수신기 점검(VOR receiver check)

(1) VOR 시험시설(VOT)은 VOT가 위치해 있는 지상에 있는 동안 VOR 수신기의 작동상태와 정확성을 측정할 수 있도록 사용자에게 편리한 수단을 제공하는 시험신호(test signal)를 송신한다.

(2) VOT 서비스를 이용하기 위하여 VOR 수신기를 VOT 주파수에 맞춘다. Omni-bearing selector(OBS)를 0°에 맞추면 진로편차지시계(CDI)는 중앙으로 오고 TO/FROM 지시는 "FROM"을 나타내어야 하며, OBS를 180°에 맞추면 TO/FROM 지시는 "TO"를 나타내어야 한다. VOR 수신기가 RMI(radio magnetic indicator)를 작동시키면 RMI는 어떤 OBS 설정에서도 180°를 가리킨다.

(3) 공중과 지상점검 지점은 공항 지표면의 특정지점 또는 공항주변에서 체공 중 특정 랜드마크(landmark)의 상공에서 수신할 수 있는 공인된 radial로 구성된다.

   (가) 지상점검을 하여 오차가 ±4°를 초과하거나 공중점검을 하여 오차가 ±6°를 초과하면, 먼저 오차의 원인을 수정하지 않고 계기비행방식(IFR)으로 비행을 해서는 안된다.

   (나) 이중 시스템 VOR(안테나를 제외하고 상호 독립된 장비)을 항공기에 장착하고 있다면 하나의 시스템을 다른 시스템과 비교하여 점검할 수도 있다. 두 시스템을 동일한 VOR 지상시설에 동조시키고 기지국으로의 지시방위(indicated bearing)를 주시한다. 두 지시방위 간의 최대허용편차는 4°이다.

3. 전술항행표지시설(Tactical Air Navigation; TACAN)

FAA는 민간 VOR/DME 프로그램과 TACAN 시설을 통합하였으며, 이 통합시설을 VORTAC 이라고 한다. TACAN 지상장비는 고정식 또는 이동식송신기로 구성된다. 지상장비와 함께 항공기 탑재장비는 송신된 신호를 방위각(azimuth)과 거리정보의 시각적 표현으로 변환시킨다.

4. 전방향표지시설/전술항행표지시설(VHF Omni-directional Range/Tactical Air Navigation; VORTAC)

VORTAC은 VOR과 TACAN의 두 부분으로 구성된 시설로 한 위치에서 VOR 방위, TACAN 방위 및 TACAN 거리(DME) 세 가지의 각기 다른 정보를 제공한다.

5. 거리측정시설(Distance Measuring Equipment; DME)

가. DME는 가시선(line-of-sight) 원리에 따라 작동하기 때문에 매우 높은 정확도의 거리정보를 제공한다. 가시고도(line-of-sight altitude) 199 NM까지의 거리에서 1/2 mile 또는 거리의 3% 가운데 더 큰 수치 이내의 정확성을 가진 신뢰할 수 있는 신호를 수신할 수 있다.

나. DME 장비로부터 수신되는 거리정보는 경사거리(slant range distance)이며 실제 수평거리는 아니다. 경사거리는 수평거리와 수직거리라는 두 가지 구성 요소의 결과이다. 항공기가 고도 1,000 ft 마다 DME ground station에서 최소 1 NM 이상 떨어져 있는 경우, 경사거리와 수평거리의 차이는 크지 않기 때문에 경사거리 오차는 무시할 수 있다.

항공기가 DME ground station 바로 위에 있을 때 오차가 가장 크며, DME는 단순히 항공기의 고도를 nautical mile로 표시한다. 반대로 항공기 고도가 낮고 ground station으로부터 멀수록 오차는 최소가 된다.

다. VOR/DME, VORTAC, ILS/DME 및 LOC/DME 시설은 시분할(time share) 방식에 의해 송신되는 동기화된 식별부호에 의해 식별된다. 시설의 VOR 또는 로컬라이저(localizer) 부분은 1,020 Hz 의 부호화된 변조음(tone modulated) 또는 부호와 음성의 조합에 의해 식별된다.

TACAN 또는 DME는 1,350 Hz의 부호화된 변조음에 의해 식별된다. VOR 또는 로컬라이저의 식별부호가 3회 또는 4회 송신될 때 DME 또는 TACAN 식별부호는 1회 송신된다. VOR 또는 DME 중 하나가 작동하지 않을 때 어느 식별부호가 운용시설에서 유지되고 있는 식별부호인지를 아는 것이 중요하다. 약 30초 간격으로 반복되는 단 하나의 식별부호는 DME가 작동하고 있다는 것을 나타낸다.

6. 항행안전시설 서비스범위(NAVAID Service Volume)

가. VOR/DME/TACAN 표준 서비스범위(SSV)

원래의 NAVAID SSV는 그림 2-1과 같이 Terminal(T), Low(L)와 High(H) 3가지 등급(class)으로 지정된다. NAVAID의 사용가능거리는 각 등급별로 송신기 상공의 높이(above the transmitter height; ATH)로부터의 고도에 따라 달라진다.

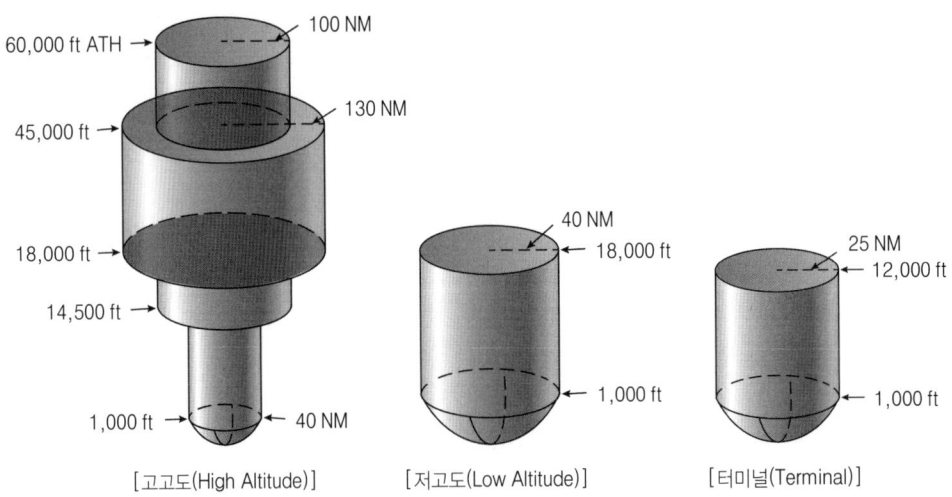

[고고도(High Altitude)]   [저고도(Low Altitude)]   [터미널(Terminal)]

그림 2-1. 원래의 표준 서비스범위(Original standard service volume)

표 2-1. VOR/DME/TACAN 표준서비스범위(Standard service volume)

SSV 지시자 (Designator)	고도 및 거리범위(Altitude and range boundary)
T(터미널)	1,000 ft ATH 이상, 12,000 ft ATH 이하의 고도에서 반경 25 NM 이내
L(저고도)	1,000 ft ATH 이상, 18,000 ft ATH 이하의 고도에서 반경 40 NM 이내
H(고고도)	1,000 ft ATH 이상, 14,500 ft ATH 이하의 고도에서 반경 40 NM 이내 14,500 ft ATH 이상, 60,000 ft 이하의 고도에서 반경 100 NM 이내 18,000 ft ATH 이상, 45,000 ft ATH 이하의 고도에서 반경 130 NM 이내

나. 무지향표지시설(NDB) 서비스의 통달범위는 표 2-2와 같다. 거리(반경)는 각 등급별로 모든 고도에서 동일하다.

표 2-2. NDB 서비스범위(NDB service volume)

등급(Class)	거리(반경)
Compass Locator	15 NM
MH	25 NM
H	50 NM
HH	75 NM

다. 항행성능의 발전과 더불어 원래 SSV 범위의 확장이 필요함에 따라 4개의 새로운 SSV가 추가되었다. VOR과 관련되어 추가된 2개의 새로운 SSV는 VOR Low(VL)와 VOR High(VH)이며 그림 2-2와 같다. DME와 관련되어 추가된 다른 2개의 새로운 SSV는 DME Low(DL)와 DME High(DH)이며 그림 2-3과 같다.

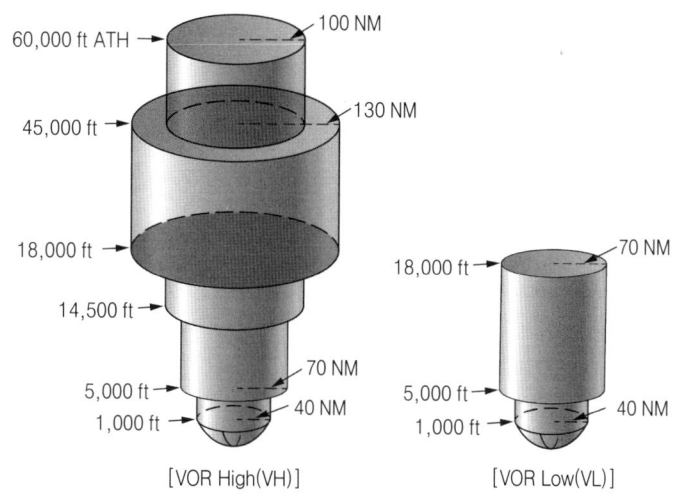

그림 2-2. 새로운 VOR 서비스범위(New VOR service volume)

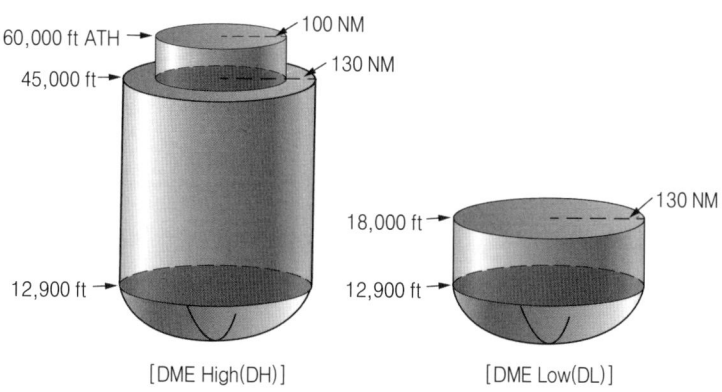

그림 2-3. 새로운 DME 서비스범위(New DME service volume)

7. 계기착륙시설(Instrument Landing System; ILS)

가. 일반(General)

(1) ILS는 항공기가 활주로로 최종접근 시 항공기의 정확한 활주로 정대(alignment) 및 강하를 위한 접근로(approach path)를 제공하기 위하여 설계되었다.

(2) 시스템은 기능에 따라 다음과 같이 세 부분으로 구분할 수 있다.

(가) 유도정보(Guidance information) : 로컬라이저(localizer), 글라이드 슬롭(glide slope)

(나) 거리정보(Range information) : 마커비콘(marker beacon), DME

(다) 시각정보(Visual information) : 진입등, 접지구역등 및 활주로중심선등, 활주로등

나. 로컬라이저(Localizer)

(1) 로컬라이저 송신기(localizer transmitter)는 108.10~111.95 MHz 주파수 범위 내에서 40개의 ILS 채널 중 하나로 운용된다. 신호는 조종사에게 활주로중심선으로 진로유도(course guidance)를 제공한다.

(2) 로컬라이저의 접근진로는 전방진로(front course)라고 하며 글라이드 슬롭(glide slope), 마커

비콘(marker beacon) 등과 같이 다른 기능을 하는 부분과 함께 사용된다. 로컬라이저 신호는 활주로의 반대편 끝단에서 송신된다. 활주로시단에서 700 ft(좌측 최대비행범위에서 우측 최대비행범위까지)의 진로 폭이 되도록 조절된다.

(3) 로컬라이저는 안테나로부터 18 NM의 거리에서부터 활주로시단까지의 진로 상에서 가장 높은 지역의 상공 1,000 ft의 고도와 안테나 site 표고 상공 4,500 ft 사이의 강하경로(descent path) 전체에 대하여 진로유도를 제공한다. 다음과 같은 운용서비스범위의 구역에 적절한 진로이탈(off-course) 지시가 제공된다.

  (가) 안테나로부터 반경 18 NM 이내에서 진로(course)의 양쪽 측면 10° 까지
  (나) 반경 10 NM 이내에서 진로(course)의 양쪽 측면 10°부터 35° 까지 (그림 2-4 참조)

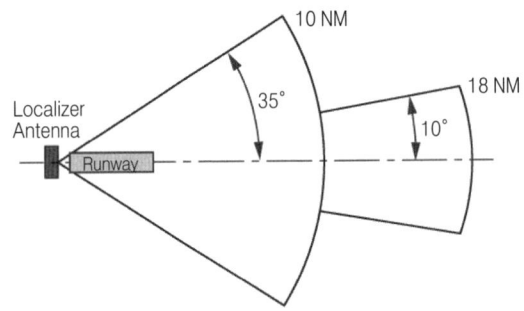

그림 2-4. 로컬라이저 통달범위(Limits of localizer coverage)

다. 활공각/활공로(Glide slope/Glide path) 제공시설
  (1) 329.15 MHz~335.00 MHz 주파수 범위 내에서 40개의 ILS 채널 중 하나로 운용되는 glide slope 송신기(transmitter)는 접근활주로의 시단(활주로 아래쪽으로)으로부터 750~1,250 ft 사이에 위치한다. 송신기는 폭 1.4°(수직으로)의 glide path 신호전파를 송신한다.
  (2) Glide path 투사각(projection angle)은 보통 수평선 상부 3°로 조정되어 있으며, 활주로표고 상부 약 200 ft에서 MM과 교차하고 약 1,400 ft에서 OM과 교차한다. 일반적으로 glide slope는 10 NM의 거리까지 사용할 수 있다.

라. 마커비콘(Marker beacon)
  (1) 통상적으로 ILS와 관련된 OM과 MM 2개의 마커비콘이 있다. Category Ⅱ ILS가 있는 장소에는 내측마커(IM)가 설치된다. 항공기가 마커 상공을 통과할 때 조종사는 표 2-3과 같은 지시를 수신할 수 있다.

표 2-3. 마커 통과 지시(Marker passage indication)

마커(Marker)	부호(Code)	등화(Light)
OM	— — —	청색(Blue)
MM	• — • —	황색(Amber)
IM	• • • •	백색(White)
BC	• • • •	백색(White)

  (가) 보통 외측마커(OM)는 로컬라이저 진로 상의 적절한 고도에 있는 항공기가 ILS glide path로

진입할 위치를 나타낸다. 외측마커는 glide slope가 수직 ±50 ft의 절차선회(최저체공) 고도를 교차하는 지점인 활주로종단(runway end)으로부터 4~7 mile에 위치한다.

(나) 중간마커(MM)는 착륙활주로시단(landing threshold)으로부터 약 3,500 ft의 위치를 나타낸다.

(다) 내측마커(IM)는 항공기가 MM과 착륙활주로시단 사이 glide path 상의 설정된 결심고도(DH)에 있을 때의 지점을 나타낸다.

(2) 일반적으로 후방진로 마커(back course marker)는 접근강하가 시작되는 ILS 후방진로 최종접근 픽스(final approach fix)를 나타낸다.

마. 컴퍼스 로케이터(Compass locator)

(1) 컴퍼스 로케이터 송신기(compass locator transmitter)는 일반적으로 MM과 OM이 설치된 장소에 위치한다. 송신기는 25 watt 이하의 출력과 최소 15 mile의 통달범위를 가지며, 190~535 kHz에서 운용된다.

(2) 컴퍼스 로케이터는 2자리 문자의 식별부호 group을 송신한다. 외측 로케이터(outer locator)는 로케이터 식별부호 group의 첫 2자리 문자를 송신하고, 중간 로케이터(middle locator)는 로케이터 식별부호 group의 마지막 2자리 문자를 송신한다.

바. ILS 최저치(ILS Minimums)

ICAO Annex 14에 의하여 정상 작동하는 모든 필수 지상 및 항공기 탑재시스템 구성요소에 따라 인가되는 ILS 최저치는 다음과 같다.

(1) 정밀접근활주로, Category I; 결심고도 60 m(200 ft) 이상, 그리고 시정 800 m 이상 또는 활주로가시거리 550 m 이상

(2) 정밀접근활주로, Category II; 결심고도 30 m(100 ft) 이상 60 m(200 ft) 미만, 그리고 활주로가시거리 300 m 이상

(3) 정밀접근활주로, Category III; 결심고도 30 m(100 ft) 미만 또는 적용하지 않음, 그리고 활주로가시거리 300 m 미만 또는 적용하지 않음

8. 단순지향성표지시설(Simplified Directional Facility; SDF)

SDF는 ILS 로컬라이저와 유사한 최종접근진로를 제공하며 glide slope 정보는 제공하지 않는다. SDF 계기접근에 사용되는 접근기법 및 절차는 SDF 진로가 활주로와 일직선이 아니며, 진로가 ILS 로컬라이저보다 더 넓기 때문에 정밀도가 더 낮다는 점 외에는 표준 로컬라이저 접근 수행 시에 사용하는 접근기법 및 절차와 근본적으로 동일하다.

SDF 신호는 최대 비행성능과 최적의 진로특성을 제공하기 위하여 필요에 따라 6° 또는 12° 중의 하나에 고정되어 있다.

9. 위성위치식별시스템(Global Positioning System; GPS)

위성위치식별시스템(GPS)은 세계 어디에서나 정확한 위치를 판단하기 위하여 사용되는 우주기반의 무선항법시스템이다. 24개의 위성군은 전 세계의 사용자가 항상 최소한 5개의 위성을 볼 수 있도록 설계되어 있다. 수신기가 정확한 3차원의 위치를 얻기 위해서는 최소한 4개의 위성이 필요하다. 수신기는

mask angle(수신기가 위성을 이용할 수 있는 수평선으로부터의 가장 낮은 각도) 이상인 위성으로부터의 자료를 이용한다.

제2절. 항공등화 및 공항표지시설

1. 항공등화시설(Airport Lighting Aids)
가. 시각활공각지시등(Visual Glideslope Indicator)
  (1) 시각진입각지시등(Visual Approach Slope Indicator; VASI)
   (가) 2-bar VASI (4개 등화장치)

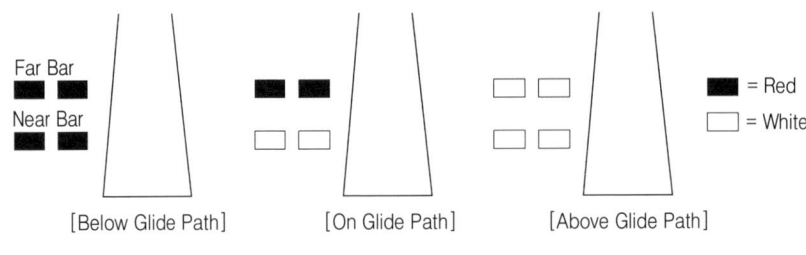

그림 2-5. 2-Bar VASI

   (나) 3-bar VASI (6개 등화장치)

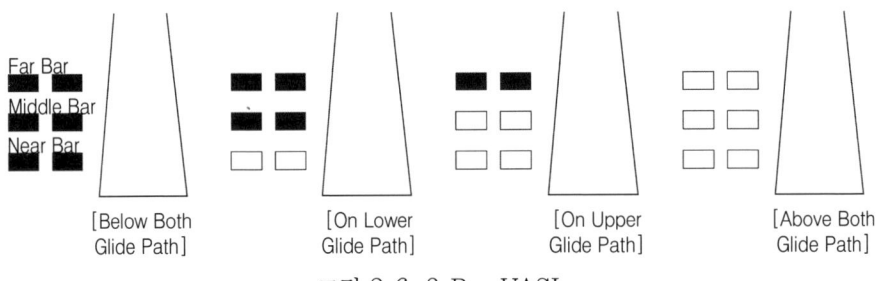

그림 2-6. 3-Bar VASI

   (다) VASI는 활주로에 접근하는 동안 시각적인 강하유도정보를 제공하기 위하여 배열된 등화시스템이다. VASI의 시각적인 활공로(glide path)는 활주로중심선의 연장선 ±10° 이내에서 활주로 시단으로부터 4 NM까지 안전한 장애물 회피를 제공한다.
  (2) 정밀진입각지시등(Precision Approach Path Indicator; PAPI)
    정밀진입각지시등(PAPI)은 VASI와 유사한 등화장치를 사용하지만 2개 또는 4개의 등화장치가 1열로 설치된다.

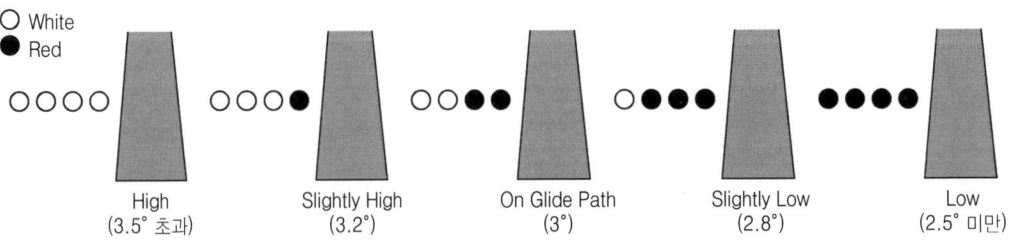

그림 2-7. 정밀진입각지시등(PAPI)

(3) 3색 VASI(Tri-color VASI)

일반적으로 3색 시각진입각지시등은 지시등이 설치되어 있는 활주로의 최종접근구역에 3가지 색상의 시각적인 접근로를 표시하는 단일등화장치로 구성된다. 낮은 활공로 지시는 적색, 높은 활공로 지시는 황색(amber)이며 적정한 활공로(on glide path) 지시는 녹색이다. 항공기가 녹색에서 적색으로 강하할 때, 조종사는 녹색에서 적색으로 변화되는 동안 짙은 황색(dark amber)을 볼 수도 있다.

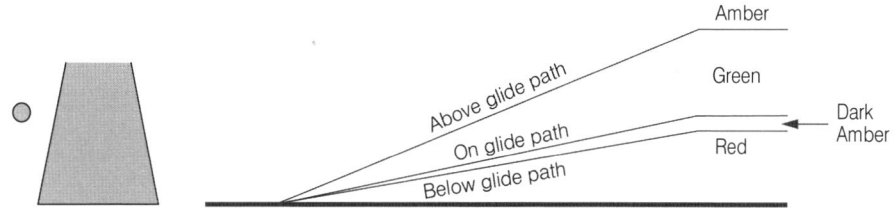

그림 2-8. 3색 시각진입각지시등(Tri-color visual approach slope indicator)

나. 활주로종단식별등(Runway End Identifier Lights; REIL)

REIL은 특정 접근활주로종단의 신속하고 확실한 식별을 위해 대부분의 비행장에 설치된다. 이 시스템은 활주로시단(runway threshold)의 양 측면에 가로로 위치한 한 쌍의 동시섬광등(flash light)으로 이루어진다. 이 등은 다음과 같은 경우에 효과적이다.

- 높은 광도의 다른 등화에 의해 둘러싸인 활주로의 식별
- 주변 지형과 구분이 잘 되지 않는 활주로의 식별
- 시정이 감소된 동안 활주로의 식별

다. 활주로의 등화(In-runway Lighting)

(1) 활주로등(Runway edge light)

활주로등은 어두울 때나 시정이 제한된 상태에서 활주로의 가장자리를 나타내기 위해 사용된다. 이 등화시스템은 발생할 수 있는 광도 또는 밝기에 따라 고광도활주로등(HIRL), 중광도활주로등(MIRL) 및 저광도활주로등(LIRL)으로 분류된다.

(2) 활주로중심선등(Runway centerline lighting)

활주로중심선등은 악시정상태에서 착륙을 돕기 위해 일부 정밀접근활주로에 설치된다. 이 등은 활주로중심선을 따라 50 ft 간격으로 설치된다. 착륙활주로시단(landing threshold)에서 보았을 때 활주로 마지막 3,000 ft(900 m)까지의 활주로중심선등은 백색이다. 다음 2,000 ft(600 m) 구간에서 백색등은 적색등과 교대로 설치되고, 활주로 마지막 1,000 ft(300 m) 구간의 경우 모든 중심선등은 적색이다.

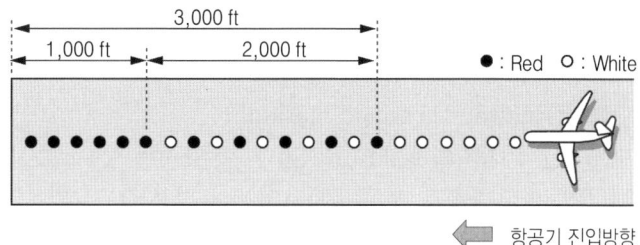

그림 2-9. 활주로중심선등(Runway centerline light)

라. 항공등화 운용
  (1) 조종사의 공항등화제어(Pilot Control of airport Lighting; PCL)
    비행 중 등화의 제어를 제공하는 지정된 공항에서는 항공기 마이크로폰(microphone)의 키를 눌러 등화의 무선제어가 가능하다. 모든 등화는 가장 최근의 작동시간부터 15분 동안 점등되고, 15분이 경과되기 전에는 소등되지 않는다.
  (2) 비행장/헬기장등대(Airport/Heliport beacon)
    B등급, C등급, D등급 및 E등급 공항교통구역(surface area)에서 주간에 비행장등대를 운영하는 것은 대개의 경우, 지상시정이 3 mile 미만이거나 운고(ceiling)가 1,000 ft 미만이라는 것을 나타낸다. 조종사는 기상상태가 IFR 인지 VFR 인지의 여부를 전적으로 비행장등대의 운영에 의존해서는 안된다.

2. 공항표지시설과 표지판(Airport Marking Aids and Sign)
  가. 활주로 표지(Runway marking)
    활주로 표지에는 시각, 비정밀계기 그리고 정밀계기활주로 세 가지 종류의 표지가 있다. 표 2-4는 각 활주로 종류에 따른 표지의 구성요소를 나타낸다.

표 2-4. 활주로 표지 구성요소(Runway marking element)

표지 구성요소 (Marking element)	시각활주로 (Visual runway)	비정밀계기활주로	정밀계기활주로
명칭(designation)	X	X	X
중심선(centerline)	X	X	X
시단(threshold)	X^1	X	X
목표점(aiming point)	X^2	X	X
접지구역(touchdown zone)			X
옆선(side stripe)			X
X^1 : 국제상업운송에 사용하고 있거나, 사용하려는 활주로 X^2 : 제트항공기가 사용하는 4,000 ft(1,200 m) 이상의 활주로			

  (1) 활주로 명칭표지(Runway designator marking)
    활주로 번호와 문자는 진입방향에 의해 정해진다. 활주로 번호는 자북에서부터 시계방향으로 측정한 활주로중심선 자방위(magnetic azimuth)의 10분의 1에 가장 가까운 정수이다. 문자는 평행활주로의 좌측(Left; L), 우측(Right; R) 또는 중앙(Center; C)을 구분한다.
  (2) 활주로목표점표지(Runway aiming point marking)
    목표점표지는 항공기가 착륙하는 동안 시각 목표점으로서의 역할을 한다. 이 표지는 폭이 넓은 백색 줄무늬(stripe)로 구성된 2개의 직사각형 표지이며, 착륙활주로시단(landing threshold)으로부터 약 1,000 ft 지점의 활주로중심선 양 측면에 위치한다.
  (3) 활주로시단표지(Runway threshold marking)
    활주로시단표지는 두 가지의 형태로 표시된다. 이 표지는 활주로중심선에 대해 대칭으로 배열된 같은 크기의 8개의 세로 줄무늬, 또는 활주로의 폭에 따른 줄무늬의 수로 구성된다. 시단표지는 착륙에 사용할 수 있는 활주로의 시작지점 식별에 도움을 준다.

표 2-5. 활주로시단 줄무늬의 수(Number of runway threshold stripes)

활주로 폭 (Runway width)	줄무늬 수 (Number of stripes)
60 ft (18 m)	4
75 ft (23 m)	6
100 ft (30 m)	8
150 ft (45 m)	12
200 ft (60 m)	16

(가) 시단의 재배치(Relocation of a threshold)

공사, 정비 또는 그 밖의 사유로 때로는 시단을 활주로의 착륙 후 지상활주방향(rollout end)으로 재배치하는 것이 필요할 수도 있다. 시단이 재배치되면 접근활주로시단의 설정된 부분은 폐쇄되고 반대방향의 활주로 길이는 줄어든다. 폐쇄된 활주로 부분을 나타내기 위한 하나의 일반적인 관행은 활주로를 가로지르는 폭 10 ft의 백색 시단선(threshold bar)을 사용하는 것이다.

(나) 이설시단(Displaced threshold)

이설시단은 활주로의 지정된 시작지점 이외에 활주로 상의 다른 지점에 위치한 시단이다. 활주로시단의 이설은 착륙에 이용할 수 있는 활주로의 길이를 감소시킨다. 이설된 활주로 뒤의 활주로 부분은 이륙 시에는 양방향에서, 착륙 시에는 반대방향에서만 사용할 수 있다. 이설시단에는 폭 10 ft의 백색 시단선(threshold bar)이 활주로를 가로질러 설치된다. 백색 화살표는 활주로의 시작지점과 이설시단 사이의 구간에 활주로중심선을 따라 설치된다. 백색 화살표의 머리부분은 시단선 바로 앞에 활주로를 가로질러 설치된다.

그림 2-10. 시단의 재배치(Relocation)   그림 2-11. 이설시단표지(Displaced threshold)

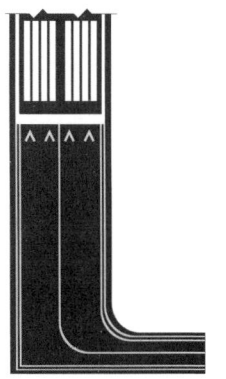
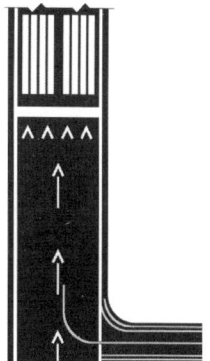

(4) 경계선(Demarcation bar)

경계선은 황색이며 이설시단이 있는 활주로를 활주로 앞쪽에 있는 제트 분사대(blast pad), 정지로(stopway) 또는 유도로와 구분하기 위해 설치된다.

• 갈매기형(Chevron) 표지. 이 표지는 착륙, 이륙과 지상활주에 사용할 수 없는 활주로와 일직선인 포장구역을 나타내기 위하여 사용된다. 갈매기형 표지는 황색이다.

나. 정지위치표지(Holding position markings)

(1) 활주로정지위치표지(Runway holding position markings). 활주로에서 이 표지는 항공기가 활주로 접근할 때 정지해야 하는 지점을 나타낸다. ATC가 "Hold short of Runway XX"라고 지

시하면, 조종사는 항공기의 어느 부분도 활주로정지위치표지를 넘지 않도록 정지하여야 한다.
(2) 계기착륙시설(ILS)의 정지위치표지(Holding position markings for ILS). ILS 보호구역의 정지위치표지는 유도로를 가로지르는 10 ft 간격의 한 쌍의 실선에 연결된 2 ft 간격의 두 줄의 황색 실선으로 되어 있다. 적색바탕에 백색명칭의 표지판이 이 정지위치표지 근처에 설치된다. ILS 보호구역에서 ATC의 잠시대기지시를 받은 경우, 조종사는 항공기의 어느 부분도 정지위치표지를 넘지 않도록 정지하여야 한다.

다. 공항 표지판(Airport signs)
 (1) 명령지시표지판(Mandatory instruction sign)
  이 표지판은 적색바탕에 백색문자로 되어 있으며, 활주로 또는 보호구역(critical area)으로의 진입이나 항공기의 진입이 금지된 구역을 나타내기 위하여 사용된다.
 (2) 위치표지판(Location signs)
  위치표지판은 항공기가 위치한 유도로나 활주로를 식별하기 위하여 사용된다. 유도로 위치표지판은 황색 테두리의 흑색바탕에 황색문자로 되어 있으며, 활주로 위치표지판은 황색 테두리의 흑색바탕에 황색숫자로 되어 있다.
 (3) 방향표지판(Direction sign)
  방향표지판은 황색바탕에 흑색문자로 되어있다. 문자는 조종사가 회전해야 하거나 잠시 대기하여야 할 교차지점을 벗어나는 교차유도로의 명칭(designation)을 나타낸다. 각 명칭에는 회전방향을 나타내는 화살표가 함께 표시된다.
 (4) 정보표지판(Information signs)
  정보표지판은 황색바탕에 흑색문자로 되어있다. 이 표지판은 관제탑에서 보이지 않는 지역, 적용할 수 있는 무선주파수와 소음감소절차 등과 같은 정보를 조종사에게 제공하기 위하여 사용한다.

출 제 예 상 문 제

Ⅰ. 항행안전시설(Navigation Aids)

【문제】1. 무지향표지시설(NDB)의 운용 주파수 범위는?
① 108~117 kHz ② 108~250 kHz
③ 190~459 kHz ④ 190~535 kHz

【문제】2. Nondirectional Radio Beacon(NDB)에 대한 설명 중 틀린 것은?
① 360° 전방위로 무지향성 전파를 발사하여 항공기에 방향정보를 제공하는 항법보조장비이다.
② 일반적으로 사용하는 주파수 범위는 108.1~111.95 MHz 이다.
③ 항로상의 fix로 사용할 수 있다.
④ ILS marker로 사용할 수 있다.

〈해설〉 무지향표지시설(Nondirectional Radio Beacon; NDB)
1. NDB는 일반적으로 190~535 kHz의 주파수대에서 운용된다.
2. NDB는 지상의 안테나(국)로부터 수평면의 360° 전방향으로 무지향성 전파를 발사하고, 이를 항공기 내의 자동방향탐지기(ADF)가 수신하여 ADF 계기를 지시하게 하는 방향정보 제공시설이다.
3. 항법용 NDB는 여러 가지 제한으로 인해 현재는 VOR로 대치되었으나 항로상의 fix, ILS marker 또는 VOR을 보조하는 역할 등 보조항법 시스템의 용도로 아직도 이용되고 있다.

【문제】3. 전방향표지시설(VOR)의 주파수대는?
① 108.0~117.95 MHz ② 108.0~135.95 MHz
③ 118.0~117.95 MHz ④ 118.0~135.95 MHz

〈해설〉 전방향표지시설(VHF Omni-directional Range; VOR)은 108.0~117.95 MHz 주파수대에서 운용된다.

【문제】4. VOT를 이용하여 VOR 수신기 지상점검 시 허용오차 이내인 것은?
① 005° FROM, 182° TO ② 180° FROM, 360° TO
③ 003° FROM, 178° TO ④ 354° FROM, 182° TO

【문제】5. VOT를 이용하여 VOR 수신기 점검 시 점검 지역에서의 허용오차로 틀린 것은?
① 지상점검 시 ±6° 이내 ② 공중점검 시 ±6° 이내
③ Dual VOR 점검 시 ±4° 이내 ④ VOT 점검 시 ±4° 이내

【문제】6. VOR 수신기 점검 시 허용 오차범위가 맞는 것은?
① 지상점검 시 ±4° ② 공중점검 시 ±4°
③ Dual VOR 점검 시 ±6° ④ VOT 점검 시 ±6°

정답 1. ④ 2. ② 3. ① 4. ③ 5. ① 6. ①

【문제】7. VOR 수신기 공중점검의 허용오차 범위는 얼마인가?
  ① ±4°   ② ±5°   ③ ±6°   ④ ±7°

【문제】8. Dual system VOR 점검 시 두 지시방위 간의 최대허용편차는?
  ① 2°   ② 4°   ③ 6°   ④ 8°

〈해설〉 VOR 수신기 점검(VOR Receiver check)
  1. VOR 수신기를 VOT 주파수에 맞춘다. Omni-bearing selector(OBS)를 0°(360°)에 맞추면 진로편차지시계(CDI)는 중앙으로 오고 TO/FROM 지시는 "FROM"을 나타내어야 하며, omni-bearing selector를 180°에 맞추면 TO/FROM 지시는 "TO"를 나타내어야 한다.
  2. 허용오차범위 지상점검(ground check)을 하여 오차가 ±4°를 초과하거나 공중점검(airborne check)을 하여 ±6°를 초과한다면, 먼저 오차의 원인을 수정하지 않고 계기비행방식(IFR)으로 비행을 해서는 안된다.
  3. 이중 시스템(dual system) VOR을 항공기에 장착하고 있는 경우, 두 지시방위 간의 최대허용편차는 4° 이다.

【문제】9. IFR로 운항하기 위해서는 비행 며칠 전까지 항공기 VOR 장비의 정확도에 대한 작동점검을 완료해야 하는가?
  ① 30일   ② 60일   ③ 90일   ④ 120일

〈해설〉 FAA는 IFR 비행 30일 전까지 VOR 장비에 대한 정확도 점검을 하도록 규정하고 있다.

【문제】10. DME와 GPS의 거리 표시는?
  ① DME, GPS 모두 사선거리
  ② DME, GPS 모두 수평거리
  ③ DME는 수평거리, GPS는 사선거리
  ④ DME는 사선거리, GPS는 수평거리

【문제】11. 거리측정장비(DME)의 수신 범위 및 정확도는?
  ① 거리 299 NM까지의 범위에서 1마일 또는 거리의 5% 중 큰 것 이내
  ② 거리 299 NM까지의 범위에서 1/2마일 또는 거리의 3% 중 큰 것 이내
  ③ 거리 199 NM까지의 범위에서 1마일 또는 거리의 5% 중 큰 것 이내
  ④ 거리 199 NM까지의 범위에서 1/2마일 또는 거리의 3% 중 큰 것 이내

〈해설〉 거리측정시설(Distance Measuring Equipment; DME)은 가시고도 199 NM까지의 거리에서 1/2 mile 또는 거리의 3% 가운데 더 큰 수치 이내의 정확성을 가진 신뢰할 수 있는 신호를 수신할 수 있다. DME 장비로부터 수신되는 거리정보는 경사거리(사선거리, slant range distance)이며 실제 수평거리는 아니다.

【문제】12. 다음 중 DME 오차가 가장 큰 경우는?
  ① DME 지상무선국으로부터 먼 곳의 저고도
  ② DME 지상무선국 직상공의 고고도
  ③ DME 지상무선국으로부터 먼 곳의 고고도
  ④ DME 지상무선국 직상공의 저고도

[정답] 7. ③   8. ②   9. ①   10. ④   11. ④   12. ②

【문제】13. DME의 경사거리 오차(slant range error)는 기지국(station)으로부터 매 1,000 ft의 고도당 몇 마일 정도 떨어져 있다면 차이가 심하지 않다고 간주할 수 있는가?
① 0.3마일　　② 0.5마일　　③ 1마일　　④ 2마일

【문제】14. 10,000 ft MSL로 DME 통과 시 station으로부터 거리가 최소 얼마 이상이어야 DME slant range error를 무시할 수 있는가?
① 5 NM　　② 10 NM　　③ 15 NM　　④ 20 NM

〈해설〉 DME 오차(DME Error)
1. DME 오차는 항공기 고도가 낮고 DME ground station으로부터 멀수록 최소가 된다. 반대로 항공기가 DME ground station 상공의 고고도에 있을 때 오차가 가장 커진다.
2. 항공기가 지상시설표고 상공고도 1,000 ft 당 시설로부터 1 mile 이상 떨어져 있다면 경사거리 오차(slant range error)는 무시할 수 있다.

【문제】15. 항공기가 VOR로부터 6,000 ft AGL 직상공에 있을 때 탑재 DME 장비에는 몇 마일로 나타나는가?
① 0 NM　　② 0.5 NM　　③ 1 NM　　④ 1.5 NM

【문제】16. VOR 직상공에서 10,000 ft로 비행 중인 항공기의 DME slant error는 얼마인가?
① 0.8 NM　　② 1.6 NM　　③ 2.2 NM　　④ 2.8 NM

〈해설〉 1 NM은 약 6,000 ft에 해당하므로 항공기가 station 직상공 6,000 ft를 지날 때 DME는 1 NM, 직상공 10,000 ft를 지날 때 DME는 1.6 NM을 지시할 것이다.

【문제】17. VORTAC 식별부호를 매 30초마다 한 번씩만 수신하였다면 무엇을 의미하는가?
① DME 시설 부분만 정상 작동한다.
② VOR 시설 부분만 정상 작동한다.
③ VOR 및 DME 시설 모두 정상 작동하지 않는다.
④ VOR 및 DME 시설 모두 정상 작동한다.

【문제】18. VOR/DME 두 시설이 한 쌍으로 구성되어 있는 경우, VOR 부분이 작동하지 않을 때 DME를 식별할 수 있는 신호는?
① 1,020 Hz의 20초 간격 식별부호　　② 1,350 Hz의 20초 간격 식별부호
③ 1,020 Hz의 30초 간격 식별부호　　④ 1,350 Hz의 30초 간격 식별부호

〈해설〉 VOR/DME, VORTAC, ILS/DME 및 LOC/DME 시설의 식별
1. VOR 또는 로컬라이저의 식별부호가 3회 또는 4회 송신될 때 DME 또는 TACAN 식별부호는 1회 송신된다. VOR 또는 DME 중 하나가 작동하지 않을 때 약 30초 간격으로 반복되는 단 하나의 식별부호는 DME가 작동하고 있다는 것을 나타낸다.
2. 시설의 VOR 또는 로컬라이저 부분은 1,020 Hz의 부호화된 변조음 또는 부호와 음성의 조합에 의해 식별된다. TACAN 또는 DME는 1,350 Hz의 부호화된 변조음에 의해 식별된다.

정답 13. ③　14. ②　15. ③　16. ②　17. ①　18. ④

【문제】 19. VORTAC 시설을 정비 중일 때 이를 어떻게 알 수 있는가?
① TACAN 음성식별신호의 제거
② 식별부호의 제거
③ 식별부호 다음의 연속되는 dash 음
④ 문자 M으로 시작되는 식별부호

〈해설〉 일상적인 정비나 긴급정비를 하는 동안에는 특정 NAVAID에서 식별부호(또는 해당되는 경우, 부호 및 음성)가 제거된다. 정비기간 중에 VOR은 T-E-S-T 부호(- ● ●●● -)를 송출할 수도 있다.

【문제】 20. Terminal VOR의 최대 수신고도는?
① 10,000 ft   ② 12,000 ft   ③ 14,500 ft   ④ 18,000 ft

【문제】 21. L등급 VOR의 Service volume은?
① 1,000 ft~12,000 ft
② 1,000 ft~14,500 ft
③ 1,000 ft~16,000 ft
④ 1,000 ft~18,000 ft

【문제】 22. VOR "L" 등급의 Service volume 반경은?
① 20 NM   ② 25 NM   ③ 40 NM   ④ 100 NM

【문제】 23. VOR "H" Service volume의 최대 통달거리는?
① 100 NM   ② 120 NM   ③ 130 NM   ④ 150 NM

【문제】 24. VOR "H" 등급의 Service volume으로 맞는 것은?
① 1,000~12,000피트, 40 NM
② 12,000~60,000피트, 100 NM
③ 12,000~14,500피트, 25 NM
④ 18,000~45,000피트, 130 NM

〈해설〉 VOR/DME/TACAN의 표준서비스범위(Standard service volume)

등급 지시자	고도 범위	거리 범위(반경)
T(터미널)	1,000 ft ATH 이상 12,000 ft ATH 이하	25 NM
L(저고도)	1,000 ft ATH 이상 18,000 ft ATH 이하	40 NM
H(고고도)	1,000 ft ATH 이상 14,500 ft ATH 이하 14,500 ft ATH 이상 60,000 ft 이하 18,000 ft ATH 이상 45,000 ft ATH 이하	40 NM 100 NM 130 NM

【문제】 25. ILS가 제공해 주는 정보가 아닌 것은?
① 고도정보(altitude information)
② 거리정보(range information)
③ 유도정보(guidance information)
④ 시각정보(visual information)

【문제】 26. Instrument Landing System의 기본 구성요소가 아닌 것은?
① Localizer
② Marker beacon
③ Glide slope
④ Compass locator

〈해설〉 계기착륙시설(Instrument Landing System; ILS)은 기능에 따라 세 부분으로 구분할 수 있다.

정답 19. ②   20. ②   21. ④   22. ③   23. ③   24. ④   25. ①   26. ④

1. 유도정보(guidance information) : 로컬라이저(localizer), 글라이드 슬롭(glide slope)
2. 거리정보(range information) : 마커비콘(marker beacon), DME
3. 시각정보(visual information) : 진입등, 접지구역등 및 중심선등, 활주로등

【문제】 27. Localizer의 운용 주파수 범위는?
① 108.0~117.95 MHz ② 108.10~111.95 MHz
③ 190~535 kHz ④ 329.15~335.0 MHz

【문제】 28. Runway threshold에서 localizer beam의 폭은?
① 500 ft ② 700 ft ③ 1,000 ft ④ 1,200 ft

【문제】 29. ILS Localizer 안테나로부터 반경 10마일 이내에서 localizer 신호의 유효각도는?
① 10° ② 25° ③ 35° ④ 40°

【문제】 30. ILS Localizer 안테나로부터 18 NM 이내에서 localizer 신호의 normal coverage는?
① 10° ② 15° ③ 20° ④ 30°

〈해설〉 로컬라이저(Localizer)
1. 로컬라이저 송신기(localizer transmitter)는 108.10~111.95 MHz 주파수 범위 내에서 40개의 ILS 채널 중 하나로 운용된다.
2. 로컬라이저 신호는 활주로시단(runway threshold)에서 700 ft의 진로 폭이 되도록 조절된다.
3. 로컬라이저는 안테나로부터 18 NM의 거리에서부터 활주로시단까지의 진로 상에서 가장 높은 지역의 상공 1,000 ft의 고도와 안테나 site 표고 상공 4,500 ft 사이의 강하경로 전체에 대하여 진로유도를 제공한다. 다음과 같은 운용서비스범위의 구역에 적절한 진로이탈(off-course) 지시가 제공된다.
   가. 안테나로부터 반경 18 NM 이내 : 진로(course)의 양쪽 측면 10° 까지
   나. 안테나로부터 반경 10 NM 이내 : 진로(course)의 양쪽 측면 10°부터 35° 까지

■ 잠깐! 알고 가세요.
[주요 항행안전시설 주파수대(Frequency band)]

항행안전시설	주파수대(Frequency band)	비 고
무지향표지시설(NDB)	190~535 kHz 190~1,750 kHz (ICAO Annex 10)	
전방향표지시설(VOR)	108.0~117.95 MHz 108.00~117.975 MHz (ICAO Annex 10)	
거리측정시설(DME)	960~1,215 MHz	UHF 주파수 범위
ILS Localizer	108.10~111.95 MHz	

【문제】 31. Glide slope centerline과 교차되는 middle marker 상공의 높이는?
① 100 ft ② 150 ft ③ 200 ft ④ 250 ft

【문제】 32. Glide slope와 교차되는 outer marker 상공의 높이는?
① 1,000 ft ② 1,400 ft ③ 2,000 ft ④ 2,300 ft

정답 27. ② 28. ② 29. ③ 30. ① 31. ③ 32. ②

【문제】 33. ILS coverage에 대한 설명으로 옳지 않은 것은?
 ① Localizer는 안테나로부터 10 NM까지 중심선에서 양쪽으로 35°의 신호를 제공한다.
 ② Localizer는 안테나로부터 18 NM까지 중심선에서 양쪽으로 10°의 신호를 제공한다.
 ③ Localizer는 antenna site 표고 상공 4,500 ft까지 신호를 제공한다.
 ④ Glide slope는 12 NM까지 신호를 제공한다.

【문제】 34. ILS glide slope 신호의 유효거리는?
 ① 10 NM ② 12 NM ③ 15 NM ④ 18 NM

〈해설〉 Glide path 투사각(projection angle)은 보통 수평선 상부 3°로 조정되어 있으며, 활주로표고 상부 약 200 ft에서 middle marker와 교차하고 약 1,400 ft에서 outer marker와 교차한다. 일반적으로 glide slope는 10 NM의 거리까지 사용할 수 있다.

【문제】 35. Outer marker의 모스부호(Morse code)는?
 ① 초당 2회의 dot   ② 초당 2회의 dash
 ③ 초당 6회의 dot   ④ 초당 6회의 dash

【문제】 36. ILS Outer marker의 식별 색상은?
 ① Blue ② Amber ③ White ④ Red

【문제】 37. ILS MM의 light 색깔과 신호음은?
 ① White, • • • •   ② Blue, ― ― ― ―
 ③ Amber, • ― • ―   ④ Blue, • ― • ―

【문제】 38. ILS front course 접근 경로선상에 설치된 inner marker에서 조종사가 수신할 수 있는 신호음과 등화색은?
 ① 초당 6회의 dot 음, 백색   ② 초당 2회의 dot 음, 황색
 ③ 초당 6회의 dash 음, 청색   ④ 초당 2회의 dash 음, 백색

【문제】 39. ILS back course가 있는 공항에 back course로 접근 시 light 색깔과 신호음은?
 ① White, • ― • ―   ② Blue, • ― • ―
 ③ White, • • • •   ④ Blue, • • • •

【문제】 40. 활주로 끝단으로부터 outer marker까지의 거리는?
 ① 2~5 NM ② 4~7 NM ③ 5~8 NM ④ 8~10 NM

〈해설〉 마커비콘(Marker beacon)
 1. 항공기가 마커 상공을 통과할 때 이를 지시하는 부호(code), 음성신호 및 등화는 다음과 같다.

[정답] 33. ④ 34. ① 35. ② 36. ① 37. ③ 38. ① 39. ③ 40. ②

마커(Marker)	부호(Code)	음성신호(Audio signal)	등화(Light)
OM	– – –	초당 2회의 dash	청색(Blue)
MM	● – ● –	분당 95회의 dot/dash	황색(Amber)
IM	● ● ● ●	초당 6회의 dot	백색(White)
BC	● ● ● ●	–	백색(White)

2. 보통 외측마커(OM)는 glide slope가 수직 ±50 ft의 절차선회(최저체공) 고도를 교차하는 지점인 활주로종단(runway end)으로부터 4~7 mile에 위치한다.

【문제】41. Compass locator 신호의 최소유효거리는?
① 10 NM(18.5 km) ② 15 NM(28.0 km)
③ 18 NM(33.35 km) ④ 20 NM(37.0 km)

【문제】42. Compass locator의 출력과 통달거리는?
① 20 W 이하, 최소 10 NM ② 20 W 이하, 최소 15 NM
③ 25 W 이하, 최소 10 NM ④ 25 W 이하, 최소 15 NM

【문제】43. ILS 구성요소 중 두 자리 문자로 식별되고 거리 정보를 제공하는 요소는?
① Compass locator ② Inner marker
③ Middle marker ④ Outer marker

【문제】44. ILS 식별부호가 "ISEL"일 때, "I" 다음의 첫 두 자리 문자가 식별하는 것은 무엇인가?
① Inner marker ② Middle marker
③ Outer marker ④ Compass locator

【문제】45. ILS 구성품으로 3자리의 localizer 식별부호 중 뒤의 두 자리 문자를 송신하는 것은?
① Middle compass locator ② Outer compass locator
③ Inner marker ④ Back course marker

〈해설〉 컴퍼스 로케이터(Compass locator)
1. 컴퍼스 로케이터 송신기는 일반적으로 MM과 OM이 설치된 장소에 위치한다. 송신기는 25 watt 이하의 출력과 최소 15 mile의 통달범위를 가지며, 190~535 kHz에서 운용된다.
2. 컴퍼스 로케이터(compass locator)는 2자리 문자의 식별부호 group을 송신한다. 외측마커의 컴퍼스 로케이터(LOM)는 로케이터 식별부호 group의 첫 2자리 문자를 송신하고, 중간마커의 컴퍼스 로케이터(LMM)는 로케이터 식별부호 group의 마지막 2자리 문자를 송신한다.

[예시]

공항	항행안전무선시설	식별부호
Raleigh-Durham	ILS Localizer	I-RDU
	LOM(outer marker compass locator)	RD
	LMM(middle marker compass locator)	DU

정답 41. ② 42. ④ 43. ① 44. ③ 45. ①

【문제】46. Touchdown zone과 centerline lighting을 갖춘 ILS CAT I 의 minimum RVR은?
① 1,800 ft 이상   ② 2,000 ft 이상   ③ 2,200 ft 이상   ④ 2,400 ft 이상

【문제】47. Category II 정밀접근활주로의 RVR 최소치는?
① 800 ft   ② 1,000 ft   ③ 1,300 ft   ④ 1,500 ft

【문제】48. CAT II ILS의 결심고도(DH) 및 활주로가시거리(RVR) 범위로 맞는 것은?
① DH: 30 m 이상 50 m 미만, RVR: 350 m 이상 500 m 미만
② DH: 30 m 이상 50 m 미만, RVR: 300 m 이상 550 m 미만
③ DH: 30 m 이상 60 m 미만, RVR: 350 m 이상 500 m 미만
④ DH: 30 m 이상 60 m 미만, RVR: 300 m 이상 550 m 미만

【문제】49. Category III 정밀접근활주로의 결심고도는?
① 50 ft 미만   ② 100 ft 미만   ③ 125 ft 미만   ④ 150 ft 미만

〈해설〉 계기접근절차에 사용되는 정밀접근활주로는 결심고도와 시정 또는 활주로가시범위(RVR)에 따라 다음과 같이 구분한다.

종류(Category)	결심고도(DH)	활주로가시거리(RVR)	시정(Visibility)
Category I	200 ft(60 m) 이상	1,800 ft(550 m) 이상	800 m(1/2마일) 이상
Category II	100 ft(30 m) 이상 200 ft(60 m) 미만	1,000 ft(300 m) 이상 1,800 ft(550 m) 미만	-
Category III	100 ft(30 m) 미만 또는 No DH	1,000 ft(300 m) 미만 또는 No RVR	-

【문제】50. 계기비행 훈련 중 CAT III ILS 접근 시 ILS critical area의 적용을 받지 않는 기상상태는?
① 운고 1,200 ft 미만, 시정 3 SM 미만   ② 운고 1,200 ft 이상, 시정 3 SM 이상
③ 운고 800 ft 미만, 시정 2 SM 미만   ④ 운고 800 ft 이상, 시정 2 SM 이상

〈해설〉 기상상태가 운고(ceiling) 800 ft 이상 또는 시정 2 mile 이상인 경우 ILS 보호구역(critical area)을 보호하기 위한 조치가 취해지지 않는다. 운고(ceiling) 800 ft 미만 또는 시정 2 mile 미만인 경우, ILS 신호의 안정성(integrity)을 확보하기 위하여 ILS 보호구역으로 접근하는 항공기와 차량을 통제하여야 한다.

【문제】51. ILS Localizer와 유사하나 활주로 중앙으로 정대되지 않고, localizer보다 방위각이 더 넓은 장비는?
① SDF   ② LDA   ③ MLS   ④ DME

【문제】52. Simplified directional facility(SDF) 신호가 제공하는 진로의 폭은?
① 3° 또는 6°   ② 7° 또는 10°   ③ 6° 또는 12°   ④ 12° 또는 15°

〈해설〉 단순지향성표지시설(Simplified Directional Facility; SDF)

정답 46. ①   47. ②   48. ④   49. ②   50. ④   51. ①   52. ③

1. SDF 계기접근에 사용되는 접근기법 및 절차는 SDF 진로가 활주로와 일직선이 아니며, 진로가 ILS 로컬라이저보다 더 넓기 때문에 정밀도가 더 낮다는 점 외에는 표준 로컬라이저 접근 수행 시에 사용하는 접근기법 및 절차와 근본적으로 동일하다.
2. SDF 신호는 최대 비행성능과 최적의 진로특성을 제공하기 위하여 필요에 따라 6° 또는 12° 중의 하나에 고정되어 있다.

【문제】53. 위성항법장치(GPS) 오차의 주요인은?
① 전리층 굴절
② 성층권 온도 체감
③ 열권 에너지
④ 이온층 에너지 전도

【문제】54. GPS는 정확한 위치를 파악하기 위해 최소 몇 개 이상의 위성에서 신호를 수신해야 하는가?
① 3개
② 4개
③ 5개
④ 6개

【문제】55. 위성항법시스템(GPS)에 대한 설명으로 틀린 것은?
① 기상의 영향을 받지 않는다.
② 위치정보를 얻기 위해서는 3개의 위성을, 3차원 정보와 시간을 얻기 위해서는 4개의 위성을 필요로 한다.
③ 전리층에 의한 지연 또는 위성의 원자시계와 GPS 기준시간과의 불일치로 오차가 발생한다.
④ Precise positioning service(PPS)의 오차는 100 m 이다.

〈해설〉 위성위치식별시스템(Global Positioning System; GPS)
1. 위성위치식별시스템(GPS)은 기상의 영향을 받지 않고 비교적 정확한 정보를 제공하는 반면, 전리층에 의한 지연이나 위성과 수신기에 있는 원자시계의 불일치 등으로 인해 오차가 발생할 수 있다.
2. GPS 수신기는 위성에 의해 제공된 위치정보를 이용하여 삼각측량의 원리를 수학적으로 이용하여 위치를 계산하므로, 수신기가 정확한 3차원 위치를 얻으려면 적어도 4개의 위성을 필요로 한다.
3. GPS는 SPS와 PPS 서비스를 제공하고 있다. Standard positioning service(SPS)의 수평적 정확도는 95%의 확률로 100 m 이하, 99.99%의 확률로 300 m 정도이다. Precise positioning service(PPS)는 SPS 보다 매우 정밀하나, 제한된 사용자 이외에는 사용이 허가되지 않고 있다.

Ⅱ. 항공등화 및 공항표지시설

【문제】1. Approach light system에서 활주로 끝에 설치되는 sequenced flashing light의 작동조건은?
① 시정이 3마일 미만인 경우
② 시정이 5마일 미만인 경우
③ 운고가 1,000 ft 미만인 경우
④ 운고가 1,500 ft 미만인 경우

〈해설〉 연속 섬광등(sequenced flashing light)은 다음과 같이 운용하여야 한다.
1. 시정이 3마일 미만이고, 진입등이 있는 활주로로 계기비행 접근을 할 때
2. 조종사 요구 시
3. 관제사가 필요하다고 판단할 때, 단 조종사의 요구에 상반되지 않아야 한다.

정답 53. ① 54. ② 55. ④ / 1. ①

【문제】 2. VASI의 장애물 안전고도 보장범위는?
   ① 활주로 중심으로부터 좌우 10°, 활주로 끝으로부터 4 NM
   ② 활주로 중심으로부터 좌우 20°, 활주로 끝으로부터 4 NM
   ③ 활주로 중심으로부터 좌우 10°, 활주로 끝으로부터 6 NM
   ④ 활주로 중심으로부터 좌우 20°, 활주로 끝으로부터 6 NM

【문제】 3. 3-bar VASI가 설치된 활주로에 접근 중인 비행기가 MDA에 도달했을 때 모든 VASI 라이트가 적색으로 나타났다면, 조종사는 어떠한 조치를 취해야 하는가?
   ① 적절한 접근경로에 진입하기 위해서 상승한다.
   ② 적절한 접근경로에 진입하기 위해서 강하한다.
   ③ 적절한 접근경로에 진입하기 위해서 잠시 수평비행을 한다.
   ④ 활주로가 보이면 동일한 강하율로 계속 접근한다.

〈해설〉 시각진입각지시등(Visual Approach Slope Indicator; VASI)
   1. VASI의 시각적인 활공로(glide path)는 활주로중선선의 연장선 ±10° 이내에서 활주로시단으로부터 4 NM까지 안전한 장애물 회피를 제공한다.
   2. 활주로에 접근하는 동안 모든 VASI light들이 적색(red)으로 보인다면, 활공로가 정상보다 낮은 것이므로 적절한 접근경로에 진입할 때까지 수평비행을 유지해야 한다.

【문제】 4. Glide slope이 정상보다 아주 낮은 2.5° 미만일 때 PAPI의 색깔은? (여기에서 ○; White, ●; Red)
   ① ○○○○   ② ○●●●   ③ ○○○●   ④ ●●●●

【문제】 5. 정상보다 약간 높은(slightly high) 진입각인 경우, PAPI 등화의 지시는?
   ① 4개 White   ② 4개 Red
   ③ 3개 White, 1개 Red ④ 1개 White, 3개 Red

〈해설〉 진입각에 따른 정밀진입각지시등(Precision Approach Path Indicator; PAPI)의 색상은 다음과 같다.

진입각	High (3.5° 초과)	Slightly high (3.2°)	On glide path (3°)	Slightly low (2.8°)	Low (2.5° 미만)
색상	○○○○	○○○●	○○●●	○●●●	●●●●

○ White, ● Red

【문제】 6. 조종사가 VASI를 갖춘 활주로에 ILS 접근 중 OM을 통과한 후 glide slope out을 인지하였다. VASI를 확인한 경우 조종사의 조치사항으로 올바른 것은?
   ① ATC에 통보하고 즉시 로컬라이저 접근을 실시하여 MDA까지 강하한 후에 접근을 수행한다.
   ② Glide slope 대신에 VASI를 보고 계속 접근을 수행한다.
   ③ ATC에 LOC 접근을 요청하고, 조종사의 판단에 따라 VASI 아래로 강하할 수 있다.
   ④ 즉시 해당 공항의 발간된 실패접근절차에 따른다.

정답   2. ①   3. ③   4. ④   5. ③   6. ②

〈해설〉 ILS 접근 중 필요한 시각참조물(visual reference)을 육안으로 확인하였다면 조종사는 VASI를 사용하여 접근을 계속할 수 있다.

【문제】 7. Above glide path 시 tri-color VASI의 지시 색깔은?
① Red ② Amber ③ Green ④ White

〈해설〉 3색 VASI(Tri-color VASI)의 낮은 활공로 지시는 적색, 높은 활공로 지시는 황색(amber)이며 적정한 활공로(on glide path) 지시는 녹색이다.

【문제】 8. REIL의 주 목적은?
① 감소된 시정 중에 진입방향 활주로 끝의 신속하고 확실한 식별
② 감소된 시정 중에 주 활주로의 신속하고 확실한 식별
③ 어둡거나 시정장애가 있을 때 활주로 가장자리의 식별
④ 어둡거나 시정장애가 있을 때 활주로 진입로의 식별

〈해설〉 활주로종단식별등(Runway End Identifier Lights; REIL)은 특정 접근활주로종단의 신속하고 확실한 식별을 위해 대부분의 비행장에 설치된다.

【문제】 9. HIRL, MIRL 및 LIRL로 분류되는 light는?
① Approach light ② Runway end light
③ Runway centerline light ④ Runway edge light

〈해설〉 활주로등(runway edge light)은 어두울 때나 시정이 제한된 상태에서 활주로의 가장자리를 나타내기 위해 사용된다. 이 등화시스템은 발생할 수 있는 광도 또는 밝기에 따라 고광도활주로등(HIRL), 중광도활주로등(MIRL) 및 저광도활주로등(LIRL)으로 분류된다.

【문제】 10. 착륙 후 runway centerline light의 적색등과 백색등이 교대로 보인다면, 이것은 무엇을 의미하는가?
① 활주로가 3,000 ft 남았다. ② 활주로가 2,000 ft 남았다.
③ 활주로가 1,000 ft 남았다. ④ 활주로의 절반이 남았다.

【문제】 11. 착륙 후 runway centerline light가 연속적인 적색으로 보이기 시작했다면, 이것은 무엇을 의미하는가?
① 활주로가 3,000 ft 남았다. ② 활주로가 2,000 ft 남았다.
③ 활주로가 1,000 ft 남았다. ④ 활주로가 500 ft 남았다.

〈해설〉 활주로 길이가 1,800 m 이상인 경우 활주로중심선등(runway centerline lighting)의 불빛은 진입방향에서 볼 때 다음과 같다.
  1. 활주로 종단으로부터 활주로 방향으로 300 m(1,000 ft) 지점까지 : 적색
  2. 활주로 종단으로부터 300 m에서 900 m 사이 : 적색과 가변백색등이 교차
  3. 활주로 종단으로부터 900 m(3,000 ft) 이후 : 가변백색

[정답] 7. ② 8. ① 9. ④ 10. ① 11. ③

【문제】 12. PCL(pilot controlled lighting)이 운용되는 시간은 가장 최근의 작동시간부터 얼마 동안인가?
   ① 10분   ② 15분   ③ 20분   ④ 30분

〈해설〉 PCL(Pilot Control of airport Lighting)의 모든 등화는 가장 최근의 작동시간으로부터 15분 동안 점등되고, 15분이 경과되기 전에는 소등되지 않는다.

【문제】 13. 공항에 접근 중 주간임에도 불구하고 공항등대가 작동되고 있는 것을 보았다. 이는 무엇을 의미하는가?
   ① B, C등급 공역에서 지상시정이 3마일 미만, 실링이 1,000피트 미만이다.
   ② E등급 공역에서 비행시정이 3마일 미만, 실링이 1,500피트 미만이다.
   ③ 공항 관제지역 내에서 운항을 위한 IFR 인가가 요구된다.
   ④ B등급 공역에서 시정 제한으로 IFR 인가가 요구된다.

〈해설〉 B등급, C등급, D등급 및 E등급 공항교통구역(surface area)에서 주간에 비행장등대를 운영하는 것은 대개의 경우, 지상시정이 3 mile 미만이거나 운고(ceiling)가 1,000 ft 미만이라는 것을 나타낸다. 조종사는 기상상태가 IFR 인지 VFR 인지의 여부를 전적으로 비행장등대의 운영에 의존해서는 안된다.

【문제】 14. 비정밀 계기활주로 상에 없어도 되는 runway marking은?
   ① Aiming point, Touchdown zone   ② Touchdown zone, Threshold marking
   ③ Side stripe, Aiming point   ④ Side stripe, Touchdown zone

【문제】 15. 다음 중 정밀 계기활주로에만 있는 표지 요소는?
   ① Centerline marking   ② Side stripe marking
   ③ Threshold marking   ④ Aiming point marking

〈해설〉 활주로 표지(Runway marking)

표지 구성요소 (Marking element)	시각 활주로 (Visual runway)	비정밀 계기활주로	정밀 계기활주로
명칭(designation)	X	X	X
중심선(centerline)	X	X	X
시단(threshold)	X^1	X	X
목표점(aiming point)	X^2	X	X
접지구역(touchdown zone)			X
옆선(side stripe)			X

X^1 : 국제상업운송에 사용하고 있거나 사용하려는 활주로
X^2 : 제트항공기가 사용하는 4,000 ft(1200 m) 이상의 활주로

【문제】 16. 활주로의 양 끝에 숫자 "09"와 "27"이 표시되어 있는 경우, 이 활주로 번호의 의미는?
   ① 009°와 027°의 진방위(true direction)
   ② 090°와 270°의 진방위(true direction)
   ③ 090°와 027°의 자방위(magnetic direction)
   ④ 090°와 270°의 자방위(magnetic direction)

정답 12. ②   13. ①   14. ④   15. ②   16. ④

⟨해설⟩ 활주로 명칭표지(runway designator marking)는 두 자리 숫자로 되어 있으며, 이 활주로 번호는 진입 방향에 의해 정해진다. 활주로 번호는 자북에서부터 시계방향으로 측정한 활주로중심선 자방위(magnetic azimuth)의 10분의 1에 가장 가까운 정수이다.
예를 들어 자방위가 183°인 곳의 활주로 명칭은 18이 되고, 자방위 87°와 같이 1자리 정수로 표기되는 경우에는 "0"을 숫자 앞에 붙여 활주로 명칭은 09가 된다.

【문제】 17. Runway aiming point의 위치는?
① 착륙활주로 시단으로부터 500 ft
② 착륙활주로 시단으로부터 1,000 ft
③ 착륙활주로 시단으로부터 1,500 ft
④ 착륙활주로 시단으로부터 3,000 ft

⟨해설⟩ 활주로목표점표지(runway aiming point marking)는 항공기가 착륙하는 동안 시각 목표점으로서의 역할을 한다. 이 표지는 폭이 넓은 백색 줄무늬(stripe)로 구성된 2개의 직사각형 표지이며, 착륙활주로 시단(landing threshold)으로부터 약 1,000 ft 지점의 활주로중심선 양 측면에 위치한다.

【문제】 18. 활주로 폭과 runway threshold marking의 stripe 수가 잘못 연결된 것은?
① 60 ft - 4개
② 75 ft - 6개
③ 150 ft - 10개
④ 200 ft - 16개

⟨해설⟩ 활주로시단표지(runway threshold marking)는 두 가지의 형태로 표시된다. 이 표지는 활주로중심선에 대해 대칭으로 배열된 같은 크기의 8개의 세로 줄무늬, 또는 아래 표와 같이 활주로의 폭에 따른 줄무늬의 수로 구성된다.

활주로 폭	줄무늬(stripe) 수	활주로 폭	줄무늬(stripe) 수
60 ft (18 m)	4	150 ft (45 m)	12
75 ft (23 m)	6	200 ft (60 m)	16
100 ft (30 m)	8		

【문제】 19. Displaced threshold는 어떻게 나타내는가?
① Yellow chevrons pointing towards the threshold point.
② White arrows pointing towards the threshold along the runway.
③ A white X on the unusable part of the threshold.
④ A longitudinal yellow stripe added to the threshold marking.

【문제】 20. 이설시단(displaced threshold) 뒤의 활주로 부분에 대한 설명 중 맞는 것은?
① 이륙에 사용할 수 있다.
② 착륙에 사용할 수 있다.
③ 이륙 및 착륙에 사용할 수 있다.
④ 착륙 및 지상활주에 사용할 수 있다.

⟨해설⟩ 활주로시단표지(Runway threshold marking)
1. 이설시단(displaced threshold)은 활주로의 지정된 시작지점 이외에 다른 활주로 상의 지점에 위치한 시단이다. 이설된 활주로 뒤의 활주로 부분은 착륙에는 사용할 수 없지만 지상활주(taxiing), 이륙 또는 착륙활주(landing rollout)에는 이용할 수도 있다.
2. 이설시단에는 폭 10 ft의 백색 시단선(threshold bar)이 활주로를 가로질러 설치된다. 백색 화살표는 활주로의 시작지점과 이설시단 사이의 구간에 활주로중심선을 따라 설치된다.

정답   17. ②   18. ③   19. ②   20. ①

【문제】21. Runway의 yellow chevron marking이 의미하는 것은?
① Blast pad/Stopway
② Displaced threshold
③ Runway turn pad
④ Runway strips

【문제】22. Runway marking 중 노란색 갈매기 모양으로 표시되고 지상활주나 이륙, 착륙을 위해서 사용할 수 없으나, 이륙을 단념해야 할 경우에 항공기를 감속시키거나 정지시키기 위하여 추가적인 정지로로 이용할 수 있는 지역은?
① Displaced threshold
② Taxi, takeoff and takeoff roll-out area
③ Blast pad/Stopway
④ Taxiway hold area

【문제】23. Runway threshold 전에 표시된 갈매기 모양(chevron marking)의 의미는?
① 항공기가 이륙하여 일정고도까지 초기 상승하는데 지장이 없도록 하기 위하여 활주로 종단 이후에 설정된 장방형의 구역을 나타낸다.
② 시단이 이설된 활주로를 활주로 앞쪽에 있는 제트 분사대, 정지로, 유도로와 구별해 주기 위해 설치된다.
③ 이륙 시에는 양방향에서, 착륙 시에는 반대방향에서만 사용할 수 있다.
④ 착륙, 이륙 및 지상활주에 사용할 수 없는 활주로와 정대된 포장지역을 나타낸다.

〈해설〉 경계선(Demarcation bar)
 1. 경계선(demarcation bar) : 경계선은 이설시단이 있는 활주로를 활주로 앞쪽에 있는 제트 분사대(blast pad), 정지로(stopway) 또는 유도로와 구분한다. 경계선의 폭은 3 ft(1 m)이며, 활주로 상에 위치하고 있지 않기 때문에 황색이다.
 2. 갈매기형(chevron) 표지 : 이 표지는 착륙, 이륙과 지상활주에 사용할 수 없는 활주로와 일직선인 포장구역을 나타내기 위하여 사용된다. 갈매기형 표지는 황색이다.

【문제】24. 적색 바탕에 흰색 글자로 "ILS"라고 적힌 표지판이 있는 곳에서 ATC로부터 hold short 지시를 받은 경우, 조종사가 취해야 할 조치로 알맞은 것은?
① 항공기의 nose gear가 정지위치표지를 넘지 않도록 정지하고 ATC 지시를 기다린다.
② 항공기의 flight deck area가 정지위치표지를 넘지 않도록 정지하고 ATC 지시를 기다린다.
③ 항공기의 tail section이 정지위치표지를 넘지 않도록 정지하고 ATC 지시를 기다린다.
④ 항공기의 어느 부분도 정지위치표지를 넘지 않도록 정지하고 ATC 지시를 기다린다.

〈해설〉 계기착륙시설이 운영되는 일부 공항에서는 이의 운영을 나타내는 ILS 보호구역 정지위치표지판(holding position sign)이 유도로 상의 정지위치표지 근처에 위치한다. ILS 보호구역에서 ATC의 hold short 지시를 받은 경우, 조종사는 항공기의 어느 부분도 정지위치표지를 넘지 않도록 정지하고 ATC 지시를 기다려야 한다.

【문제】25. 공항 표지판 중 mandatory instruction sign의 색깔은?
① 황색바탕에 흑색글자
② 흑색바탕에 황색글자
③ 적색바탕에 백색글자
④ 백색바탕에 적색글자

[정답] 21. ① 22. ③ 23. ④ 24. ④ 25. ③

【문제】 26. 활주로, critical area 또는 항공기 진입금지구역 등 진입하기 위해서는 ATC의 허가가 필요한 곳의 입구에 적색바탕에 흰색문자나 숫자로 표시하는 공항 표지는?
① Mandatory instruction sign   ② Location sign
③ Direction sign   ④ Information sign

【문제】 27. Location sign의 표지판 색깔은?
① 황색바탕, 흑색글자, 흑색 테두리   ② 황색바탕, 흑색글자, 황색 테두리
③ 흑색바탕, 황색글자, 백색 테두리   ④ 흑색바탕, 황색글자, 황색 테두리

【문제】 28. 황색바탕에 흑색문자로 되어있으며, 회전방향을 나타내는 화살표가 함께 표시되어 있는 표지판은?
① Location sign   ② Information sign
③ Destination sign   ④ Direction sign

【문제】 29. 관제탑에서 보이지 않는 지역, 적용 가능한 무선주파수 그리고 소음경감절차 등과 같은 정보를 조종사에게 제공하기 위하여 설치하는 표지판은?
① Location sign   ② Destination sign
③ Information sign   ④ Direction sign

〈해설〉 공항 표지판(Airport sign)
  1. 명령지시표지판(Mandatory instruction sign)
    적색바탕에 백색문자로 되어 있으며 활주로 또는 보호구역(critical area)으로의 진입이나 항공기의 진입이 금지된 구역을 나타내기 위하여 사용된다.
  2. 위치표지판(Location signs)
    가. 유도로 위치표지판 : 이 표지판은 황색 테두리의 흑색바탕에 황색문자로 되어 있다.
    나. 활주로 위치표지판 : 이 표지판은 황색 테두리의 흑색바탕에 황색숫자로 되어 있다.
  3. 방향표지판(Direction sign)
    황색바탕에 흑색문자로 되어있다. 문자는 조종사가 회전해야 하거나 잠시 대기하여야 할 교차지점을 벗어나는 교차유도로의 명칭(designation)을 나타낸다. 각 명칭에는 회전방향을 나타내는 화살표가 함께 표시된다.
  4. 정보표지판(Information sign)
    황색바탕에 흑색문자로 되어있다. 이 표지판은 관제탑에서 보이지 않는 지역, 적용할 수 있는 무선주파수와 소음감소절차 등과 같은 정보를 조종사에게 제공하기 위하여 사용한다.

[정답] 26. ①   27. ④   28. ④   29. ③

2. 항공교통업무 일반

제1절 일반사항

1. 항공교통업무

가. 항공교통업무의 목적

항공교통업무의 주요 목적은 항공기 간의 충돌 방지에 있으며 항공교통업무를 구분하면 다음과 같다.
   (1) 항공교통관제업무 : 항공기 간의 충돌 방지, 기동지역 안에서 항공기와 장애물 간의 충돌 방지, 항공교통흐름의 질서를 유지하고 촉진하기 위한 업무
   (2) 비행정보업무 : 항공기의 안전하고 효율적인 운항을 위하여 필요한 조언 및 정보를 제공하는 업무
   (3) 경보업무 : 수색·구조를 필요로 하는 항공기에 대한 관계기관에의 정보 제공 및 협조

나. 운영상 우선순위(Operational priority)

다음의 경우를 제외하고 상황이 허락하는 한, "First Come, First Served" 원칙에 의거 항공교통관제업무를 제공하여야 한다.
   (1) 조난항공기는 다른 모든 항공기보다 통행 우선권을 갖는다.
   (2) 민간항공구급비행(호출부호 "MEDEVAC")에게 우선권을 부여하여야 한다.
   (3) 수색구조업무를 수행하는 항공기에게 최대한 편의를 제공하여야 한다.
   (4) 교통상황과 통신시설이 허락하는 한 관련된 통제전문에 의거 대통령 탑승기 및 경호기와 구조지원 항공기에 우선권을 부여한다.
   (5) 비행점검 항공기의 신속한 업무수행을 위하여 특별취급을 하여야 한다.
   (6) 실제 방공 요격항공기의 신속한 기동은 미식별 항공기를 식별할 때까지 최대한 지원을 하여야 한다.
   (7) 미식별항공기가 식별될 때까지 실제 방공임무를 수행하는 요격기의 운항에 최대한 협조하여야 한다.
   (8) 계기비행(IFR) 항공기는 특별시계비행(SVFR) 항공기보다 우선권을 가진다.

2. 관제공역의 구분

대한민국 내 항공교통업무공역의 등급은 A, B, C, D, E 및 G등급으로 구분하여 지정된다.

가. A등급 공역(Class A)
   (1) 정의 : 인천비행정보구역(FIR) 내의 평균해면(MSL) 20,000 ft 초과 평균해면 60,000 ft 이하의 항공로(airways)로서 국토교통부장관이 공고한 공역이다.
   (2) 비행요건 : 국토교통부장관의 허가가 없는 한 계기비행규칙(IFR)에 의하여 비행하여야 하며, 조종사는 계기비행면허/자격을 소지하여야 한다.

나. B등급 공역(Class B)
   (1) 정의 : 인천비행정보구역(FIR)중 계기비행 항공기의 운항이나 승객 수송이 특별히 많은 공항으로 관제탑이 운용되고 레이더 접근관제업무가 제공되는 공항 주변의 공역으로서 국토교통부장관이 공고한 공역이다.
   (2) 항공기 분리 : IFR 및 VFR 항공기는 모든 항공기로부터의 분리업무가 제공된다.

(3) ATC 허가 및 분리(ATC clearances and separation)
 (가) VFR 항공기는 무게 19,000 lbs 이하의 모든 VFR/IFR 항공기로부터 다음과 같은 최저치로 분리된다.
   ① 표적분해(target resolution), 또는
   ② 500 ft 수직분리, 또는
   ③ 시계분리(visual separation)
 (나) VFR 항공기는 무게 19,000 lbs를 초과하는 모든 VFR/IFR 항공기 및 터보제트 항공기로부터 다음과 같은 최저치 이상으로 분리된다.
   ① 1 1/2 mile 횡적분리(lateral separation), 또는
   ② 500 ft 수직분리(vertical separation), 또는
   ③ 시계분리(visual separation)
(4) 비행절차
  B등급 공역 내에서 비행하는 모든 항공기는 평균 해면 10,000 ft 미만의 고도에서는 지시대기속도 250 kt 이하로 비행하여야 한다.

다. C등급 공역(Class C)
 (1) 정의 : 인천비행정보구역 중 계기비행 운항이나 승객 수송이 많은 공항으로 관제탑이 운용되고 레이더 접근관제업무가 제공되는 공항 주변의 공역으로서 국토교통부장관이 공고한 공역이다.
 (2) 무선설비 : C등급 공역을 비행하고자 하는 항공기는 관할 항공교통관제(ATC) 기관의 허가가 없는 한 송수신무선통신기 및 자동고도보고장치를 갖춘 트랜스폰더를 구비해야 한다.
 (3) 항공기 분리
  (가) C등급 공역 내에서 비행하는 항공기 간 분리는 무선교신과 레이더 식별이 이루어진 후에 제공된다.
  (나) IFR 항공기는 VFR 및 다른 IFR 항공기로부터 분리업무가 제공되며, VFR 항공기는 IFR 항공기로부터의 분리업무를 제공받는다. 그러나 VFR 헬기를 IFR 헬기로부터 분리시킬 필요는 없다.

라. D등급 공역(Class D)
 (1) 정의 : 인천비행정보구역 중 다음과 같이 국토교통부장관이 공고한 공역이다.
  (가) 청주공항을 제외한 공항의 공역 크기는 관제탑이 운영되는 공항반경 5 NM(9.3 km) 이내, 지표면으로부터 공항표고 5,000 ft 이하의 각 공항별로 설정된 관제권 상한고도까지의 공역
  (나) 최저항공로고도(MEA) 이상 평균해면 20,000 ft 이하의 모든 항공로
  (다) 서울접근관제구역 중 B등급 이외의 관제공역으로서 평균해면 10,000 ft 초과, 평균해면 18,500 ft 이하의 공역
 (2) 항공기 분리
  (가) IFR 항공기는 무선교신 및 레이더 식별된 항공기에 한하여 VFR 및 다른 IFR 항공기로부터 분리업무를 제공받는다.
  (나) VFR 항공기에게는 분리업무가 제공되지 않는다.
 (3) 비행절차
  D등급 공역 내로 들어가는 모든 항공기는 진입 전에 관할 ATC 기관과 무선교신이 이루어져야 하며 항공기 위치, 고도, 레이더 비컨코드, 목적지를 알리고 D등급 업무를 요청하여 허가를 받아야 한

다. D등급 공역 내에서 비행하는 동안에는 계속 무선교신을 유지하여야 한다.
마. E등급 공역(Class E)
  (1) 정의 : 인천비행정보구역 중 A, B, C 및 D등급 공역 이외의 관제공역으로서 영공(영토 및 영해 상공)에서는 해면 또는 지표면으로부터 1,000 ft 이상 평균해면 60,000 ft 이하, 공해상에서는 해면에서 5,500 ft 이상 평균해면 60,000 ft 이하의 국토교통부장관이 공고한 공역이다.
  (2) 항공기 분리
    (가) IFR 항공기는 다른 IFR 항공기로부터 분리업무를 제공받는다.
    (나) VFR 항공기에게는 분리업무가 제공되지 않는다.

3. 항공교통관제업무 일반

가. 시계비행의 금지
  항공기는 다음의 어느 하나에 해당되는 경우에는 기상상태에 관계없이 계기비행방식에 따라 비행하여야 한다. 다만, 관할 항공교통관제기관의 허가를 받은 경우에는 그러하지 아니하다.
  (1) 평균해면으로부터 6,100 m(20,000 ft)를 초과하는 고도로 비행하는 경우
  (2) 천음속(遷音速) 또는 초음속(超音速)으로 비행하는 경우

나. 최저계기비행고도(Minimum IFR altitude)
  항공교통절차에 규정된 계기비행(IFR) 최저고도. 최저고도가 명시되지 않은 경우, 다음의 IFR 최저고도를 적용한다.
  (1) 지정된 산악지역에서는 비행코스에서 수평으로 4마일 거리 내에 있는 가장 높은 장애물로부터 2,000 ft 이상
  (2) 산악지역 외에서는 비행코스에서 수평으로 4마일 거리 내에 있는 가장 높은 장애물로부터 1,000 ft 이상

다. 수직분리 최저치(Vertical separation minima)
  계기비행(IFR) 항공기에게 다음과 같은 수직분리 최저치를 적용한다.
  (1) FL410 이하 : 1,000 ft
  (2) FL290 이상 RVSM 적용을 받지 않는 항공기와 다른 항공기 간 : 2,000 ft
  (3) FL410 초과 : 2,000 ft

라. 항공교통관제기관 명칭(Facility identification)
  조종사는 항공교통관제기관을 호출할 때, 호출할 시설명칭 다음에 시설종류(type of the facility)를 사용하여 호출하여야 한다.
  (1) 공항 관제탑은 시설명칭 다음에 "Tower"를 사용한다.
    예 : "Gimpo tower", "Suwon tower", "Jeju tower"
  (2) 지역관제소는 시설명칭 다음에 "Control"을 사용한다.
  (3) RAPCON을 포함한 접근관제시설은 시설명칭 다음에 "Approach"를 사용한다.
    예 : "Seoul approach", "Gimhae approach", "Daegu approach"
  (4) 터미널(terminal) 시설 내의 기능은 시설명칭 다음에 기능명칭을 사용한다.
    예 : "Gimhae departure", "Gimpo clearance delivery", "Gimpo ground"

(5) 음성통신제어시스템(VSCS : Voice Switching Control System) 장비가 없는 두 시설 간 인터폰 호출 또는 응신 시, 시설명칭을 생략할 수 있다.
　　예 : "Seoul, handoff"
(6) ASR 또는 PAR를 갖고 있으나 접근관제업무를 수행치 않는 레이더시설은 시설명칭 다음에 "GCA"를 사용한다.
　　예 : "Suwon GCA", "Cheongju GCA", "Seoul GCA"

제2절. 조종사가 이용할 수 있는 업무(Services Available to Pilots)

1. 관제탑이 운영되지 않는 공항의 교통조언지침(Traffic Advisory Practices)

가. 관제탑이 운영되지 않는 공항 운영

　　무선장비를 갖춘 항공기는 관제탑이 운영되지 않는 공항에 접근하거나 공항에서 출발할 때 필수적으로 공항조언 목적으로 설정된 공통주파수(common frequency)로 송수신하여야 한다.

　　관제탑이 운영되지 않는 공항에서 무선교신을 할 때 중요한 점은 정확한 공통주파수의 선택이다. CTAF는 공통교통조언주파수(Common Traffic Advisory Frequency)를 의미하는 약어이다. CTAF는 관제탑이 운영되지 않는 공항으로 입출항하는 동안 공항조언지침을 수행할 목적으로 지정된 주파수이다.

나. 권고하는 교통조언지침

　　입항 항공기의 조종사는 착륙 10 mile 전부터 배정된 CTAF를 적절히 경청하고 교신하여야 한다. 출발하는 항공기의 조종사는 CFR 또는 국지절차에서 달리 요구하지 않는 한, 시동부터 지상활주 중 그리고 공항에서 10 mile까지는 해당 주파수를 경청/교신하여야 한다.

2. 공항정보자동방송업무(Automatic Terminal Information Service; ATIS)

가. ATIS는 빈번한 비행활동이 이루어지는 선정된 터미널지역에서 녹음된 비관제정보(noncontrol information)를 계속해서 방송하는 것이다. 이의 목적은 필수적이지만 일상적인 정보를 반복적으로 자동 송신함으로써 관제사의 업무효율을 증가시키고, 주파수의 혼잡을 줄이기 위한 것이다.

나. 운고(ceiling)가 5,000 ft를 초과하고 시정이 5 mile을 초과하면 운고/하늘상태, 시정 및 시정장애는 ATIS 방송에서 생략할 수 있다. ATIS 방송은 정시기상 및 특별기상을 접수하면 갱신되어야 한다. 활주로의 변경, 사용 중인 계기접근 등과 같은 그 밖의 관련자료가 변경되었을 때도 새로 녹음을 한다.

다. ATIS에 하늘상태나 운고(ceiling) 또는 시정이 포함되어 있지 않다는 것은 하늘상태 또는 운고가 5,000 ft 이상이고, 시정이 5 mile 이상이라는 것을 나타낸다. "The weather is better than 5000 and 5"라고 방송되거나, 또는 현재기상이 방송될 수도 있다.

라. 일부 조종사는 관제탑과 교신 시에 "have numbers"라는 용어를 사용한다. 이 용어의 사용은 조종사가 바람, 활주로 그리고 고도계 정보만을 수신했다는 것을 의미하며 관제탑은 이 정보를 반복할 필요가 없다. 이것이 ATIS 방송을 수신하였음을 의미하는 것은 아니며, 절대 이러한 목적으로 사용해서는 안 된다.

3. VFR 항공기에 대한 터미널레이더업무(Terminal Radar Services for VFR Aircraft)

가. TRSA 업무(TRSA에서 VFR 항공기에 대한 레이더 순서배정 및 간격분리 업무)는 특정 터미널지역에서 시행되고 있다. 이 업무의 목적은 터미널레이더업무구역(TRSA)으로 정의된 공역 내에서 운항하는 모든 IFR 항공기 및 참여하는 모든 VFR 항공기 간에 분리를 제공하는 것이다. 조종사의 참여를 권고하지만 의무사항은 아니다.

나. 조종사는 TRSA 내에서 운항하는 동안 TRSA 업무 및 규정된 분리를 제공받는다. 이러한 업무를 레이더에 의존하고 있을 때 레이더가 운용중지된 경우, VFR 항공기의 순서배정과 간격분리는 중단된다.

4. 관제탑항공로관제(Tower En Route Control; TEC)

TEC는 대도시구역에 입출항하는 항공기에게 업무를 제공하기 위한 ATC 프로그램이다. 이 프로그램의 의도는 저고도시스템에서 ATC 업무를 증진시킬 수 있는 별도의 수단을 제공하기 위한 것이다. 그러나 확대된 TEC 프로그램은 일반적으로 10,000 ft 이하에서 운항하는 터보제트 이외의 항공기에 적용될 것이다. 이 프로그램은 전적으로 접근관제공역 내의 다수 터미널시설에 적용된다. 본래 이것은 비교적 단거리비행을 위한 것이다. 참여 조종사는 2시간 이내의 비행 시 TEC를 활용할 것을 권장하고 있다.

제3절. 공항 운영(Airport Operations)

1. 활주로 공시거리(Runways Declared Distances)

가. 개방구역과 정지로
   (1) 개방구역(Clearway)
      개방구역이란 육상비행장의 경우 항공기가 이륙하여 일정고도까지 초기 상승하는데 지장이 없도록 하기 위하여 활주로 종단(終端) 이후에 설정된 장방형의 구역을 말하며, 헬기장은 회전익항공기가 이륙하여 특정고도까지 상승하기 위해 설정된 지면 또는 수면 위의 구역을 말한다.
      개방구역을 설치할 경우 개방구역은 다음의 사항을 준수하여야 한다.
      (가) 개방구역은 이륙활주가용거리(TORA)의 종단에서 시작하여야 한다.
      (나) 개방구역의 길이는 이륙활주가용거리(TORA)의 절반을 초과해서는 안되며, 활주로 중심선 연장선 양측으로 적어도 75 m 확장하여 설정되어야 한다.
   (2) 정지로(Stopway)
      정지로란 이륙항공기가 이륙을 포기하는 경우에 항공기가 정지(停止)하는데 적합하도록 설치된 구역으로서 이륙활주가용거리(TORA)의 끝에 위치한 장방형의 지상구역을 말한다.
      정지로의 폭은 최소한 활주로의 폭과 같아야 하며, 이륙포기 시 항공기의 구조적인 손상을 초래하지 않고 지지할 수 있어야 한다.

나. 공시거리(Declared distance). 활주로의 공시거리란 이착륙거리 성능요건을 충족하기 위해 이용할 수 있는 적합한 최대거리를 의미한다.
   (1) 이륙활주가용거리(TORA; Take-off Run Available) : 비행기 이륙 시 지상활주에 이용할 수 있는 적합한 활주로 공시길이
   (2) 이륙가용거리(TODA; Take-off Distance Available) : 이륙활주가용거리에 잔여활주로 또는 이용할 수 있는 이륙활주방향 끝단 이후의 개방구역(clearway)을 더한 길이

(3) 가속정지가용거리(ASDA; Accelerate-Stop Distance Available) : 활주로 길이에 이륙을 포기하는 비행기의 가속 및 감속에 이용할 수 있는 적합한 정지로(stopway) 공시길이를 더한 길이
(4) 착륙가용거리(LDA; Landing Distance Available) : 착륙하는 비행기가 이용할 수 있는 적합한 활주로 공시길이

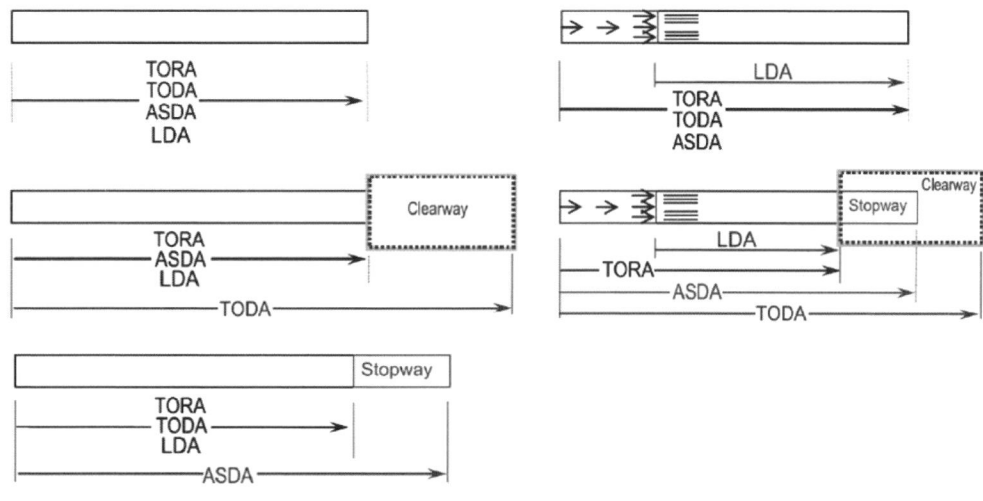

그림 2-12. 활주로 종류에 따른 공시거리

2. 교통관제 등화신호(Traffic Control Light Signals)

공항관제탑 빛총신호(light gun signal)의 종류 및 의미는 다음과 같다.

신호의 종류와 색상	의미(Meaning)		
	이동 중인 차량, 장비 및 인원	지상에 있는 항공기	비행 중인 항공기
연속되는 녹색	통과하거나 진행할 것	이륙을 허가함	착륙을 허가함
깜박이는 녹색	미적용	지상활주(taxi)를 허가함	착륙을 준비할 것 (적정 시간 뒤에 연속되는 녹색신호가 이어진다)
연속되는 적색	정지할 것	정지할 것	다른 항공기에게 진로를 양보하고 계속 선회할 것
깜박이는 적색	활주로 또는 유도로에서 벗어날 것	사용 중인 활주로에서 벗어나 지상활주할 것	공항이 불안전하니 착륙하지 말 것
깜박이는 백색	공항의 출발지점으로 돌아갈 것	공항의 출발시점으로 돌아갈 것	미적용
교차하는 적색과 백색	극히 주의할 것	극히 주의할 것	극히 주의할 것

3. 무선통신(Communications)

도착 및 출발 항공기에 깨끗한 VHF 채널을 제공하는 지상관제주파수는 관제탑(국지관제) 주파수의 혼잡을 제거하기 위하여 마련되었으며 관제탑과 지상항공기 간, 그리고 관제탑과 공항의 다용도 차량 간의 교신으로 한정되어 있다. 이 주파수는 지상활주 정보, 허가의 발부, 그리고 관제탑과 항공기 또는 공항에서 운용되는 그 외의 차량 간에 필요한 그 밖의 교신에 사용된다. 방금 착륙한 조종사는 관제사로부터 주파수 변경을 지시받을 때까지 관제탑주파수에서 지상관제주파수로 변경해서는 안된다.

4. 지상활주(Taxiing)

가. 지상이동안내 및 통제시스템(Surface Movement Guidance and Control System; SMGCS)

지상이동안내 및 통제시스템(SMGCS)은 활주로가시거리(RVR) 1,200 ft 미만의 시정상태에서 이착륙 운항을 하는 공항의 저시정 지상활주계획의 적절한 예시를 기술하고 있다. SMGCS는 이동지역 내에서 조종사 및 차량운행자가 적절한 이동경로를 찾을 수 있도록 시설, 정보, 조언을 제공하고 상호 간의 충돌방지 및 교통흐름을 원활히 하기 위한 것이다. 운항승무원 및 차량운행자에게 영향을 주는 이 계획은 공항 지표면의 교통을 통제하기 위한 등화, 표지 그리고 절차와 통합 운용될 수 있다.

나. 공항지상감시레이더(Airport Surface Detection Equipment; ASDE)

ASDE는 큰 규모의 공항에 있어 악천후 시 또는 관제탑의 위치가 활주로나 유도로 등을 눈으로 명료하게 관측하기 곤란한 경우, 공항 지표면의 교통량을 감시하고 지상을 주행 중인 항공기와 차량 등을 관제하는 데 사용하는 레이더이다. ASDE는 공항 지상만을 전담하여 탐지하는 레이더로 활주로나 유도로에 있는 항공기나 차량 등을 시현장치에 식별하여 표시할 수 있다.

다. 지상활주 허가

공항관제탑이 운영되는 동안 이동지역의 항공기 또는 차량은 이동하기 전에 허가를 받아야 한다.

(1) ATC는 이륙활주로를 배정할 때 먼저 활주로를 명시하고 지상활주지시를 발부하며, 지상활주경로가 활주로를 통과하면 진입전대기(hold short) 지시 또는 활주로횡단허가를 언급한다. 이것은 항공기가 배정한 출발활주로의 어느 지점으로 "진입(enter)" 또는 "횡단(cross)"하는 것을 허가하는 것은 아니다. ATC는 항공기의 지상활주허가와 관련하여 무선교신 상의 오해를 배제하기 위하여 용어 "cleared"를 사용하지 않는다.

(2) 배정된 이륙활주로 이외의 어느 지점까지 지상활주지시를 발부할 때 ATC는 지상활주 해야 할 지점을 명시하여 지상활주지시를 발부하며, 지상활주경로가 활주로를 통과하면 진입전대기(hold short) 지시 또는 활주로횡단허가를 언급한다.

5. 연속적인 출발항공기의 최초 분리 (Initial Separation of Successive Departing Aircraft)

동일 또는 인접공항에서 이륙 후, 45° 이상으로 분기되는 방향으로 비행하게 되는 항공기 간에는 다음 중 하나의 최저치를 적용하여 분리를 취한다.

가. 이륙 후 곧 진로가 분기될 때 : 진로가 분기될 때까지 1분 적용 (그림 2-13 참고)

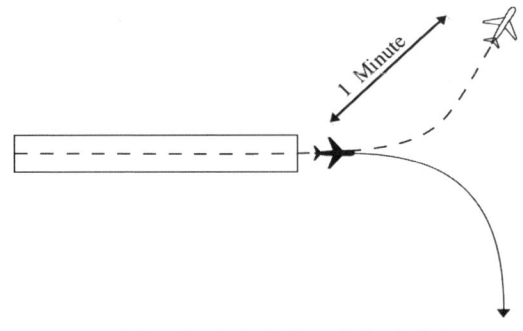

그림 2-13. 분기된 진로상의 최저치

나. 이륙 후 5분 이내에 진로가 분기될 때 : 진로가 분기될 때까지 2분 적용

다. 이륙 후 DME/ATD로 13마일 이내에서 진로가 분기될 때 : 진로가 분기될 때까지 3마일 적용

6. 착륙 후 활주로 개방(Exiting the Runway After Landing)

착륙하여 지상활주속도(taxi speed)에 도달한 이후에는 다음 절차에 따라야 한다.

가. 첫 번째로 이용할 수 있는 유도로 또는 ATC가 지시한 유도로에서 지체없이 활주로를 벗어난다. ATC의 허가를 받지 않는 한 조종사는 다른 활주로 상의 착륙활주로로 진입해서는 안된다. 관제탑이 운영되는 공항에서 조종사는 먼저 ATC의 허가를 받지 않고 활주로 상에 정지하거나, 진로를 반대방향으로 변경해서는 안된다.

나. ATC에 의해 달리 지시되지 않는 한 활주로를 벗어나 지상활주한다. 항공기의 모든 부분이 활주로 가장자리를 지나고, 활주로정지위치표지 이후의 계속되는 이동에 대한 제한사항이 없을 때 항공기가 활주로를 개방했다고 가정한다.

다. 관제탑으로부터 지시를 받은 경우 즉시 지상관제주파수로 변경하고, 지상활주허가를 받아야 한다.

제4절. 항공교통관제 허가

1. 허가 사항(Clearance Items)

ATC 허가에는 보통 다음과 같은 사항이 포함된다.

가. 허가한계점(Clearance limit)

나. 출발절차(Departure procedure)

다. 비행경로(Route of flight)

라. 고도 자료(Altitude data)

　조종사에게 최저 IFR 고도에서부터 순항허가 시에 지정되는 고도까지의 공역구역을 배정하기 위하여 "maintain" 대신에 용어 "cruise"를 사용할 수 있다. 조종사는 이 공역구역 내의 어떤 중간고도에서나 수평비행(level off)을 할 수 있다. 이 구역 내에서의 상승/강하는 조종사의 재량에 따라 이루어진다. 그러나 일단 조종사가 강하를 시작하고 구역에서 고도를 떠난다고 구두 보고했다면 조종사는 추가적인 ATC 허가 없이 그 고도로 복귀할 수 없다.

마. 체공지시(Holding instruction)

2. 특별시계비행 허가(Special VFR Clearance)

가. 기상이 VFR 비행요건보다 낮을 경우 B등급, C등급, D등급 또는 E등급 공항교통구역 내에서 운항하기 전에 ATC 허가를 받아야 한다. VFR 조종사는 특별 VFR 상태로 대부분의 D등급과 E등급 공항교통구역 및 일부 B등급과 C등급 공항교통구역으로 진입, 이탈 또는 운항하기 위한 허가를 요구할 수 있으며, 교통상황이 허용되고 이러한 비행이 IFR 운항을 지연시키지 않을 때 허가될 수 있다. 모든 특별 VFR 비행은 구름으로부터 벗어난 상태(clear of clouds)를 유지하여야 한다.

　특별 VFR 항공기(헬리콥터 이외)를 위한 시정요건은 다음과 같다.

(1) B등급, C등급, D등급 및 E등급 공항교통구역(surface area) 내에서 운항하기 위해서는 최소한 1 SM의 비행시정

(2) 이륙 또는 착륙할 때 최소한 1 SM의 지상시정(ground visibility). 공항의 지상시정이 보고되지 않았다면 비행시정이 최소한 1 SM 이어야 한다.

나. 지상시정이 1 SM 미만인 경우 특별시계비행 허가

공항의 지상시정이 1마일 미만으로 공식 보고되었을 때 고정익 항공기가 특별시계비행을 요구할 경우에는 다음과 같이 처리하여야 한다.

(1) 이륙항공기에게는 지상시정이 1마일 미만이므로 허가할 수 없다고 알려 주어야 한다.
(2) B, C, D등급 또는 E등급 공항교통구역(surface area) 밖에 있는 도착 항공기에게는 지상시정이 1마일 미만이며, 항공기 비상이 아닌 한 허가할 수 없다고 알려주어야 한다.
(3) B, C, D등급 또는 E등급 공항교통구역(surface area) 내에 있는 시계비행/특별시계비행 도착 항공기에게 지상시정이 1마일 미만이라고 조언하고, 조종사의 의도를 요구하여야 한다.

관제탑을 운영하는 공항에서 조종사가 공항을 육안 확인하였다고 보고하고 교통상황이 허락되면 항공기의 착륙을 허가한다. 조종사는 공항으로 계속 비행을 하거나 공항표면구역을 벗어날 책임이 있다.

3. ATC 허가/지시 복창(ATC Clearance/Instruction Readback)

체공 중인 항공기의 조종사는 상호확인의 수단으로써 고도배정, 레이더유도(vector) 또는 활주로배정을 포함한 ATC 허가와 지시사항의 이러한 부분들을 복창하여야 한다.

가. 모든 응답과 복창에 항공기 식별부호를 포함하여야 한다. 이것은 해당 항공기가 허가 또는 지시를 수신했다는 것을 관제사가 판단할 수 있도록 한다.

나. 조종사는 허가 또는 지시를 받은 순서와 동일하게 고도, 고도제한 그리고 레이더유도(vector)를 복창한다.

4. IFR 항공기 운상시계비행 허가(IFR Clearance VFR-on-top)

가. IFR 비행계획으로 운항 중인 조종사는 VFR 기상상태에서 배정된 고도 대신에 운상시계비행(VFR-on-top)을 요청할 수 있다. 이것은 조종사로 하여금 고도 또는 비행고도를 선택(ATC의 제한을 받음)할 수 있도록 허용하는 것이다. ATC는 A등급 공역에서의 VFR 또는 운상시계비행(VFR-on-top)을 허가하지 않는다.

나. VFR 상태로 운항하는 IFR 비행계획의 조종사는 VFR 상태에서 상승/강하를 요구할 수 있다. VFR 상태로 운항할 때, "maintain VFR-on-top/maintain VFR conditions"의 ATC 허가를 받은 IFR 비행계획의 조종사는

(1) 규정된 해당 VFR 고도로 비행하여야 한다.
(2) 규정된 VFR 시정 및 구름으로부터의 거리기준을 준수하여야 한다.
(3) 이 비행에 적용할 수 있는 계기비행방식, 즉 최저 IFR 고도, 위치보고, 무선교신, 비행경로, ATC 허가 준수 등에 따라야 한다.
(4) VFR 기상상태에서 운항 중일 때, 다른 항공기를 육안으로 보고 회피할 수 있도록 경계해야 하는 것은 조종사의 책임이다.

다. "Maintain VFR-on-top"의 ATC 허가는 조종사에게 차폐 기상현상(층) 위로만 운항하도록 제한하려는 것이 아니다. 그 대신 기상차폐가 없는 지역 또는 기상차폐층의 상부, 하부, 층(layer) 간에서의

운항을 허용하는 것이다. 그러나 조종사는 "VFR-on-top/VFR conditions"의 운항허가가 IFR 비행계획의 취소를 의미하는 것은 아니라는 것을 알아야 한다.

5. VFR/IFR 비행(VFR/IFR Flights)

가. 항공로 IFR 허가를 받을 필요가 있거나 받으려는 VFR 출발조종사는 항공기 위치와 상대적인 지형/장애물의 위치를 인식하고 있어야 한다. VFR 항공기가 MEA/MIA/MVA/OROCA 미만에서 IFR 허가를 받았을 때, 조종사는 MEA/MIA/MVA/OROCA에 도달할 때까지 지형 및 장애물 회피에 대한 책임이 있다.

나. 계기비행(IFR) 운항 최저고도 이하에서 시계비행 운항 중인 항공기가 계기비행 허가를 요구하고, 조종사가 시계비행(VFR) 상태로 계기비행최저고도까지 상승할 수 없다는 것을 관제사가 인지한 경우, 다음과 같이 조치한다.
  (1) 허가를 발부하기 전에 조종사가 최저계기비행고도(MIA)까지 상승 중 산악 및 장애물 회피가 가능한지를 문의하여야 한다.
  (2) 조종사가 산악 및 장애물 분리를 유지할 수 있는 경우, 적절한 허가를 발부한다.
  (3) 조종사가 산악 및 장애물 분리를 유지할 수 없는 경우, 시계비행(VFR)을 유지하도록 하고 조종사 의도를 파악한다.

6. 허가 준수(Adherence to Clearance)

가. ATC가 허가나 지시를 발부할 때, 조종사는 접수하는 즉시 이 사항을 수행하여야 한다. ATC는 어떤 상황에서 임박한 상황의 긴급함과 조종사의 신속한 이행이 요구되며 안전상 필요하다는 것을 나타내기 위하여, 허가나 지시에 단어 "긴급(immediately)"을 포함시킨다.

나. ATC 허가의 고도정보에 포함되는 용어 "조종사의 판단에 따라(at pilot's discretion)"는 조종사가 필요할 때 상승 또는 강하할 수 있는 선택권을 ATC가 조종사에게 제공한다는 의미이다. 필요한 경우 어떠한 상승률 또는 강하율로도 상승 또는 강하할 수 있으며, 어떠한 중간고도에서나 일시적으로 수평비행(level off)을 할 수 있도록 허가하는 것이다. 그러나 항공기가 고도를 떠났다면 그 고도로 다시 돌아갈 수 없다.

다. ATC가 용어 "조종사의 판단에 따라(at pilot's discretion)"를 사용하지 않고 상승이나 강하의 제한사항도 발부하지 않은 경우, 조종사는 허가에 응답한 즉시 상승 또는 강하를 시작하여야 한다.
  배정고도의 1,000 ft 전까지는 항공기의 운용특성에 맞는 최적비율로 상승 또는 강하하고, 그다음에는 배정고도에 도달할 때까지 500~1,500 fpm의 비율로 상승하거나 강하하여야 한다. 조종사가 최소한 500 fpm의 비율로 상승 또는 강하할 수 없을 때는 언제든지 ATC에 통보하여야 한다.

라. 비상상황에 처하여 ATC의 허가사항을 위배한 경우, 기장은 가능한 한 빨리 ATC에 통보하고 수정된 허가를 받아야 한다.

마. ATC에 의하여 "신속한(expedite)" 상승 또는 강하허가가 발부되었고, 이어서 신속지시(expedite instruction) 없이 유지해야 할 고도가 변경되었거나 재발부 되었다면 신속지시는 취소된 것이다. 관제사는 보통 신속지시의 이유를 관제사에게 통보할 것이다.

7. 속도조절(Speed Adjustments)

가. ATC는 적절한 간격을 확보하거나 유지하기 위하여 레이더관제를 받고 있는 항공기의 조종사에게 속도조절을 지시한다.

나. ATC는 FL240 이상에서의 속도를 0.01 간격의 마하수(Mach number) 단위로 나타내는 것을 제외하고, 모든 속도조절을 5 knot 또는 10 knot 간격의 지시대기속도(IAS)에 의거하여 knot 단위로 나타낸다.

다. 속도조절지시를 실행하는 조종사는 지시받은 속도의 ±10 knot, 또는 마하수 ±0.02 이내의 속도를 유지하여야 한다.

라. ATC가 속도조절을 지시할 때는 다음의 권고 최저치(recommended minima)에 의거하여야 한다.
  (1) FL280~10,000 ft 사이의 고도에서 운항하는 항공기에 대해서는 최저 250 knot 또는 이와 대등한 마하수
  (2) 도착하는 터보제트 항공기가 10,000 ft 미만의 고도에서 운항하는 경우
    (가) 210 knot를 최저속도로 한다.
    (나) 단, 착륙하고자 하는 공항으로부터 비행거리 20 mile 이내에서는 170 knot를 최저속도로 한다.
  (3) 착륙하고자 하는 공항의 활주로시단으로부터 비행거리 20 mile 이내의 도착하는 왕복엔진 또는 터보프롭 항공기에 대해서는 150 knot를 최저속도로 한다.
  (4) 출발하는 항공기의 경우
    (가) 터보제트 항공기는 230 knot를 최저속도로 한다.
    (나) 왕복엔진 항공기는 150 knot를 최저속도로 한다.

마. 다음 항공기에게는 속도조절을 지시하여서는 안된다.
  (1) FL390 이상의 고도에서 조종사 동의가 없는 경우
  (2) 발간된 고고도 계기접근절차를 수행 중인 항공기
  (3) 체공장주에 있는 항공기
  (4) 최종접근 진로상의 최종접근픽스 또는 활주로로부터 5마일 되는 지점 중 활주로로부터 가까운 지점에 있는 항공기

바. 어떤 특정한 운항을 위한 최저안전속도가 지시받은 속도조절보다 더 크다면 조종사는 ATC의 속도조절지시를 거부할 권한이 있다.

8. 공중충돌경고장치 회피조언(ACAS Resolution Advisories)

항공기가 ACAS RA 경고에 대한 대응절차를 시작한 경우, 관제사는 동 항공기와 다른 항공기, 공역, 지형지물 또는 장애물 간 표준분리를 취하여야 할 책임이 없다. 표준분리에 대한 책임은 다음 상황 중 하나와 일치할 때 재개된다.

가. 회피기동하는 항공기가 배정된 고도로 다시 복귀한 경우

나. 운항승무원이 ACAS 기동을 완료하였음을 관제사에게 통보하고 관제사가 표준분리가 다시 취해진 것을 확인한 경우

다. 회피기동하는 항공기가 대체허가를 수행하였고 관제사가 표준분리가 다시 취해진 것을 확인한 경우

출제예상문제

Ⅰ. 일반사항

【문제】 1. 항공교통관제업무의 목적은?
① 이착륙 항공기 통제
② 항공기 간 충돌방지
③ 계류장에서 항공기와 장애물 간 충돌방지
④ 시계비행규칙과 계기비행규칙 적용 통제

〈해설〉 항공교통업무의 주요 목적은 항공기 간의 충돌 방지에 있으며 이를 구분하면 다음과 같다.
1. 항공교통관제업무 : 항공기 간의 충돌 방지, 기동지역 안에서 항공기와 장애물 간의 충돌 방지, 항공교통흐름의 질서를 유지하고 촉진하기 위한 업무
2. 비행정보업무 : 항공기의 안전하고 효율적인 운항을 위하여 필요한 조언 및 정보를 제공하는 업무
3. 경보업무 : 수색·구조를 필요로 하는 항공기에 대한 관계기관에의 정보 제공 및 협조

【문제】 2. Tower controller의 역할로 부적절한 것은?
① 항공기 착륙 우선순위 통제
② 이착륙 항공기 통제
③ 지상 항공기 이동 통제
④ 지상조업업무 차량 통제

〈해설〉 관제탑에 근무하는 관제사(tower controller)는 항공기와 차량의 충돌방지 및 공항·비행장 주변의 안전하고 신속한 항공교통흐름을 유지하기 위하여 적절한 지시와 정보를 제공하여야 한다.

【문제】 3. 항공교통관제업무의 우선순위에 대한 설명 중 틀린 것은?
① 수색구조업무를 수행하는 항공기에게 우선권을 부여하여야 한다.
② 비상상황 하에 있는 항공기에게 다른 모든 항공기보다 우선권을 부여하여야 한다.
③ 민간환자 이송 항공기에게 우선권을 부여하여야 한다.
④ 계기비행(IFR) 항공기는 특별시계비행(SVFR) 항공기보다 우선권을 가진다.

〈해설〉 운영상 우선순위(Operational priority)
다음의 경우를 제외하고 상황이 허락하는 한, "First Come, First Served" 원칙에 의거 항공교통관제업무를 제공하여야 한다.
1. 조난항공기는 다른 모든 항공기보다 통행 우선권을 갖는다.
2. 민간항공구급비행(호출부호 "MEDEVAC")에게 우선권을 부여하여야 한다.
3. 수색구조업무를 수행하는 항공기에게 최대한 편의를 제공하여야 한다.
4. 교통상황과 통신시설이 허락하는 한 관련된 통제전문에 의거 대통령 탑승기 및 경호기와 구조지원 항공기에 우선권을 부여한다.
5. 비행점검 항공기의 신속한 업무수행을 위하여 특별취급을 하여야 한다.
6. 실제 방공 요격항공기의 신속한 기동은 미식별 항공기를 식별할 때까지 최대한 지원을 하여야 한다.
7. 미식별항공기가 식별될 때까지 실제 방공임무를 수행하는 요격기의 운항에 최대한 협조하여야 한다.
8. 계기비행(IFR) 항공기는 특별시계비행(SVFR) 항공기보다 우선권을 가진다.

정답 1. ② 2. ④ 3. ①

【문제】4. B등급 공역에서 VFR 항공기와 무게 19,000 lbs인 IFR 항공기 간의 수직분리 거리는?
① 300 ft ② 500 ft ③ 1,000 ft ④ 1,200 ft

【문제】5. 인천 FIR 내의 B등급 공역 내에서 10,000 ft 미만의 고도로 운항하는 항공기의 최대속도는?
① 150 kts ② 200 kts ③ 250 kts ④ 300 kts

〈해설〉 B등급 - 관제공역
1. VFR 항공기는 무게 19,000 lbs 이하의 모든 VFR/IFR 항공기와 500 ft의 수직분리 최저치를 적용하여야 분리하여야 한다.
2. B등급 공역 내에서 비행하는 모든 항공기는 평균해면 10,000 ft 미만의 고도에서는 지시대기속도 250 kt 이하로 비행하여야 한다.

【문제】6. Class C 공역에서 항공기를 운항하기 위하여 갖추어야 할 최소장비는?
① Two-way communications
② Two-way communications, Mode C transponder
③ Two-way communications, DME
④ Mode C transponder, DME

〈해설〉 C등급 공역에서 운항하는 항공기가 갖추어야 할 장비는 다음과 같다.
1. 송수신무선통신기(two-way radio)
2. ATC에 의해 달리 허가되지 않는 한, 자동고도보고장치를 갖춘 사용가능한 레이더비컨 트랜스폰더(radar beacon transponder)

【문제】7. C등급 공역에서 제공하는 항공교통업무에 대한 설명으로 맞지 않는 것은?
① 시계비행 항공기 간의 분리, 교통정보 조언 및 안전경고 업무
② 계기비행 항공기에 대한 표준 계기비행 업무
③ 계기비행 항공기와 시계비행 항공기 간의 분리, 교통정보 조언 및 안전경고 업무
④ 주 공항(primary airport)의 모든 항공기 순서배정

【문제】8. IFR, VFR 운항이 모두 가능하며, VFR 항공기 간을 제외한 모든 항공기 간에 분리업무가 제공되는 공역은?
① B등급 공역 ② C등급 공역 ③ D등급 공역 ④ E등급 공역

【문제】9. C등급 공역에서 제공되는 업무에 대한 설명 중 틀린 것은?
① IFR 항공기 간에 분리업무가 제공된다.
② IFR 항공기는 VFR 항공기로부터의 분리업무가 제공된다.
③ VFR 항공기 간에 분리업무가 제공된다.
④ VFR 항공기는 IFR 항공기로부터의 분리업무가 제공된다.

〈해설〉 C등급 공역 내에서 비행하는 항공기에게 제공되는 업무는 다음과 같다.

정답 4. ② 5. ③ 6. ② 7. ① 8. ② 9. ③

1. 주 공항(primary airport)의 모든 항공기 순서배정
2. 계기비행(IFR) 항공기에 대한 표준 계기비행(IFR) 업무
3. 계기비행(IFR) 항공기와 시계비행(VFR) 항공기 간의 분리, 교통정보 조언 및 안전경고
4. 시계비행(VFR) 항공기 간 교통정보 조언 및 안전경고

【문제】10. D등급 공역의 목적지로부터 10 NM 떨어진 지점에서 IFR 비행계획을 취소했다면 언제 관제탑과 교신하여야 하는가?
① 비행계획을 취소한 후 즉시
② ARTCC가 조언할 때
③ D등급 공역에 진입하기 5분 전에
④ D등급 공역에 진입하기 전에

〈해설〉 D등급 공역 도착 또는 통과비행 진입요건
D등급 공역에 진입하기 전에 ATC 업무를 제공하는 ATC 기관과 양방향무선교신이 이루어져야 하며, 그 후 D등급 공역 내에 있는 동안 무선교신을 유지하여야 한다.

【문제】11. MOA에 대한 설명으로 맞는 것은?
① 군 공역과 계기비행 항로를 적절히 분리하기 위해 설정된다.
② 군용 항공기의 비행훈련 동안 민간 항공기의 진입이 제한된다.
③ 군용 항공기의 위험한 비행이 수행 중일 때는 모든 민간 항공기의 진입이 금지된다.
④ 모든 VFR 항공기의 진입이 제한된다.

〈해설〉 특수사용공역인 군작전구역(Military Operations Area; MOA)은 IFR 항공기로부터 특정 군훈련활동을 분리할 목적으로 설정된 공역으로 이루어진다.
1. MOA가 운용될 때마다 ATC가 IFR 분리를 제공할 수 있다면 비참여 IFR 항공기는 MOR 통과를 허가받을 수도 있다. 그렇지 않으면 ATC는 비참여 IFR 항공기를 제한하거나 비행로를 재배정할 수 있다.
2. VFR로 비행 중인 조종사는 군작전비행이 수행 중일 때 MOA 내에서의 비행 중에는 극히 주의를 기울여야 한다.

【문제】12. 반드시 계기비행방식에 따라 비행해야 하는 경우로 맞는 것은?
① 해면으로부터 3,050 m를 초과하는 고도나 초음속으로 비행하는 경우
② 해면으로부터 6,100 m를 초과하는 고도나 천음속으로 비행하는 경우
③ 해면으로부터 7,000 m를 초과하는 고도나 초음속으로 비행하는 경우
④ 해면으로부터 8,000 m를 초과하는 고도나 천음속으로 비행하는 경우

〈해설〉 항공기는 다음의 어느 하나에 해당되는 경우에는 기상상태에 관계없이 계기비행방식에 따라 비행하여야 한다. 다만, 관할 항공교통관제기관의 허가를 받은 경우에는 그러하지 아니하다.
1. 평균해면으로부터 6,100 m(2만피트)를 초과하는 고도로 비행하는 경우
2. 천음속(遷音速) 또는 초음속(超音速)으로 비행하는 경우

【문제】13. 비산악지역을 IFR로 비행하는 경우 최저비행고도는?
① 300 ft   ② 500 ft   ③ 1,000 ft   ④ 1,200 ft

정답 10. ④   11. ①   12. ②   13. ③

【문제】 14. 최저고도가 지정되어 있지 않은 산악지역을 IFR로 비행할 때 장애물을 안전하게 통과할 수 있는 최저고도는?

① 가장 높은 장애물로부터 1,000 ft
② 가장 높은 장애물로부터 1,500 ft
③ 가장 높은 장애물로부터 2,000 ft
④ 가장 높은 장애물로부터 3,000 ft

〈해설〉 IFR 요건(IFR Requirement)
계기비행방식으로 비행하는 항공기의 조종사는 비행경로로부터 수평거리 4 NM 범위 안의 가장 높은 장애물로부터 최소한 1,000 ft(지정된 산악지역에서는 2,000 ft) 이상을 유지해야 한다.

【문제】 15. FL410 이하의 동일 항로에서 IFR 비행 시 수직분리 최저치는?

① 500 ft   ② 1,000 ft   ③ 2,000 ft   ④ 3,000 ft

〈해설〉 계기비행(IFR) 항공기에게 다음과 같은 수직분리 최저치를 적용한다.
1. FL410 이하 : 1,000 ft
2. FL290 이상 RVSM 적용을 받지 않는 항공기와 다른 항공기 간 : 2,000 ft
3. FL410 초과 : 2,000 ft

【문제】 16. 항공교통관제기관의 호출부호로 잘못된 것은?

① 공항 관제탑은 시설명칭 뒤에 "Tower"를 붙인다. 예) "Seoul tower"
② 비행정보센터는 시설명칭 뒤에 "Information"을 붙인다. 예) "Seoul information"
③ 항공교통센터는 시설명칭 뒤에 "Control"을 붙인다. 예) "Seoul control"
④ 터미널(terminal) 내의 시설은 시설명칭 다음에 기능명칭을 붙인다. 예) "Seoul departure"

〈해설〉 항공교통관제기관 명칭(Facility identification)
1. 공항 관제탑 : 시설명칭 다음에 "Tower"를 사용한다.
   예 : "Gimpo tower", "Suwon tower", "Jeju tower"
2. 지역관제소 : 시설명칭 다음에 "Control"을 사용한다.
   예 : "Tower approach control"
3. RAPCON을 포함한 접근관제시설 : 시설명칭 다음에 "Approach"를 사용한다.
   예 : "Seoul approach", "Gimhae approach", "Daegu approach"
4. 터미널(terminal) 시설 내의 기능 : 시설명칭 다음에 기능명칭을 사용한다.
   예 : "Gimhae departure", "Gimpo clearance delivery", "Gimpo ground"
5. 음성통신제어시스템(VSCS : Voice Switching Control System) 장비가 없는 두 시설 간 인터폰 호출 또는 응신 시, 시설명칭을 생략할 수 있다.
   예 : "Seoul, handoff"
6. ASR 또는 PAR를 갖고 있으나 접근관제업무를 수행치 않는 레이더시설 : 시설명칭 다음에 "GCA"를 사용한다.
   예 : "Suwon GCA", "Cheongju GCA", "Seoul GCA"
7. [FAA] 비행정보소(Flight service station)는 시설명칭 다음에 "Radio"를 사용한다.
   예 : "Chicago radio"

정답   14. ③   15. ②   16. ②

Ⅱ. 조종사가 이용할 수 있는 업무

【문제】1. 관제탑이 없는 공항의 입항방법으로 잘못된 것은?
① 관제탑이 있는 인근 공항에 의도를 통보한다.
② 정확한 공통주파수(CTAF)를 설정한다.
③ 착륙 10 NM 전부터 감청 및 통신을 수행한다.
④ 주변 항공기를 지속적으로 확인한다.

【문제】2. FSS가 제공하는 지역공항 조언을 얻기 위해서는 공항으로부터 최소 몇 마일 전에 교신하여야 하는가?
① 5마일   ② 10마일   ③ 15마일   ④ 20마일

〈해설〉 관제탑이 운영되지 않는 공항의 교통조언지침
1. 무선장비를 갖춘 항공기는 관제탑이 운영되지 않는 공항에 접근하거나 공항에서 출발할 때 필수적으로 공항조언 목적으로 설정된 공통주파수(common frequency)로 송수신하여야 한다.
2. 입항 항공기의 조종사는 착륙 10 mile 전부터 배정된 CTAF를 적절히 경청하고 교신하여야 한다.
3. 입항 항공기는 공항으로부터 약 10 mile 전에서 교신을 시도하여 항공기 식별부호 및 기종, 고도, 공항과 관련된 위치, 의도(착륙 또는 상공 통과), 자동기상정보의 수신여부를 보고하고 공항조언업무나 공항정보업무를 요청하여야 한다.

【문제】3. 관제탑에서 조종사에게 제공하는 활주로 방향과 풍향은?
① 활주로 방향과 풍향 모두 자북 방위이다.
② 활주로 방향과 풍향 모두 진북 방위이다.
③ 활주로 방향은 자북, 풍향은 진북 방위이다.
④ 활주로 방향은 진북, 풍향은 자북 방위이다.

【문제】4. ATIS에 sky condition과 visibility가 포함되어 있지 않았다. 이는 무엇을 의미하는가?
① The ceiling is at least 3,000 feet and visibility is 5 miles or more.
② The ceiling is at least 5,000 feet and visibility is 5 miles or more.
③ The sky condition is clear and visibility is unrestricted.
④ The sky condition is clear and visibility is 5 miles or more.

【문제】5. ATIS에서 시정(visibility)과 운고(ceiling)가 생략되는 경우는?
① 시정 5 mile 이상인 경우
② 운고 5,000 ft 이상인 경우
③ 시정 3 mile 이상, 운고 3,000 ft 이상인 경우
④ 시정 5 mile 이상, 운고 5,000 ft 이상인 경우

정답   1. ①   2. ②   3. ①   4. ②   5. ④

【문제】 6. 다음 중 ATIS를 수정해야 하는 경우는?
　① 최신의 기상정보가 발표되고 활주로 제동상태정보가 기존 상태보다 좋아질 때
　② 최신의 기상정보가 발표되고 활주로 제동상태정보가 기존 상태보다 나빠질 때
　③ 최신의 기상정보가 발표되고 사용 활주로, 접근정보, 기압정보 등이 변경될 때
　④ 수치가 변경되지 않더라도 최신의 기상정보가 발표되었을 때

【문제】 7. ATIS 방송은 언제 update 되는가?
　① 기상상황에 중요한 변경사항이 발생할 경우
　② 기상상황이 VFR 기상최저치 미만인 경우 30분 간격, 그 이외에는 60분 간격
　③ 사용 활주로 또는 사용 중인 계기접근의 변동이 필요할 만큼 기상상황이 변경될 경우에만
　④ 운고 또는 시정이 보고해야 할 수치 미만으로 감소한 경우에만

〈해설〉 공항정보자동방송업무(Automatic Terminal Information Service; ATIS)
　1. ATIS 정보에는 최신 기상전문의 시간, 운고(ceiling), 시정, 시정장애, 기온, 이슬점(이용할 수 있는 경우), 풍향(자방위)과 풍속, 고도계수정치, 그 밖의 관련사항, 계기접근 및 사용활주로가 포함된다. 운고(ceiling)가 5,000 ft를 초과하고, 시정이 5 mile을 초과하면 운고/하늘상태, 시정 및 시정장애는 ATIS 방송에서 생략할 수 있다.
　2. 다음과 같은 경우에는 새로 녹음을 한다.
　　가. 수치의 변동에 관계없이 새로운 공식 기상정보를 접수했을 때
　　나. 활주로 제동상태보고가 현재 ATIS에 포함된 수치상태보다 좋지 않을 때
　　다. 사용 활주로, 계기접근절차, NOTAM/PIREP/HIWAS 사항 등의 변동이 있을 때

【문제】 8. VHF 주파수 범위는?
　① 2,000 kHz~200 MHz　　　② 20,000 kHz~200 MHz
　③ 3,000 kHz~300 MHz　　　④ 30,000 kHz~300 MHz

【문제】 9. VHF 주파수대 중에서 민간 항공용 단거리 통신에 사용하는 주파수 범위는?
　① 108.0~118.975 MHz　　　② 108.0~123.675 MHz
　③ 118.0~129.675 MHz　　　④ 118.0~136.975 MHz

〈해설〉 초단파(Very High Frequency; VHF) 주파수대는 30~300 MHz 이다. VHF 주파수대 중에서 118.0~136.975 MHz는 항공교통관제사와 항공기 조종사 간 관제 및 운항을 위한 민간항공용 단거리 통신에 사용된다.

【문제】 10. VHF와 HF에 대한 다음 설명 중 옳은 것은?
　① 낮에는 VHF가 밤에는 HF가 더 멀리 간다.
　② 장거리 항로에는 HF를 사용한다.
　③ HF가 VHF보다 간섭을 덜 받는다.
　④ HF는 지상국에서만 들을 수 있다.

〈해설〉 HF(단파)와 VHF(초단파) 주파수의 특성

[정답]　6. ④　7. ①　8. ④　9. ④　10. ②

1. HF 주파수대는 3~30 MHz 이며 비행기와 비행기, 비행기와 지상국 간의 통신을 제공한다. HF 통신은 전리층에서 반사되는 단파의 성질을 이용하여 장거리 통신이 가능하다.
2. 전리층에서의 전파에 대한 반사와 감쇠의 정도는 낮과 밤에 따라 달라지므로, 일반적으로 낮에는 높은 주파수가 적합하고 밤에는 낮은 주파수가 적합하다.
3. VHF가 HF보다 간섭을 덜 받으므로 송수신 감도가 더 좋다.

【문제】 11. TRSA(terminal radar service area) 업무의 목적은?
① 모든 IFR 항공기 간의 간격분리
② 모든 VFR 항공기 간의 간격분리
③ 모든 IFR 항공기 및 참여하는 VFR 항공기 간의 간격분리
④ 모든 VFR 항공기 및 참여하는 IFR 항공기 간의 간격분리

〈해설〉 TRSA 업무(TRSA에서 VFR 항공기에 대한 레이더 순서배정 및 간격분리 업무)는 특정 터미널지역에서 시행되고 있다. 이 업무의 목적은 터미널레이더업무구역(TRSA)으로 정의된 공역 내에서 운항하는 모든 IFR 항공기 및 참여하는 모든 VFR 항공기 간에 분리를 제공하는 것이다. 조종사의 참여를 권고하지만 의무사항은 아니다.

【문제】 12. TEC(Tower En Route Control)에 대한 설명 중 잘못된 것은?
① 우리나라 내의 일부에서 TEC가 운영되고 있다.
② 10,000 ft 이하에서 운항하는 비터보제트 항공기에 적용된다.
③ 2시간 이내의 단거리 비행을 위하여 장려되는 절차이다.
④ 저고도의 수많은 교통량에 대한 ATC 업무를 증진시키기 위한 것이다.

〈해설〉 관제탑항공로관제(Tower En Route Control; TEC)는 대도시구역에 입출항하는 항공기에게 업무를 제공하기 위한 ATC 프로그램이다. 이 프로그램의 의도는 저고도시스템에서 ATC 업무를 증진시킬 수 있는 별도의 수단을 제공하기 위한 것이다. 그러나 확대된 TEC 프로그램은 일반적으로 10,000 ft 이하에서 운항하는 터보제트 이외의 항공기에 적용될 것이다. 본래 이것은 비교적 단거리 비행을 위한 것이다. 참여 조종사는 2시간 이내의 비행 시 TEC를 활용할 것을 권장하고 있다.

【문제】 13. IFR slot을 사용하는 이유는?
① 조종사와 출항관제소와의 IFR 운항 협조를 위해
② IFR 출항절차를 간소화하기 위하여
③ IFR, VFR 항공기 간의 입출항 순위를 결정하기 위하여
④ 특정 시간에 항공교통의 흐름을 원활하게 하기 위하여

〈해설〉 항공기 운항시각(slot) 조정
1. "항공기 운항시각(슬롯, slot)"이란 공항 운영에 있어 항공기 운항시각 실무조정자에 의해 배분된 또는 배분 가능한 특정일 특정시간의 항공기 도착과 출발 시간대를 말한다.
2. "슬롯조정"이란 국내 각 공항에 이륙·착륙하는 항공사 또는 항공기 운용자가 신청한 슬롯을 배분하기 위하여 항공기 운항시각을 조정하는 업무를 말한다. 공항에 이착륙하는 항공기의 항공기 운항시각(slot) 조정은 항공교통의 원활한 흐름과 효율적인 공항운영 및 관련 업무처리의 공정성·투명성을 확보하는데 있다.

정답 11. ③   12. ①   13. ④

Ⅲ. 공항 운영(Airport Operations)

【문제】1. Clearway에 대한 설명으로 옳은 것은?
① Take-off distance available(TODA)에 포함될 수 있다.
② Take-off run available(TORA)에 포함될 수 있다.
③ 폭은 활주로의 폭과 동일하여야 한다.
④ 이륙을 포기하는 경우에 추가적인 정지로로 이용할 수 있다.

【문제】2. Clearway에 대한 설명으로 틀린 것은?
① 항공기가 일정고도까지 안전하게 이륙할 수 있도록 설정된 지상 장애물 제한구역이다.
② 비상 시 사용가능한 구역이다.
③ 이륙활주가용거리(TORA)의 활주로 끝에서 시작하여야 한다.
④ 길이는 이륙활주가용거리의 절반 이상이어야 하며, 폭은 활주로 중앙선 양측으로 75 m 이하이여야 한다.

〈해설〉개방구역(Clearway)
1. 개방구역이란 육상비행장의 경우 항공기가 이륙하여 일정고도까지 초기 상승하는데 지장이 없도록 하기 위하여 활주로 종단(終端) 이후에 설정된 장방형의 구역을 말한다.
2. 활주로중심선 상에 중심을 두는 개방구역의 폭은 최소한 500 ft(152 m) 이어야 한다. 길이는 활주로 길이의 절반을 초과해서는 안된다. 활주로에 개방구역(clearway)이 있는 경우 이륙가용거리(Take-off Distance Available; TODA)는 개방구역의 길이를 포함한다.

【문제】3. Rejected take-off 시 항공기가 구조적인 손상없이 정지하는데 적합하도록 설계된 area는?
① Stopway ② Taxiway ③ Clearway ④ Runway strip

【문제】4. Stopway는?
① A landing aircraft can be stopped only in emergency.
② A landing aircraft can be stopped if overcoming the end of runway.
③ An aircraft can be stopped in the case of an abandoned takeoff.
④ An aircraft taking-off or landing can be stopped.

【문제】5. Stopway에 대한 설명으로 틀린 것은?
① 항공기가 이륙 포기 후 구조적 손상없이 안전하게 정지할 수 있는 장소이다.
② 활주로 끝에 설치되는 일정 구역이다.
③ Blast pad 라고도 한다.
④ 정상 이착륙 시 사용가능한 구역이다.

〈해설〉연장된 활주로중심선 상에 중심을 두는 정지로(stopway)는 이륙을 포기하는 경우에 항공기의 감속에 이용하기 위하여 공항운영자가 지정한 이륙활주로 이후의 구역이다. 정지로의 폭은 최소한 활주로의 폭과 같아야 하며, 이륙포기 시 항공기의 구조적인 손상을 초래하지 않고 지지할 수 있어야 한다.

정답 1. ① 2. ④ 3. ① 4. ③ 5. ④

〈참조〉 분사대(blast pad)는 항공기 제트분사 또는 프로펠러 후류로 인한 지반침식을 막기 위해 활주로시단 부근에 설치하는 구역을 말한다. 엄밀하게 구분하면 정지로와 분사대는 서로 다른 구역이지만, 정지로를 분사대로도 활용할 수 있기 때문에 때로는 정지로를 분사대라 부르는 경우도 있다.

【문제】6. 비행 중인 항공기에게 보내는 점멸 녹색등의 의미는?
① 착륙을 허가함
② 착륙하지 말 것
③ 착륙을 준비할 것
④ 다른 항공기에게 진로를 양보할 것

【문제】7. 관제탑과 비행 중인 항공기 간의 무선통신이 두절된 경우, 연속되는 적색등의 의미는?
① 공항이 불안전하니 주의하라
② 공항이 위험하니 착륙하지 마라
③ 추후 지시가 있을 때까지 대기하라
④ 다른 항공기에게 진로를 양보하고 계속 선회하라

【문제】8. 비행 중인 항공기에게 깜박이는 적색 light gun signal을 보냈다면 이는 무엇을 의미하는가?
① 다른 항공기에게 진로를 양보할 것
② 비행장이 불안전하니 착륙하지 말 것
③ 극히 주의할 것
④ 계속 선회할 것

【문제】9. Radio fail 시 지상을 이동하는 항공기가 flashing red light를 보았을 때 취해야 할 행동으로 옳은 것은?
① Return to starting point on airport.
② Stop.
③ Taxi clear of active runway.
④ Exercise extreme caution.

【문제】10. 지상활주 중인 항공기에게 보내는 백색 점멸신호의 의미는?
① 통과하거나 진행할 것
② 진행할 것
③ 활주로 또는 유도로에서 벗어날 것
④ 공항의 출발지점으로 돌아갈 것

〈해설〉 공항관제탑 빛총신호(Light gun signal)

신호의 종류와 색상	의미(Meaning)		
	이동 중인 차량, 장비 및 인원	지상에 있는 항공기	비행 중인 항공기
연속되는 녹색	통과하거나 진행할 것	이륙을 허가함	착륙을 허가함
깜박이는 녹색	미적용	지상활주(taxi)를 허가함	착륙을 준비할 것
연속되는 적색	정지할 것	정지할 것	다른 항공기에게 진로를 양보하고 계속 선회할 것
깜박이는 적색	활주로 또는 유도로에서 벗어날 것	사용 중인 활주로에서 벗어나 지상활주할 것	공항이 불안전하니 착륙하지 말 것
깜박이는 백색	공항의 출발지점으로 돌아갈 것	공항의 출발지점으로 돌아갈 것	미적용
교차하는 적색과 백색	극히 주의할 것	극히 주의할 것	극히 주의할 것

정답 6. ③ 7. ④ 8. ② 9. ③ 10. ④

【문제】11. Tower가 있는 공항에 착륙 후 ground control 주파수로 변경해야 하는 시기는?
① Tower에서 주파수 변경을 지시할 때
② 사용 활주로를 벗어나기 전에
③ 사용 활주로를 벗어난 후에
④ 사용 활주로를 벗어나 주기장 지역으로 이동하면서

〈해설〉 지상관제주파수는 관제탑(국지관제) 주파수의 혼잡을 제거하기 위하여 마련되었으며 관제탑과 지상항공기 간, 그리고 관제탑과 공항의 다용도 차량 간의 교신으로 한정되어 있다. 이 주파수는 지상활주 정보, 허가의 발부, 그리고 관제탑과 항공기 또는 공항에서 운용되는 그 외의 차량 간에 필요한 그 밖의 교신에 사용된다. 방금 착륙한 조종사는 관제사로부터 주파수 변경을 지시받을 때까지 관제탑주파수에서 지상관제주파수로 변경해서는 안된다.

【문제】12. 무선주파수에 관한 설명 중 틀린 것은?
① 특수 목적으로 배정된 주파수를 사용하여야 한다.
② 지상관제 주파수를 비행 중인 항공기와 교신용으로 사용해서는 안된다.
③ ATIS에 교신할 주파수를 포함할 수 있다.
④ 하나의 주파수는 한 가지의 기능만 수행할 수 있다.

〈해설〉 무선통신(Radio communications)
1. 특수한 목적으로 배정된 무선주파수를 사용하여야 한다. 단일 주파수가 한 가지 기능 이상의 목적으로 사용될 수 있다.
2. 관제탑에 배당된 지상관제용 주파수의 수가 제한되어 있으므로, 지상관제 주파수를 이용하여 비행 중인 항공기와 교신할 때 다른 관제탑과 혼선이 발생하거나 관제사가 관제하는 항공기와 다른 관제탑 간에도 혼선이 발생할 수 있다. 이러한 기능을 통합할 때 터미널 관제 주파수로 통합하는 것이 바람직하다. ATIS에 교신할 주파수를 명시할 수 있다.

【문제】13. SMGCS(Surface Movement Guidance and Control System)에 관한 설명 중 옳지 않은 것은?
① 시정이 1,200 m 이하일 때 가동된다.
② 저시정상태에서 runway incursion 가능성을 방지하기 위한 것이다.
③ 저시정상태에서 taxiing capability를 증대시키기 위한 것이다.
④ 항공기 조종사와 조업차량 운전자 모두에게 도움이 된다.

〈해설〉 지상이동안내 및 통제시스템(SMGCS)은 활주로가시거리(RVR) 1,200 ft 미만의 시정상태에서 이착륙 운항을 하는 공항의 저시정 지상활주계획의 적절한 예시를 기술하고 있다. SMGCS는 이동지역 내에서 조종사 및 차량운전자가 적절한 이동경로를 찾을 수 있도록 시설, 정보와 조언을 제공하고 상호 간의 충돌방지 및 교통흐름을 원활히 하기 위한 것이다.

【문제】14. 공항 내 활주로와 유도로 상의 항공기와 지상 이동물체에 대한 지상관제업무를 수행할 수 있도록 하고, 감시 및 충돌 등에 대한 경고기능을 갖추고 있는 것은?
① ATCRBS ② TWDR ③ ASDE ④ ARTS

정답 11. ① 12. ④ 13. ① 14. ③

〈해설〉 공항지상감시레이더(Airport Surface Detection Equipment; ASDE)
1. ASDE는 큰 규모의 공항에 있어 악천후 시 또는 관제탑의 위치가 활주로나 유도로 등을 눈으로 명료하게 관측하기 곤란한 경우 공항 지표면의 교통량을 감시하고 지상을 주행 중인 항공기와 차량 등을 관제하는 데 사용하는 레이더이다.
2. ASDE는 공항 내 항공기와 지상 이동물체에 대한 지상관제업무를 용이하게 수행할 수 있도록 침입방지 및 충돌방지 등에 대한 경보기능을 갖추어야 한다.

【문제】15. 다음 관제사 지시 중 잘못된 것은?
① "Taxi to Runway Three Six via Taxiway Echo."
② "Cleared to Taxi Runway Three Six."
③ "Runway Three Six Left, Hold Short of Runway Two Seven Right."
④ "Cross Runway Two Eight Left."

〈해설〉 ATC는 항공기의 지상활주(taxiing) 허가와 관련하여 무선교신 상의 오해를 배제하기 위하여 용어 "cleared"를 사용하지 않는다.

【문제】16. 동일 활주로에서 이륙 후 곧 진로가 45도 이상 분기되는 다른 방향으로 비행하는 항공기 간에는 최저 몇 분 간격의 분리가 이루어져야 하는가?
① 1분　　　　② 2분　　　　③ 3분　　　　④ 4분

〈해설〉 동일 또는 인접공항에서 이륙 후, 45° 이상으로 분기되는 방향으로 비행하게 되는 연속적인 출발항공기 간에는 다음 중 하나의 최저치를 적용하여 분리를 취한다.
1. 이륙 후 곧 진로가 분기될 때 : 진로가 분기될 때까지 1분 적용
2. 이륙 후 5분 이내에 진로가 분기될 때 : 진로가 분기될 때까지 2분 적용

【문제】17. IFR 비행 후 착륙해서 taxiway에 들어선 후 조종사의 조치로 맞는 것은?
① 관제탑에 IFR 비행계획의 종결을 요청한다.
② 지상활주를 위해 즉시 ground control과 교신을 시도한다.
③ 지시가 없는 한 계속 tower 주파수를 유지하고 추후 지시에 따른다.
④ 비상주파수를 감청하며 계속 해당 계류장으로 지상활주한다.

〈해설〉 착륙 후 항공기의 모든 부분이 활주로정지위치표지를 통과하면 조종사는 ATC의 추가지시를 부여받지 않은 한 대기하여야 한다. 관제탑으로부터 지시를 받은 경우 즉시 지상관제주파수로 변경하고, 지상활주 허가를 받아야 한다.

【문제】18. High speed taxiway에 대한 설명 중 맞는 것은?
① 활주로에 대한 교차각도는 30°보다 커서는 안된다.
② 주행할 수 있는 최대속도는 30 kts 이다.
③ 활주로를 빠른 시간에 벗어날 수 있도록 설계된 유도로이다.
④ 악기상 또는 야간에는 사용에 제한이 있다.

〈해설〉 고속이탈유도로(고속탈출유도로, High speed taxiway)

[정답]　15. ②　　16. ①　　17. ③　　18. ③

1. 고속이탈유도로는 활주로 중앙에서 유도로 중앙지점까지 항공기의 경로를 나타내기 위한 등화와 표지를 갖추고 항공기가 고속(60 knot 까지)으로 주행할 수 있도록 설계된 반경(radius)이 큰 유도로이며, 장반경 출구(long radius exit) 또는 개방 유도로(turn-off taxiway) 라고도 부른다. 고속이탈 유도로는 착륙 후에 항공기가 활주로를 신속히 빠져나갈 수 있도록 설계되며, 따라서 활주로 점유시간을 단축시킬 수 있다.
2. 고속탈출유도로의 활주로 교차각도는 25°에서 45° 사이로 하여야 하며 30°를 권장각도로 한다.

Ⅳ. 항공교통관제 허가

【문제】1. ATC 허가 "...cruise six thousand"의 의미는?
① 조종사는 목적지공항의 IAF에 도착할 때까지 6,000 ft를 유지하고 발행된 접근절차에 따라 강하하여야 한다.
② 조종사는 최저 IFR 고도에서부터 6,000 ft까지의 어느 고도에서나 비행할 수 있지만 고도를 변경할 때는 ATC에 보고하여야 한다.
③ 조종사는 최저 IFR 고도에서부터 6,000 ft까지의 고도에서 조종사 임의로 상승/강하할 수 있지만 어떤 고도를 떠난다고 보고했다면 ATC 허가 없이 그 고도로 복귀할 수 없다.
④ 조종사는 MEA로부터 6,000 ft까지의 어느 고도에서나 수평비행을 할 수 있다.

〈해설〉 조종사에게 최저 IFR 고도에서부터 순항허가 시에 지정되는 고도까지의 공역구역을 배정하기 위하여 "maintain" 대신에 용어 "cruise"를 사용할 수 있다. 조종사는 이 공역구역 내의 어떤 중간고도에서나 수평비행(level off)을 할 수 있다. 이 구역 내에서의 상승/강하는 조종사의 재량에 따라 이루어진다.
그러나 일단 조종사가 강하를 시작하고 구역에서 고도를 떠난다고 구두 보고했다면 조종사는 추가적인 ATC 허가 없이 그 고도로 복귀할 수 없다.

【문제】2. Special VFR 비행 시 공항의 지상시정이 1마일 미만인 경우, 도착 항공기의 조치사항으로 올바른 것은?
① 항공기 비상이 아닌 한 착륙할 수 없다.
② 공항의 발간된 실패접근절차에 따라 착륙할 수 있다.
③ 조종사가 활주로를 육안으로 확인하고 관제탑에서 허가하는 경우 착륙할 수 있다.
④ 교통상황이 허락되는 경우 관제탑은 착륙을 허가할 수 있다.

〈해설〉 공항의 지상시정이 1마일 미만으로 공식 보고되었을 때 고정익 항공기가 특별시계비행을 요구할 경우에는 다음과 같이 처리하여야 한다.
1. 이륙항공기에게는 지상시정이 1마일 미만이므로 허가할 수 없다고 알려 주어야 한다.
2. B, C, D등급 또는 E등급 공항교통구역(surface area) 밖에 있는 도착 항공기에게는 지상시정이 1마일 미만이며, 항공기 비상이 아닌 한 허가할 수 없다고 알려주어야 한다.
3. B, C, D등급 또는 E등급 공항교통구역(surface area) 내에 있는 시계비행/특별시계비행 도착 항공기에게 지상시정이 1마일 미만이라고 조언하고, 조종사의 의도를 요구하여야 한다.
관제탑을 운영하는 공항에서 조종사가 공항을 육안 확인하였다고 보고하고 교통상황이 허락되면 항공기의 착륙을 허가한다. 조종사는 공항으로 계속 비행을 하거나 공항표면구역을 벗어날 책임이 있다.

정답 1. ③ 2. ③

【문제】3. ATC 허가 및 지시 중 조종사가 반드시 복창해야 하는 항목은?
① Call sign, Altimeter, Vector ② Call sign, Vector, Aircraft type
③ Altimeter, Aircraft type, Intention ④ Call sign, Altimeter, Climb/Descend

〈해설〉 ATC 허가/지시 복창(Readback)
체공 중인 항공기의 조종사는 상호확인의 수단으로써 고도배정, 레이더유도(vector) 또는 활주로배정을 포함한 ATC 허가와 지시사항의 이러한 부분들을 복창하여야 한다.

【문제】4. VFR on top 비행에 관하여 맞는 것은?
① 구름과의 거리, 시정, 위치보고는 IFR을 따르고 나머지는 VFR을 따른다.
② 구름과의 거리, 시정, 위치보고는 VFR을 따르고 나머지는 IFR을 따른다.
③ 구름과의 거리, 시정은 IFR을 따르고 나머지는 VFR을 따른다.
④ 구름과의 거리, 시정은 VFR을 따르고 나머지는 IFR을 따른다.

【문제】5. VFR on top 지시를 받았을 경우 유지해야 하는 고도는?
① VFR 기상조건에서 MEA 이상의 적절한 VFR 고도
② VFR 기상조건에서 MEA 이상의 적절한 IFR 고도
③ VFR 기상조건에서 구름 이상의 적절한 VFR 고도
④ VFR 기상조건에서 구름 이상의 적절한 IFR 고도

【문제】6. 운상시계비행(VFR on top)에 대한 설명 중 맞는 것은?
① 상승 중 고도에 도달하기 전에 중간에서 level off 할 수 있다.
② 상승 중 level off를 하였다면 다시 그 고도로 돌아갈 수 없다.
③ 다른 traffic을 주시하고 회피할 책임은 조종사에게 있다.
④ VFR 기상조건을 충족하여야 한다.

〈해설〉 IFR 항공기 운상시계비행 허가(IFR Clearance VFR-on-top)
 1. VFR 상태로 운항할 때, "maintain VFR-on-top/maintain VFR conditions"의 ATC 허가를 받은 IFR 비행계획의 조종사는
  가. 해당 VFR 고도로 비행하여야 한다.
  나. VFR 시정 및 구름으로부터의 거리기준을 준수하여야 한다.
  다. 이 비행에 적용할 수 있는 계기비행방식, 즉 최저 IFR 고도, 위치보고, 무선교신, 비행경로, ATC 허가준수 등에 따라야 한다.
 2. VFR 기상상태에서 운항 중일 때, 다른 항공기를 육안으로 보고 회피할 수 있도록 경계해야 하는 것은 조종사의 책임이다.

【문제】7. MEA 아래에서 VFR로 비행 중인 비행기가 관제사에게 IFR 허가를 요청하는 경우 올바르지 않은 것은?
① MEA에 도달할 때까지 장애물 회피에 대한 책임은 조종사에게 있다.
② 조종사가 장애물 분리를 유지할 수 없는 경우 시계비행을 유지하도록 한다.

[정답] 3. ① 4. ④ 5. ① 6. ③

③ 비행기가 장애물 위험지역 근처에 있는 경우, 관제사가 임의의 방향으로 유도한다.
④ IFR 허가를 주기 전에 MEA 고도까지 상승 중 장애물을 회피할 수 있는지 조종사에게 물어본다.

〈해설〉 계기비행 운항 최저고도 이하에서 시계비행 운항 중인 항공기가 계기비행 허가를 요구하고, 조종사가 시계비행상태로 계기비행최저고도까지 상승할 수 없다는 것을 관제사가 인지한 경우, 다음과 같이 조치한다.
1. 허가를 발부하기 전에 조종사가 최저계기비행고도(MIA)까지 상승 중 산악 및 장애물 회피가 가능한지를 문의하여야 한다.
  • 주(Note) - 조종사는 최저계기비행고도(MIA) 또는 최저항공로고도(MEA)에 도달할 때까지 산악 및 장애물 회피에 대한 책임이 있으므로, MIA 또는 MEA의 미만에서 운항하는 특정 진로지시를 하여서는 안된다.
2. 조종사가 산악 및 장애물 분리를 유지할 수 있는 경우, 적절한 허가를 발부한다.
3. 조종사가 산악 및 장애물 분리를 유지할 수 없는 경우, 시계비행(VFR)을 유지하도록 하고 조종사 의도를 파악한다.

【문제】8. 조종사 임의대로 상승 또는 강하할 수 있는 결정권을 ATC가 제공한다는 의미의 관제용어는?
① Proceed as requested
② Descend/Climb via
③ At pilot's discretion
④ Resume own navigation

【문제】9. 고도가 주어지고 관제사가 "At pilot's discretion"이라고 했을 때 조종사가 취할 수 있는 행동으로 적합하지 않은 것은?
① 조종사는 언제라도 원하는 시기에 상승할 수 있다.
② 조종사는 원하는 상승률로 상승할 수 있다.
③ 중간에 level off를 할 수 있다.
④ 떠났던 고도로 다시 돌아갈 수 있다.

【문제】10. ATC로부터 배정받은 고도까지 상승지시를 받았을 경우 적합한 상승절차는?
① 지정된 고도의 500 ft 전까지 최적상승률로 상승, 500 ft 이후에는 500~1,500 fpm으로 상승한 후 level off 한다.
② 지정된 고도의 1,000 ft 전까지 최적상승률로 상승, 1,000 ft 이후에는 500~1,500 fpm으로 상승한 후 level off 한다.
③ 지정된 고도의 500 ft 전까지 최적상승률로 상승, 500 ft 이후에는 500~1,000 fpm으로 상승한 후 level off 한다.
④ 지정된 고도의 1,000 ft 전까지 최적상승률로 상승, 1,000 ft 이후에는 500~1,000 fpm으로 상승한 후 level off 한다.

【문제】11. If you deviate from an ATC clearance during an emergency, you must notify ATC ( ). ( )에 들어갈 말로 적합한 것은?
① as soon as possible
② immediately after landing
③ within 24 hours after landing
④ within 48 hours after landing

정답 7. ③ 8. ③ 9. ④ 10. ② 11. ①

⟨해설⟩ 허가 준수(Adherence to clearance)
1. ATC 허가의 고도정보에 포함되는 용어 "조종사의 판단에 따라(at pilot's discretion)"는 조종사가 필요할 때 상승 또는 강하할 수 있는 선택권을 ATC가 조종사에게 제공한다는 의미이다. 필요한 경우 어떠한 상승률 또는 강하율로도 상승 또는 강하할 수 있으며, 어떠한 중간고도에서나 일시적으로 수평비행(level off)을 할 수 있도록 허가하는 것이다. 그러나 항공기가 고도를 떠났다면 그 고도로 다시 돌아갈 수 없다.
2. ATC가 용어 "조종사의 판단에 따라(at pilot's discretion)"를 사용하지 않고 상승이나 강하의 제한사항도 발부하지 않은 경우, 조종사는 허가에 응답한 즉시 상승 또는 강하를 시작하여야 한다. 배정고도의 1,000 ft 전까지는 항공기의 운용특성에 맞는 최적비율로 상승 또는 강하하고, 그다음에는 배정고도에 도달할 때까지 500~1,500 fpm의 비율로 상승하거나 강하하여야 한다.
3. 비상상황에 처하여 ATC의 허가사항을 위배한 경우, 기장은 가능한 한 빨리 ATC에 통보하고 수정된 허가를 받아야 한다.

【문제】12. 긴급 이행(expeditious compliance) 지시에 대한 다음 설명 중 틀린 것은?
① "Immediately" 용어는 긴박한 상황의 회피가 필요하며 신속한 이행이 요구되는 경우에 사용한다.
② "Expedite" 용어는 긴박한 상황으로 진전됨을 회피하기 위하여 즉각 이행이 요구되는 경우에 사용한다.
③ ATC가 신속한 상승 또는 강하 허가를 발부하였고, 이어서 신속(expedite)이란 용어를 사용하지 않고 고도가 변경되었거나 재발부 되었다면 신속 지시는 취소된 것이다.
④ "Immediately" 또는 "Expedite" 지시를 발부할 때는 항상 이유를 설명하여야 한다.

⟨해설⟩ 긴급 이행(Expeditious compliance)
1. "Immediately"라는 용어는 긴박한 상황의 회피가 필요하며 신속한 이행이 요구되는 경우에만 사용한다.
2. "Expedite"라는 용어는 긴박한 상황으로 진전됨을 회피하기 위하여 즉각 이행이 요구되는 경우에만 사용한다. 항공교통관제기관에 의하여 신속한 상승 또는 강하 허가가 발부되었고, 이어서 "expedite"라는 용어를 사용하지 않고 고도가 변경되었거나 재발부 되었다면 "expedite" 지시는 취소된 것이다.
3. 위의 "1", "2"에 의한 지시를 발부할 때, 시간이 허용되는 범위 내에서 이유를 설명하여야 한다.

【문제】13. ATC의 속도조절을 지시받은 조종사가 유지해야 할 속도의 범위는?
① 지시받은 속도의 ±10 kts   ② 지시받은 속도의 ±100 km/h
③ 지시받은 속도의 Mach ±0.2   ④ 지시받은 속도의 ±5%

【문제】14. ATC로부터 200 kts의 속도를 유지할 것을 지시받았다면, 유지해야 할 속도의 범위는?
① 195~205 kts   ② 180~220 kts
③ 190~210 kts   ④ 185~225 kts

⟨해설⟩ 속도조절(Speed adjustments)
1. ATC는 FL240 이상에서의 속도를 0.01 간격의 마하수(Mach number) 단위로 나타내는 것을 제외하고, 모든 속도조절을 5 knot 또는 10 knot 간격의 지시대기속도(IAS)에 의거하여 knot 단위로 나타낸다.

[정답] 12. ④   13. ①   14. ③

2. 속도조절지시를 실행하는 조종사는 지시받은 속도의 ±10 knot, 또는 마하수 ±0.02 이내의 속도를 유지하여야 한다.

【문제】15. 10,000 ft 미만의 고도로 공항에 접근하는 터보제트 항공기에게 ATC가 속도조절을 지시할 수 있는 최저속도는? (공항으로부터 20 NM 이상 밖에 있는 경우)

① 150 kts ② 170 kts ③ 210 kts ④ 230 kts

【문제】16. 공항을 이륙하여 출발하는 터보제트 항공기에 ATC가 지시할 수 있는 최저속도는?

① 200 kts ② 210 kts ③ 230 kts ④ 250 kts

〈해설〉 ATC가 속도조절을 지시할 때는 다음의 권고 최저치에 의거하여야 한다.
1. FL280~10,000 ft 사이의 고도에서 운항하는 항공기에 대해서는 최저 250 knot 또는 이와 대등한 마하수
2. 도착하는 터보제트 항공기가 10,000 ft 미만의 고도에서 운항하는 경우
   가. 210 knot를 최저속도로 한다.
   나. 단, 착륙하고자 하는 공항으로부터 비행거리 20 mile 이내에서는 170 knot를 최저속도로 한다.
3. 출발하는 항공기의 경우
   가. 터보제트 항공기는 230 knot를 최저속도로 한다.
   나. 왕복엔진 항공기는 150 knot를 최저속도로 한다.

■ 잠깐! 알고 가세요.
[속도조절(Speed Adjustment) 지시 권고 최저치]

구 분			최저속도
FL280~10,000 ft의 고도에서 운항하는 항공기			최저 250 knot
도착 항공기 (고도 10,000 ft 미만)	터보제트 항공기	공항으로부터 20 mile 이외	최저 210 knot
		공항으로부터 20 mile 이내	최저 170 knot
	왕복엔진 또는 터보프롭	공항으로부터 20 mile 이외	최저 200 knot
		공항으로부터 20 mile 이내	최저 150 knot
출발 항공기	터보제트 항공기		최저 230 knot
	왕복엔진 항공기		최저 150 knot

【문제】17. 다음 중 ATC가 항공기에 속도조절을 지시할 수 있는 경우는?

① 체공장주 내에서 holding 중인 항공기
② IAF에 접근 중인 항공기
③ 39,000피트 이상의 고도에서 비행하는 항공기로서 조종사의 동의가 없는 경우
④ 고고도 계기접근절차를 수행 중인 항공기

〈해설〉 다음 항공기에게는 속도조절을 지시하여서는 안된다.
1. FL390 이상의 고도에서 조종사 동의가 없는 경우
2. 발간된 고고도 계기접근절차를 수행 중인 항공기
3. 체공장주에 있는 항공기
4. 최종접근 진로상의 최종접근픽스 또는 활주로부터 5마일 되는 지점 중 활주로부터 가까운 지점에 있는 항공기

정답 15. ③ 16. ③ 17. ②

【문제】 18. 항로로 레이더 유도된 이후에 출발 관제사가 조종사에게 "Resume own navigation"이라고 지시하였다면, 이 관제용어의 의미는?
① 통상 보고지점에서 보고하라.
② 자체 항법장비를 이용하여 항로를 유지하라.
③ Radar service가 종료되었다.
④ ATC는 더 이상 조언을 하지 않을 것이다.

〈해설〉 Resume own navigation은 ATC가 조종사에게 조종사의 책임하에 자체항법으로 전환하라고 조언할 때 사용한다. 레이더 유도를 완료한 이후 또는 항공기를 레이더 유도하는 동안 레이더 포착을 상실한 경우에 발부한다.

【문제】 19. 항공기가 TCAS RA로 인하여 관제에서 벗어나 RA에 따라 회피기동 시, 표준분리에 대한 관제사의 책임이 다시 시작되는 경우가 아닌 것은?
① 회피한 항공기가 원래의 방위와 속도로 돌아온 경우
② 조종사가 회피기동 완료를 통보하고 관제사가 표준분리가 회복된 것을 확인한 경우
③ 회피한 항공기가 원래의 고도로 돌아왔을 때
④ 회피한 항공기가 대체허가를 수행하였고 관제사가 표준분리가 회복된 것을 확인한 경우

〈해설〉 항공기가 TCAS RA 경고에 대한 대응절차를 시작한 경우, 관제사는 동 항공기와 다른 항공기, 공역, 지형지물 또는 장애물 간 표준분리를 취하여야 할 책임이 없다. 표준분리에 대한 책임은 다음 상황 중 하나와 일치할 때 재개된다.
1. 회피기동하는 항공기가 배정된 고도로 다시 복귀한 경우
2. 운항승무원이 TCAS 기동을 완료하였음을 관제사에게 통보하고 관제사가 표준분리가 다시 취해진 것을 확인한 경우
3. 회피기동하는 항공기가 대체허가를 수행하였고 관제사가 표준분리가 다시 취해진 것을 확인한 경우

【문제】 20. TAWS(Terrain Awareness and Warning System)에 대한 설명 중 틀린 것은?
① CFIT(controlled flight into terrain)를 방지하기 위하여 개발되었다.
② EGPWS는 산악지형에서도 유용하다
③ GPWS는 무선고도계, 속도, 기압고도로 지면에 대한 항공기 위치를 측정한다.
④ GPWS는 MSL을 사용한다.

〈해설〉 TAWS(지형인식 및 경고시스템)는 조종 중 지면과의 충돌(controlled flight into terrain; CFIT)을 감소시키기 위해 FAA가 설정한 항공기의 지상충돌방지 시스템의 개념으로, 초기 적용기술이 GPWS(Ground Proximity Warning System)이었다. 1970년대 초부터 항공사에서 사용되었던 GPWS는 지면에 대한 항공기의 위치를 판단하기 위하여 무선고도계, 속도와 기압고도(barometric altitude)를 사용하고 있다.

GPWS는 무선고도계에 의거 측정된 지상으로부터의 높이(AGL)를 근거로 지면으로 접근 시 경보를 발하는 장치이다. 그러므로 수면, 평평한 지면 또는 완만하게 경사진 지면으로 접근 시에는 효과적이다. 그러나 급경사로 이루어진 산악과 같이 정면으로 닥치는 지형에 대해서는 경보를 발할 수 없다. 이와 같은 결점을 해소하기 위하여 EGPWS(Enhanced Ground Proximity Warning System)가 개발되었다.

정답 18. ② 19. ① 20. ④

계기비행증명 (Instrument Rating)

PART 3

계기비행절차 및 운영

- 계기비행절차
- 관련 일반사항

1 계기비행절차(Instrument Flight Procedures)

제1절. 비행전(Preflight)

1. 항공고시보(Notice to Air Missions; NOTAM)

   가. NOTAM 시스템은 일시적인 사항이거나, 항공차트 또는 그 밖의 운용간행물로 발간되었다는 것이 사전에 충분히 알려지지 않은 시급한 항공정보를 조종사에게 제공한다.

   나. NOTAM 정보는 Domestic NOTAM(NOTAM D), Flight Data Center(FDC) NOTAM, International NOTAM 및 Military NOTAM과 같은 네 개의 category로 분류된다.

   (1) NOTAM (D). NOTAM (D) 정보는 국가공역시스템(NAS)의 일부분인 항공안전시설 및 차트 보충판에 수록된 모든 공공용공항, 수상비행장과 헬기장에 전파된다. NOTAM (D) 정보는 유도로 폐쇄(taxiway closure), 활주로 근처나 활주로를 횡단하는 인원과 장비, 그리고 VGSI와 같이 계기접근기준에 영향을 미치지 않는 공항등화시설과 같은 정보를 포함한다.

   (2) FDC NOTAM. 규제적인 성격의 정보를 전파할 필요가 있는 경우에는 FDC NOTAM을 발행한다. FDC NOTAM은 발간된 IAP의 수정 및 그 밖에 현재 사용하는 항공차트의 수정과 같은 것을 포함한다. 또한 자연재해나 대규모의 공식행사와 같은 것으로 인하여 이러한 지역의 상공에 항공교통의 혼잡을 야기할 수 있는 경우에 일시적비행제한(Temporary Flight Restrictions)을 공고하기 위하여 사용된다.

   (3) International NOTAM. ICAO Annex 15에 의거하여 ICAO 형식으로 발간되고 다수의 국가에 배포된다.

   (4) Military NOTAM. NAS의 일부인 공군, 육군, 해병대 및 해군 군용 또는 공용 항행안전시설/공항에 관한 NOTAM

   다. 항공정보회람(Aeronautical Information Circulars; AIC)은 비행안전·항행·기술·행정·규정개정 등에 관한 내용으로서 항공고시보 또는 항공정보간행물에 의한 전파의 대상이 되지 않는 정보를 수록한 공고문을 말한다. 항공정보간행물(AIP) 또는 항공고시보(NOTAM) 발간대상이 아닌 항공정보의 공고를 위하여 필요한 경우에는 항공정보회람(AIC)을 발행하여야 한다.

2. 비행계획서-IFR 비행(Flight Plan-IFR Flights)

   가. 비행계획 제출기준

   인천 FIR을 통과하거나 인천 FIR 내에서 비행하려는 모든 항공기는 ICAO 비행계획 양식을 사용하여 비행계획을 제출해야 한다.

   나. 비행계획서 제출

   인천 FIR 내에서 출발하는 항공기는 출발예정시간으로부터 최소 1시간 전에 비행계획을 인근 공항 항공정보실 또는 군 기지운항실에 제출하여야 하며, 접수된 비행계획은 항공교통본부(대구 또는 인천비행정보실)에 통보하여야 한다. 비행 중에 제출할 경우 항공기가 관제구역 또는 조언구역 진입예상지점에 도착하기 10분 전까지 비행계획서를 제출하여야 한다.

   인천 FIR 내로 비행하고자 하는 항공기는 FIR 경계선 통과 최소 1시간 전에 항공교통본부(대구 또는 인천비행정보실)에 비행계획을 제출하여야 한다.

다. 비행계획서 항목
 (1) 항적난기류 등급(Wake turbulence category)
    사선 다음에 다음 문자 중에 하나를 기입하여 항공기의 항적난기류 등급을 나타낸다.
  (가) J - Super(초대형); ICAO Doc 8643에 명시된 유형의 항공기(A380-800)
  (나) H - Heavy(대형); 최대이륙중량이 136,000 kg(300,000 lbs) 이상인 항공기
  (다) M - Medium(중형); 최대이륙중량이 136,000 kg(300,000 lbs) 미만, 7,000 kg(15,000 lbs) 초과 항공기
  (라) L - Light(소형); 최대이륙중량이 7,000 kg(15,000 lbs) 이하인 항공기
 (2) 순항속도 및 순항고도(Cruise speed and level) 기입
  (가) 순항속도(최대 5자리 문자)
     비행의 처음이나 전체 순항구간에 대한 진대기속도를 N 다음에 4자리 숫자(예, N0485)로 나타내어 knot 단위로 기입하거나, 또는 M 다음에 3자리 숫자(예, M082)로 나타내어 Mach 단위의 100분의 1에 가장 가까운 마하수를 기입한다.
  (나) 순항고도(최대 5자리 문자)
     비행고도(flight level)의 용어 F 다음에 3자리 숫자(예; F180, F330)로 나타내어 비행경로의 처음이나 전체구간에 대해 계획한 순항고도를 기입하거나, 또는 A 다음에 3자리 숫자(예; A040, A170)로 나타내는 100 ft 단위의 고도를 기입한다.
 (3) 교체공항(alternate airport) 지정
    헬리콥터 이외 항공기의 경우, 도착예정시간(ETA) 1시간 전부터 1시간 후까지의 시간대에 목적지공항의 기상상태가 운고 2,000 ft 미만이고 시정 3 SM 미만으로 예보되어 있다면 IFR 비행계획서에 교체공항(alternate airport)을 기재하여야 한다.
    도착예정시간에 교체공항의 기상상태는 정밀접근절차의 경우 운고 180 m(600 ft)와 시정 3 km (2 SM) 이상, 비정밀접근절차의 경우 운고 240 m(800 ft)와 시정 5 km(3 SM) 이상이어야 한다.

3. 비행계획의 변경
  제출된 비행계획이 관제항공기(controlled flight)/IFR 비행인 경우 이동개시 예정시간을 30분을 초과하여 지연되거나, 또는 비관제항공기(uncontrolled flight)/VFR 비행인 경우 1시간 이상 지연될 때는 비행계획을 수정하거나 새로운 비행계획을 제출하고 기 제출된 비행계획은 취소하여야 한다.

4. IFR 비행계획의 취소(Canceling IFR Flight Plan)
 가. 기장(pilot-in-command)은 비행계획이 실행된 후 비행계획서 상의 비행이 취소되거나 종료되었을 때는 비행정보업무국(FSS) 또는 ATC 기관에 통보하여야 한다.
 나. VFR 기상상태에서 A등급 공역 외부에서 운항 중인 비행의 경우에는 언제든지 조종사가 교신 중인 관제사 또는 공지기지국에 "Cancel my IFR flight plan"이라고 말함으로써 IFR 비행계획을 취소할 수 있다.
 다. 관제탑이 운영되는 공항으로의 IFR 비행계획에 의한 운항이라면 비행계획은 착륙과 동시에 자동으로 종료된다.

라. 관제탑이 운영되지 않는 공항으로의 IFR 비행계획에 의한 운항이라면 조종사가 IFR 비행계획을 종료시켜야 한다. 운영 중인 FSS가 있거나 ATC와 직접교신할 다른 방법이 있다면 착륙 후에 종료시킬 수 있다. FSS가 없거나 어떤 고도 이하에서 ATC와 공지통신이 불가능한 경우, 조종사는 기상상태가 허용되면 체공 중에 ATC와 무선교신이 가능한 동안에 IFR 비행계획을 종료시켜야 한다.

제2절. 출발절차(Departure Procedures)

1. 허가취소시간, 출발유보 및 출발유보 해제시간

가. 허가취소시간(Clearance void time)

조종사는 관제탑이 운영되지 않는 공항에서 출발할 때 일정 시간까지 이륙하지 않으면 그 허가는 무효라는 단서가 포함된 허가를 받을 수 있다. 허가취소시간 전에 출발하지 않은 조종사는 가능한 한 빨리 자신의 의도를 ATC에 통보하여야 한다. 보통 ATC는 항공기가 허가취소시간 전에 출발하지 않았다는 것을 ATC에 통보해야 하는 시간을 지정하여 조종사에게 통보한다. 이 시간은 30분을 초과하지 않아야 한다.

나. 출발유보(Hold for release)

ATC는 교통 관리상의 이유(예를 들면, 기상, 교통량 등)로 항공기의 출발을 지연시키기 위하여 허가에 "출발유보(hold for release)" 지시를 발부할 수 있다. ATC가 허가에 "hold for release"를 언급하면 조종사는 ATC가 출발유보 해제시간이나 추가지시를 발부할 때까지 IFR 허가로 출발해서는 안 된다.

다. 출발유보 해제시간(Release time)

"출발유보 해제시간(release time)"은 항공기가 출발할 수 있는 가장 빠른 시간을 명시할 필요가 있는 경우, ATC가 조종사에게 발부하는 출발제한이다. ATC는 출발 항공기를 다른 항공기와 분리하거나, 교통관리절차와 관련하여 "출발유보 해제시간"을 사용한다.

2. 출발관제(Departure Control)

가. 출발관제는 출발 항공기 간의 분리를 확보할 책임이 있는 접근관제소의 기능이다. 출발 항공기를 신속히 처리하기 위하여 출발관제사는 VFR 항공기 처리 시에 일반적으로 사용된 것과는 다른 이륙방향을 제안할 수 있다.

나. 관제사는 이륙 전에 출발관제주파수 및 해당하면 트랜스폰더 code를 조종사에게 통보한다. 조종사는 가능한 한 빨리 트랜스폰더/ADS-B를 "on" 또는 normal 운용위치로 조절한 다음, ATC가 "standby"로 변경하도록 달리 요청하지 않은 한 모든 운항 동안 이를 유지하여야 한다. 조종사는 지시를 받을 때까지 출발관제주파수로 변경해서는 안된다. 관제사는 DP가 배정되었거나 배정될 예정이고 출발관제주파수가 DP에 명시되어 있다면 출발관제주파수를 생략할 수 있다.

3. 계기출발절차(DP)

계기출발절차는 사전에 설정된 계기비행방식(IFR) 절차이며 터미널지역으로부터 해당하는 항공로구조까지의 장애물 회피를 제공한다. DP에는 문자 또는 그림 형식으로 제작되는 장애물출발절차(ODP)와 항상 그림 형식으로 제작되는 표준계기출발절차(SID)의 두 가지 유형이 있다.

표준계기출발절차(SID)는 조종사/관제사에 의해 사용되며, 터미널지역으로부터 해당하는 항공로구조까지의 장애물 회피와 전환을 제공하기 위하여 발간되는 그림 형식의 항공교통관제(ATC) 절차이다. SID는 우선적으로 시스템 능력을 증진시키고, 조종사/관제사의 업무부담을 줄이기 위해 설계된다. SID로 비행하기 이전에 ATC 허가를 받아야 한다.

가. DP가 필요한 첫 번째 이유는 조종사에게 장애물 회피 보호정보를 제공하기 위한 것이다. 두 번째 이유는 SID의 사용을 통해 복잡한 공항에서의 효율성을 향상시키고, 무선교신을 줄이며 출발지연을 감소시키기 위한 것이다.

나. 출발 중 장애물 회피 제공기준
  (1) 달리 지정되지 않은 한 임의출발(diverse departure)을 포함한 모든 출발 시에 필요한 장애물 회피를 위해 조종사는 이륙활주로종단을 최소한 이륙활주로종단 표고보다 35 ft 이상의 높이로 통과하여야 하며, 최초로 선회를 하기 전에 이륙활주로종단 표고보다 400 ft 이상의 높이까지 상승하여야 한다. 통과제한에 의해 고도이탈(level off)이 필요하지 않은 경우 최저 IFR 고도까지 NM 당 최소 200 ft의 상승률(FPNM)을 유지하는 것을 기반으로 한다.
     장애물 회피나 ATC 통과제한을 이행하기 위하여 DP에 더 높은 상승률이 지정될 수도 있다. DP에 최초의 선회가 이륙활주로종단 표고 상공 400 ft 보다 더 높게 지정되어 있다면 더 높은 고도에서 선회를 시작하여야 한다.
  (2) ODP 및 SID는 항공기 성능이 정상이고 모든 엔진은 작동 중이라고 가정한다.
  (3) 40:1 장애물식별표면(OIS)은 이륙활주로종단(DER)에서 시작되며, 최저 IFR 고도에 도달하거나 항공로구조로 진입하기 전까지 상방 152 FPNM의 경사도로 경사져 있다. 이 평가지역은 비산악지역에서는 공항으로부터 25 NM까지, 그리고 지정된 산악지역에서는 46 NM까지로 제한된다.
  (4) 절차설계의 제약, 장애물 회피 또는 공역제한을 지원하기 위하여 필요한 경우 200 FPNM을 초과하는 상승률이 지정된다.

다. 장애물 회피에 대한 책임
    DP는 조종사가 절차를 준수하면 장애물 보호가 확보될 수 있도록 설계된다. 그러나 조종사가 DP로 비행하는 대신 시계비행상태로 상승하거나, 규정된 상승률로 비행하는 대신 증가된 이륙최저치로 출발하는 경우 장애물 회피에 대한 책임은 조종사에게 있다. 2개 이하의 엔진을 장착한 항공기의 표준이륙최저(standard takeoff minima) 시정은 1 SM 이고, 2개를 초과하는 엔진을 장착한 항공기의 경우에는 1/2 SM 이다.

제3절. 항공로 절차(En Route Procedures)

1. 항공로교통관제센터 통신(ARTCC Communications)

가. 관제사와 조종사 간의 직접교신(Direct communications)
    항공로교통관제센터는 특정 주파수로 IFR 항공기와 직접교신을 할 수 있다. 관제사-조종사간 데이터링크통신(Controller Pilot Data Link Communication; CPDLC)은 공지음성통신을 보충하는 시스템이다. 따라서 CPDLC는 양방향 항공교통관제 공지통신능력을 확장시킨다. 그 결과 항공교통시스템의 운용능력은 증가되고 관련된 항공교통지연은 감소된다. 안전과 관련된 이점으로는 조종사/관제사의 read-back 및 hear-back 실수가 눈에 띄게 감소될 것이라는 것이다.

나. ATC 주파수 변경 절차
  (1) 관제사는 주파수 변경을 지시하기 위하여 다음과 같은 관제용어를 사용한다.
    예문(Example)
      (항공기 식별부호) contact (시설명칭 또는 지역명칭과 터미널 기능) (주파수) at (시간, fix 또는 고도).
  (2) 조종사는 지정된 시설과 교신하기 위해 다음의 관제용어를 사용하여야 한다.
    레이더 관제상황에서 운항 중일 때, 조종사는 최초교신 시 적절한 용어 "level", "climbing to" 또는 "descending to" 다음에 배정받은 고도를, 그리고 해당하는 경우 현재 항공기가 떠나는 고도를 관제사에게 통보하여야 한다.
    예문(Example)
      (명칭) center, (항공기 식별부호), level (고도 또는 비행고도).
      (명칭) center, (항공기 식별부호), leaving (정확한 고도 또는 비행고도), climbing to 또는 descending to (고도 또는 비행고도).

2. 위치보고(Position Reporting)
  가. 위치식별(Position identification)
    (1) VOR station을 통과할 때의 위치보고 시간은 "TO/FROM" 지시기가 처음으로 완전히 바뀌었을 때의 시간이어야 한다.
    (2) 항공기 탑재 ADF를 갖추고 station을 통과할 때의 위치보고 시간은 indicator가 완전히 거꾸로 되었을 때의 시간이어야 한다.
  나. 위치보고 요건(Position reporting requirement)
    (1) 항공로 또는 비행로의 비행. ATC 허가에 의한 "VFR-on-top" 운항을 포함하여 모든 비행에서 고도에 관계없이 비행하고 있는 비행로의 지정된 각 필수보고지점 상공에서 위치보고를 하여야 한다.
    (2) 레이더 관제상황에서의 비행. 조종사는 ATC로부터 항공기가 "Radar contact" 되었다는 통보를 받은 경우에는 지정된 보고지점 상공에서 위치보고를 하지 않아도 된다. ATC가 "Radar contact lost" 또는 "Radar service terminated"라고 통보한 경우에는 다시 정상적인 위치보고를 하여야 한다.
  다. ATC는 다음과 같은 경우에 "레이더포착(radar contact)" 사실을 조종사에게 통보한다.
    (1) ATC 시스템에 처음으로 항공기가 식별되었을 때
    (2) 레이더업무가 종료되었거나 레이더포착이 상실된 이후에 레이더식별이 다시 이루어졌을 때

3. 추가 보고(Additional Report)
  가. ATC의 특별한 요청이 없어도 ATC 또는 FSS 시설에 다음과 같이 보고하여야 한다.
    (1) 항상 보고해야 하는 경우
      (가) 새로 배정받은 고도 또는 비행고도로 비행하기 위하여 이전에 배정된 고도 또는 비행고도를 떠날 때
      (나) VFR-on-top 허가를 받고 운항 중이라면, 고도변경을 할 때
      (다) 최소한 분당 500 ft의 비율로 상승/강하할 수 없을 때

(라) 접근에 실패하였을 때(특정한 조치, 즉 교체공항으로 비행하거나 다른 접근의 수행 등을 위한 허가를 요청한다)
(마) 비행계획서에 제출한 진대기속도보다 순항고도에서의 평균 진대기속도가 5% 또는 10 knot의 변화(어느 것이든 큰 것)가 있을 때
(바) 허가받은 체공 fix 또는 체공지점에 도착한 경우, 시간 및 고도 또는 비행고도
(사) 지정받은 체공 fix 또는 체공지점을 떠날 때
(아) 관제공역에서의 VOR, TACAN, ADF, 저주파수 항법수신기의 기능상실, 장착된 IFR-인가 GPS/GNSS 수신기를 사용하는 동안 GPS의 이상현상(anomaly), ILS 수신기 전체 또는 부분적인 기능상실이나 공지통신 기능의 장애. 보고에는 항공기 식별부호, 영향을 받는 장비, ATC 시스템이 손상되었을 때 IFR로 운항할 수 있는 성능의 정도, 그리고 ATC로부터 원하는 지원의 종류와 범위를 포함하여야 한다.
(자) 비행안전과 관련된 모든 정보
(2) 레이더에 포착되지 않았을 때 보고해야 하는 경우
(가) 최종접근진로 상의 inbound 최종접근픽스(비정밀접근)를 떠날 때, 또는 최종접근진로 상에서 외측마커나 inbound 외측마커 대신 사용되는 픽스(정밀접근)를 떠날 때
(나) 이전에 통보한 예정시간과 2분 이상 차이가 날 것이 확실할 때는 언제라도 수정된 예정시간을 통보하여야 한다.
나. 예보되지 않은 기상상태나 예보된 위험한 기상상태와 조우한 조종사는 ATC에 이러한 기상상태를 통보하여야 한다.

4. 주파수 변경지점(Changeover Point; COP)

가. COP는 MEA가 지정된 연방항공로, 제트비행로, 지역항법비행로 또는 그 밖의 직선비행로에 설정된다. COP는 비행로 또는 항공로 구간에서 2개의 인접한 항행시설 간에 항행유도의 변경이 일어나는 지점이다. 조종사는 이 지점에서 항공기 후방의 기지국(station)으로부터 전방의 기지국으로 항법수신기의 주파수를 변경하여야 한다.

나. COP는 직선비행로구간의 경우에는 보통 항행시설 사이의 중간지점에 위치하며, dogleg 비행로구간의 경우에는 dogleg를 형성하는 radial 또는 진로(course)의 교차지점에 위치한다. COP가 중간지점에 위치하지 않는 경우에는 항공차트에 COP 위치가 표기되고 무선시설까지의 거리가 주어진다.

다. COP는 항행유도의 상실을 방지하고 다른 시설과의 주파수간섭을 방지하며, 동일한 공역에서 서로 다른 항공기가 서로 상이한 시설을 이용하는 것을 방지하기 위하여 설정된다.

5. 체공(Holding)

가. 항공기가 목적지공항이 아닌 다른 fix까지 허가가 되고 지연이 예상될 때, 완전한 체공지시(장주가 차트화되어 있지 않은 경우), 허가예상시간(expect further clearance, EFC) 및 어떤 추가적인 항공로/터미널 지연의 정확한 예상정보를 발부하는 것은 ATC 관제사의 책임이다.

나. 체공장주가 차트화되어 있고 관세사가 완전한 체공시시를 발부하지 않았다면, 소종사는 해낭 차트에 표기되어 있는 대로 체공하여야 한다. 장주가 지정된 절차 또는 비행할 비행로에 차트화되어 있을 때에 관제사는 "hold east as published"와 같이 차트화된 체공방향과 as published 라는 용어를 제

외한 모든 체공지시를 생략할 수 있다. 관제사는 조종사의 요구가 있을 때는 언제든지 완전한 체공지시를 발부하여야 한다.

다. 체공장주가 차트화되어 있지 않고 체공지시를 발부받지 않은 경우, 조종사는 fix에 도착하기 전에 ATC에 체공지시를 요구하여야 한다. 이러한 조치는 ATC가 바라는 것과는 다른 체공장주로 항공기가 진입할 가능성을 제거할 수 있다. Fix에 도착하기 전에 체공지시를 받을 수 없는 경우, 조종사는 fix에 접근하는 진로상의 표준장주에서 체공하면서 가능한 한 빨리 추후허가를 요구한다.

라. 항공기가 허가한계점으로부터 3분 이내의 거리에 있고 fix 다음 구간에 대한 비행허가를 받지 못했을 경우, 조종사는 항공기가 처음부터 최대체공속도 이하로 fix를 통과하도록 속도를 줄이기 시작하여야 한다.

마. 지연이 예상되지 않는 경우, 관제사는 가능한 한 빨리 그리고 가능하다면 항공기가 허가한계점에 도착하기 최소한 5분 전에 fix 이후에 대한 허가를 발부하여야 한다.

바. 장주가 차트화되어 있지 않은 fix에 체공을 요구한 항공기의 ATC 허가에는 다음 정보가 포함된다.
 (1) 나침반의 주요 8방위 지점의 용어로 나타낸 fix로부터의 체공방향 (예; N, NE, E, SE 등)
 (2) 체공 fix (최초교신 시 허가한계점에 포함되어 있었다면 fix는 생략할 수 있다.)
 (3) 항공기가 체공할 radial, 진로(course), 방위(bearing), 항공로 또는 비행로
 (4) DME 또는 지역항법(RNAV)이 이용되는 경우, mile 단위의 장주길이(leg length) (조종사 요구 또는 관제사가 필요하다고 판단하면 장주길이를 분 단위로 명시한다)
 (5) 좌선회(left turn)를 하여야 하거나, 조종사 요구 또는 관제사가 필요하다고 판단할 때 선회방향
 (6) 허가예상시간(EFC) 및 관련 추가 지연정보

사. 체공장주공역보호(holding pattern airspace protection)은 다음과 같은 절차를 기반으로 한다.
 (1) 서술 용어
  (가) 표준장주(Standard pattern) : 우선회 (그림 3-1 참조)
  (나) 비표준장주(Nonstandard pattern) : 좌선회

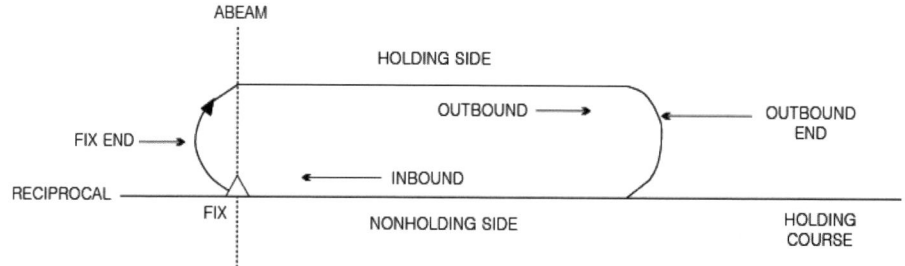

그림 3-1. 체공장주 서술 용어(Holding pattern descriptive terms)

 (2) 대기속도(airspeed)
  모든 항공기는 표 3-1과 같은 최대체공속도(maximum holding airspeed)로 체공하여야 한다. 여기에서 인천/김포/양양/여수 공항에는 ICAO Doc 8168 table이 적용되고, 인천/김포/양양/여수 이외의 국내 공항에는 FAA Order 8260 table이 적용된다.

표 3-1. 최대체공속도(Maximum holding airspeed)

ICAO (Doc 8168, Table II-6-2-1)		FAA (Order 8260, Table 16-2-1)	
고도(Level)	대기속도(KIAS)	고도(Level)	대기속도(KIAS)
34,000 ft 초과	Mach 0.83	14,000 ft 초과	265 kts
20,000 ft ~ 34,000 ft	265 kts		
14,000 ft ~ 20,000 ft	240 kts		
14,000 ft 이하	230 kts	6,001 ft ~ 14,000 ft	230 kts
	170 kts*	MHA ~ 6,000 ft	200 kts

*CAT A와 B 항공기로서 제한되는 체공의 경우

(3) 진입절차(Entry procedure) (그림 3-2 참조)

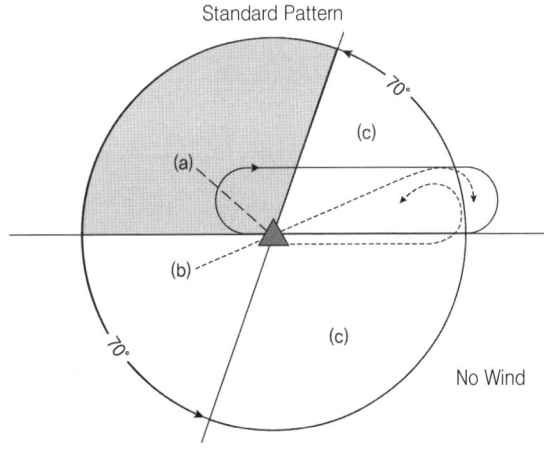

그림 3-2. 체공장주 진입절차(Holding pattern entry procedure)

(가) 평행절차(Parallel procedure). 평행진입절차는 구역 (a)의 어느 곳에서 체공 fix로 접근할 때, 기수방향을 비체공면(nonholding side)의 outbound 체공진로와 평행하게 하여 1분 동안 비행한 후 180° 이상 체공장주 방향으로 선회한 다음 체공 fix로 되돌아가거나 inbound 체공진로로 진입하는 것이다.

(나) Teardrop 절차(Teardrop procedure). Teardrop 진입절차는 구역 (b)의 어느 곳에서 체공 fix로 접근할 때, 체공 fix로 비행한 후 30° teardrop 진입을 하기 위하여 장주(체공면 부분) 내에서 기수방향을 outbound 체공진로로 하여 1분 동안 비행한 다음 체공장주 방향으로 선회하여 in-bound 체공진로로 진입하는 것이다.

(다) 직진입절차(Direct entry procedure). 직진입절차는 구역 (c)의 어느 곳에서 체공 fix로 접근할 때, 체공 fix로 직진하여 선회한 다음 체공장주에 따라 비행하는 것이다.

(라) 다른 진입절차로 항공기를 체공장주로 진입하게 하여 보호공역 내에 머무르게 할 수 있지만 권장하는 진입체공절차는 평행, teardrop 그리고 직진입절차이다.

(4) 시간조절(Timing)

  (가) Inbound leg

    ① 14,000 ft MSL 이하 : 1분

    ② 14,000 ft MSL 초과 : 1분 30초

(나) Outbound leg 시간측정은 fix 상공 또는 abeam 위치 가운데 나중에 나타나는 곳에서부터 시작한다. Abeam 위치를 판단할 수 없다면 outbound로 선회를 완료했을 때부터 시간을 측정한다.

(5) 조종사 조치(Pilot action)

(가) 처음부터 최대체공속도 이하로 체공 fix를 통과하도록 체공 fix로부터 3분 이내의 거리에 있을 때부터 감속하기 시작한다.

(나) 진입 및 체공하는 동안 다음 각도로 선회한다. 세 가지 가운데 가장 적은 경사각(bank angle)이 요구되는 것을 사용한다.

① 초당 3°, 또는

② 30°의 경사각(bank angle), 또는

③ 비행지시장치(flight director system)를 이용할 경우, 25°의 경사각

제4절. 도착절차(Arrival Procedures)

1. 표준터미널도착절차〔Standard Terminal Arrival(STAR) Procedure〕

가. STAR는 공항에 도착하는 IFR 항공기에 적용하기 위하여 ATC가 설정한 문자 및 그림 형식의 IFR 도착비행로(coded IFR arrival route) 이다. STAR는 허가중계절차(clearance delivery procedure)를 간단히 하며, 또한 항공로와 계기접근절차 간의 전환을 용이하게 한다.

나. STAR가 발간된 지역까지 비행하려는 IFR 항공기의 조종사는 ATC가 적합하다고 판단하면 언제든지 STAR가 포함된 허가를 받을 수 있다.

다. 조종사가 STAR를 이용하기 위해서는 최소한 인가된 차트를 소지하여야 한다. ATC 허가 또는 허가의 일부분과 마찬가지로 발부된 STAR를 수용하거나 거부하는 것은 각 조종사의 책임이다. 조종사는 STAR의 사용을 원하지 않으면 비행계획서의 비고란에 "NO STAR"라고 기입하거나, 바람직한 방법은 아니지만 ATC에 구두로 이를 통보하여야 한다.

라. STAR 절차로 운항 중인 조종사는 발간되거나 발부된 모든 제한사항을 준수하여 강하허가를 받기 전까지는 최종적으로 배정받은 고도를 유지하여야 한다. 이러한 허가에는 관제용어 "Descend via"가 포함될 것이며, "Descend via" 허가는 조종사에게 다음을 허가한다.

(1) 발간된 제한사항과 STAR에 의한 횡적항행을 이행하기 위한 조종사 임의의 강하

(2) STAR에 표기된 waypoint까지 허가되었을 경우, 조종사 임의의 이전에 배정된 고도로부터 그 waypoint에 표기된 고도까지의 강하

(3) 표기된 도착비행로에 진입한 후 강하 및 발간되거나 배정된 모든 고도와 속도제한을 이행하기 위한 항행

예문(Example)

1. 횡적/비행로설정(Lateral/routing) 만을 허가

"Cleared Tyler One arrival."

2. 고도배정을 포함한 비행로설정(Routing with assigned altitude) 허가

"Cleared Tyler One arrival, descend and maintain flight level two four zero."

"Cleared Tyler One arrival, descend at pilot's discretion, maintain flight level two four zero."

3. 횡적/비행로설정 및 수직항행(Lateral/routing and vertical navigation) 허가
"Descend via the Eagul Five arrival."
"Descend via the Eagul Five arrival, except, cross Vnnom at or above one two thousand."
4. 배정고도가 절차에 게재되지 않은 경우, 횡적/비행로설정 및 수직항행 허가
"Descend via the Eagul Five arrival, except after Geeno, maintain one zero thousand."
"Descend via the Eagul Five arrival, except cross Geeno at one one thousand then maintain seven thousand."
5. STAR 진입을 위한 직선비행로설정(Direct routing) 및 수직항행 허가
"Proceed direct Leoni, descend via the Leoni One arrival."
"Proceed direct Denis, cross Denis at or above flight level two zero zero, then descend via the Mmell One arrival."

마. STAR 절차에서 허용되는 최대 강하율은 10,000 ft MSL 미만의 고도에서 318 ft/NM(약 3.0°) 이고, 10,000 ft MSL 이상의 고도에서 330 ft/NM(약 3.11°) 이다.

2. 접근관제(Approach Control)

가. 접근관제소는 책임구역 내에서 운항하는 모든 계기비행 항공기를 관제할 책임이 있다. 접근관제소는 하나 이상의 비행장에 업무를 지원할 수도 있으며, 관제는 주로 조종사와 관제사 간의 직접교신에 의하여 이루어진다.

나. 레이더접근관제(Radar approach control)
(1) 도착 항공기에게는 수직분리와 함께 비행 중인 비행로에 가장 적합한 외측 fix까지 허가되고 필요 시 체공정보가 제공된다.
(2) 접근관제소로 이양된 후에 항공기는 최종접근진로(ILS, RNAV, GLS, VOR, ADF 등)로 레이더유도된다. 항공기의 간격유지 및 간격분리가 필요한 경우, 레이더유도 및 고도나 비행고도가 발부된다. 따라서 조종사는 접근관제소가 발부한 기수방향(heading)을 위배해서는 안된다. 간격분리 또는 다른 이유로 최종접근진로를 교차하도록 레이더유도를 하여야 하는 경우 일반적으로 항공기에 이를 통보한다. 조종사가 접근진로 교차가 임박했는데도 항공기가 최종접근진로를 교차하도록 레이더유도 될 것이라는 통보를 받지 못하였다면, 조종사는 관제사에게 확인하여야 한다.
(3) 조종사는 접근허가를 발부받지 않은 한 최종접근진로의 inbound로 선회해서는 안된다. 보통 이러한 허가는 최종접근진로의 진입을 위한 최종 레이더유도와 함께 발부되며, 항공기가 최종접근픽스에 도달하기 전에 최종접근진로로 진입할 수 있도록 조종사에게 레이더유도를 제공한다.
(4) 항공기가 이미 최종접근진로로 진입한 경우, 항공기가 최종접근픽스에 도달하기 전에 접근허가가 발부될 것이다. 최종접근진로에 진입하였을 때 레이더분리는 유지되며, 조종사는 허가에 주요 항법 수단으로 지정된 접근보조시설(ILS, RNAV, GLS, VOR, radio beacon 등)을 이용하여 접근을 완료하여야 한다. 따라서 조종사는 일단 최종접근진로로 진입했다면 ATC로부터 달리 허가를 받지 않는 한 이를 벗어나서는 안된다.
(5) 최종접근진로의 최종접근픽스를 통과한 후, 항공기는 최종접근진로로 계속 진입하여 접근을 완료하거나 그 공항의 발간된 실패접근절차에 따라야 한다.

다. 항공기 접근범주(approach category)란 V_{REF} 속도가 명시되어 있는 경우 V_{REF} 속도를 기준으로, V_{REF}가 명시되어 있지 않은 경우 최대인가착륙중량에서 V_{SO}의 1.3배 속도를 기준으로 항공기를 분류한 것을 의미한다. 조종사는 인가 시에 결정된 범주에 해당하는 최저치나 그보다 높은 최저치를 사용하여야 한다. 헬리콥터는 범주 A 최저치를 사용할 수 있다. 항공기 범주의 속도범위 상한선을 초과한 속도로 운항할 필요가 있을 경우 상위범주의 최저치를 사용하여야 한다. 범주의 범위(category limit)는 다음과 같다.
  (1) 범주 A(category A) : 91 knot 미만의 속도
  (2) 범주 B(category B) : 91 knot 이상, 121 knot 미만의 속도
  (3) 범주 C(category C) : 121 knot 이상, 141 knot 미만의 속도
  (4) 범주 D(category D) : 141 knot 이상, 166 knot 미만의 속도
  (5) 범주 E(category E) : 166 knot 이상의 속도

라. 미발간된 비행로를 운항하거나 레이더유도되는 동안 접근허가를 받았을 경우 조종사는 IFR 운항 시의 최저고도를 준수하고, ATC가 다른 고도를 배정하지 않는 한 또는 항공기가 발간된 비행로 또는 IAP 구간에 진입할 때까지는 최종적으로 배정받은 고도를 유지하여야 한다. 항공기가 진입한 후 ATC에 의해 다른 고도가 배정되지 않는 한 각각의 이어지는 비행로 또는 접근구역 내에서의 강하에는 발간된 고도를 적용한다.

3. 계기접근절차차트(Instrument Approach Procedure Chart)

가. 규정된 고도는 계기접근절차차트에 최저, 최대, 의무 및 권고고도의 네 가지 다른 형태로 표기될 수 있다.
  (1) 최저고도(minimum altitude)는 고도치(altitude value)에 밑줄을 그어 표기한다. 항공기는 표기된 값 이상의 고도를 유지하여야 한다. 예, 3000
  (2) 최대고도(maximum altitude)는 고도치에 윗줄을 그어 표기한다. 항공기는 표기된 값 이하의 고도를 유지하여야 한다. 예, 4000
  (3) 의무고도(mandatory altitude)는 고도치에 밑줄 및 윗줄 모두를 그어 표기한다. 항공기는 표기된 값의 고도를 유지하여야 한다. 예, 5000
  (4) 권고고도(recommended altitude)는 밑줄이나 윗줄이 없는 채로 표기한다. 이 고도는 강하 계획수립에 사용하기 위해 표기된다. 예, 6000

나. 항로상 고도제한
  (1) 최저항공로고도(Minimum En-Route Altitude; MEA)
    무선 fix 간 항행안전시설 신호를 수신할 수 있고, 이들 fix 간 장애물 회피요건을 충족하는 발간된 최저고도이다. MEA는 지형과 인공구조물로부터의 장애물 회피, 항행안전시설 성능의 적절성 및 통신 요구사항을 고려하여 설정되지만 적절한 통신을 보장하지는 않는다.
  (2) 최저안전고도(Minimum Safe Altitude; MSA)
    MSA는 긴급한 경우에 사용하기 위하여 IAP 또는 출발절차(DP) 그래픽 차트에 게재된다. MSA는 모든 장애물로부터 상공 1,000 ft의 회피를 제공하지만 허용 항법신호통달범위를 반드시 보장하지는 않는다. 기존 항법시스템에서 MSA는 일반적으로 IAP 또는 DP 그래픽 차트에 입각한 일차

전방향성시설(primary omnidirectional facility)을 기반으로 하지만, 이용할 수 있는 적합한 시설이 없다면 공항표점을 기반으로 할 수 있다. RNAV 접근 또는 DP 그래픽 차트에서 MSA는 RNAV waypoint를 기반으로 한다. MSA는 보통 반경 25 NM이지만 기존 항법시스템의 경우 공항의 착륙구역을 포함하기 위하여 필요하면 30 NM까지 반경을 확장할 수 있다. 일반적으로 하나의 안전고도가 설정되지만, MSA가 시설을 기반으로 하고 장애물 회피를 위하여 필요한 경우 4개 구역까지 MSA를 설정할 수 있다.

(3) 최저레이더유도고도(Minimum Vectoring Altitude; MVA)

MVA는 레이더항공교통관제가 행해질 때 ATC가 사용할 수 있도록 설정된다. MVA 차트는 다수의 서로 다른 최저 IFR 고도가 있는 지역을 대상으로 항공교통시설에 의해 작성된다.

(가) 각 구역의 최저레이더유도고도는 비산악지역에서는 가장 높은 장애물로부터 상공 1,000 ft로 되어 있으며, 지정된 산악지역에서는 가장 높은 장애물로부터 상공 2,000 ft로 되어 있다. 최저레이더유도고도는 관제공역의 하한고도(floor)로부터 최소한 상공 300 ft로 되어 있다.

(나) MVA를 고려해야 할 대상구역의 다양성, 이러한 구역에 적용되는 서로 다른 최저고도, 그리고 특정 장애물을 격리할 수 있는 기능으로 인하여 일부 MVA는 비레이더 최저항공로고도(MEA), 최저장애물회피고도(Minimum Obstruction Clearance Altitudes; MOCA) 또는 주어진 장소의 차트에 표기된 다른 최저고도보다 낮을 수도 있다.

(4) 최저수신고도(Minimum Reception Altitude; MRA)

VOR이나 NDB와 같은 항행안전시설로터 항법신호를 수신할 수 있는 최저고도이다.

(5) 최저통과고도(Minimum Crossing Altitude; MCA)

최저항공로고도(MEA)가 현재 MEA보다 높게 설정된 항공로로 비행하는 항공기가 특정 fix에서 통과해야 할 최저고도이다. MCA는 MEA가 바뀌는 지점을 통과한 후 정상적인 상승을 하여서는 장애물안전고도를 유지할 수 없는 경우에 설정한다.

(6) 최저장애물회피고도(Minimum Obstruction Clearance Altitude; MOCA)

전체 비행로구간에 대하여 장애물 회피요건을 충족하고, VOR의 25 SM(22 NM) 이내에서만 항행안전시설 신호를 수신할 수 있는 최저고도이다.

(7) Minimum Off-Route Altitude(MORA)

MORA는 Jeppesen chart에서 사용되는 고도이다. MORA는 비행로 중심선 10 NM 이내에서 알려진 장애물 회피를 제공한다. 지형 및 인공구조물로부터 제공되는 장애물 회피는 가장 높은 표고가 5,000 ft 이하인 지역에서는 1,000 ft, 가장 높은 표고가 5,001 ft 이상인 지역에서는 2,000 ft 이다. MORA는 항법신호 수신 또는 양방향 통신을 보장하지 않는다.

(8) 최대인가고도(Maximum Authorized Altitude; MAA)

공역 구조 또는 비행로 구간에서 사용가능한 최대고도 또는 비행고도를 나타내기 위해 발간된 고도이다. 항행안전시설 신호의 적절한 수신이 보장되는 MEA가 지정된 연방항공로, 제트비행로, 저/고고도 지역항법 비행로 또는 그 밖의 직선비행로 상의 최대고도이다. 일반적으로 MAA는 동일한 주파수를 가진 2개의 VOR이 상호 통달범위 내에 있을 경우에 설정된다.

(9) 최저체공고도(Minimum Holding Altitude; MHA)

항행안전시설 신호통달범위와 통신을 보장하고 장애물 회피요건을 충족하는 체공장주에 설정된 최저고도다. 시각강하지점(Visual Descent Point; VDP)은 비정밀접근절차에 포함되어 있다. VDP는 직진입 비정밀접근절차의 최종접근진로 상에 정해진 지점으로, 이 지점에서 시각참조물을 확인하였다면 MDA로부터 활주로 접지지점까지 정상적인 강하를 시작할 수 있다. VDP는 일반적으로 VOR과 LOC 절차에서는 DME, 그리고 RNAV 절차의 경우 다음 waypoint까지의 along-track distance에 의해 식별된다. VDP는 접근차트의 측면도에 부호(symbol) V로 식별된다.

(1) VDP는 이것이 적용되는 곳에 부가적인 유도를 제공하기 위한 것이다. 조종사는 VDP에 도달하여 필요한 시각참조물(visual reference)을 육안으로 확인하기 전에 MDA 아래로 강하해서는 안된다.

(2) VDP를 수신할 수 있는 장비를 갖추지 않은 조종사는 VDP가 제공되지 않는 접근절차와 동일하게 접근하여야 한다.

4. 계기접근구간(Instrument Approach Segments)

계기접근절차는 다음과 같은 최대 4개의 접근구간으로 구분할 수 있다.

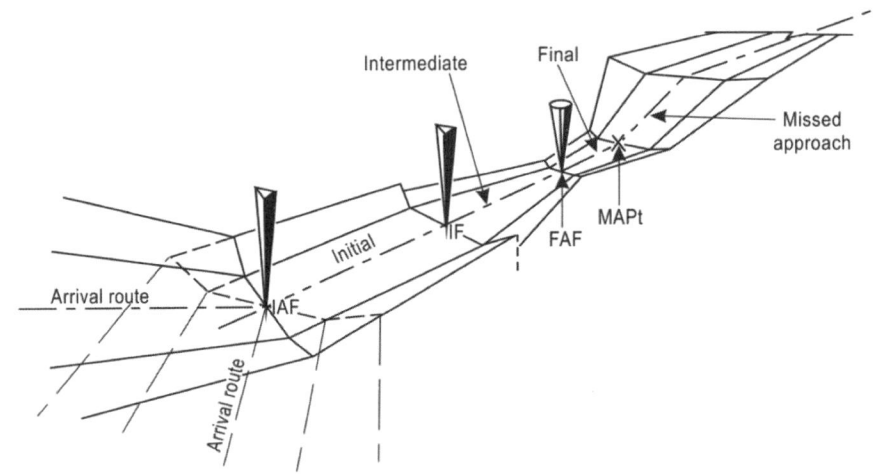

그림 3-3. 계기접근절차의 구간(Segments of an instrument approach procedure)

가. 최초접근구간(Initial approach segment)

최초접근구간은 최초접근픽스(IAF)에서 시작되고 중간접근픽스(IF)에서 끝난다. 첫 접근에서 항공기는 항공로 구조를 떠나 중간접근구간으로 진입하기 위한 기동을 한다. 항공기 속도와 비행형태는 비행장으로부터의 거리와 강하 요구에 따라 결정된다. 최초접근구간의 기본구역(primary area)에서는 최소 300 m(984 ft)의 장애물 회피가 제공된다.

나. 중간접근구간(Intermediate approach segment)

이 구간은 항공기가 최종접근구간에 진입하기 위하여 항공기 외장형태(configuration), 속도와 위치 등을 조정해야 하는 구역이다. 이 지점까지 모든 조종석 착륙 전 점검이 정상적으로 완료되어야 하며 항공기가 착륙에 적합한 상태가 되어야 한다.

다. 최종접근구간(Final approach segment)

최종접근구간에서 착륙을 위한 정렬과 강하가 이루어진다. 최종접근구간의 계기접근구간은 최종접근픽스(FAF)에서 시작되고 실패접근지점(MAP)에서 종료된다.

최종접근픽스(FAF)가 있는 비정밀접근의 경우, 활주로전단을 기준으로 하여 최종접근픽스(FAF) 위치까지의 가장 적합한 거리는 9.3 km(5.0 NM)이며, 최대거리는 보통 19 km(10 NM)를 초과하지 않아야 한다.

최종접근픽스(FAF)가 있는 절차의 최종접근에서 최적 강하율은 5.2%(약 300 ft/NM, 3.0°)이다. 보다 가파른 강하가 필요한 곳에서의 허용 가능한 최대 강하율은 6.5%(약 400 ft/NM, 3.8°)이다. 정밀접근의 경우 가장 이상적인 활공로 각도(glide path angle)는 3.0° 이다.

라. 실패접근구간(Missed approach segments)

실패접근절차는 각 계기접근절차마다 수립되어야 하고 실패접근절차가 시작되는 지점과 끝나는 지점이 설정되어야 한다. 일반적으로 실패접근구간은 실패접근지점(MAP)에서 시작되고 다음의 3단계를 포함한다.

(1) 초기단계(Initial phase)

초기단계는 가장 이른 실패접근지점(MAP)에서 시작하여 상승개시점(SOC, Start of Climb)에서 끝난다.

(2) 중간단계(Intermediate phase)

상승개시점(SOC)에서 시작하는 실패접근 중간단계는 50 m(164 ft)[CAT H는 40 m(132 ft)] 장애물 회피가 취해지고 지속적으로 유지될 수 있는 첫 번째 지점까지 안정된 속도로 상승이 계속되는 단계이다. 중간단계를 비행하는 동안에 실패접근 진로는 최초단계의 진로로부터 최대 15°까지 변경될 수 있다.

중간단계에서의 실패접근표면의 공칭 상승률은 2.5%(CAT H는 4.2%) 이다. 만약 필요한 검토와 안전장치가 마련되면 2%의 경사율을 사용할 수 있다. 추가하여 3%, 4%와 5%의 상승률도 사용하도록 규정할 수 있다.

(3) 최종단계(Final phase)

최종단계는 50 m(164 ft) [CAT H는 40 m(132 ft)] 장애물 회피가 처음으로 취해지고 지속 유지될 수 있는 지점에서부터 시작되어 새로운 접근, 체공 또는 항공로 비행부분으로의 복귀가 시작되는 지점까지 연장된다. 이 단계를 비행하는 동안에는 선회를 실시할 수 있다.

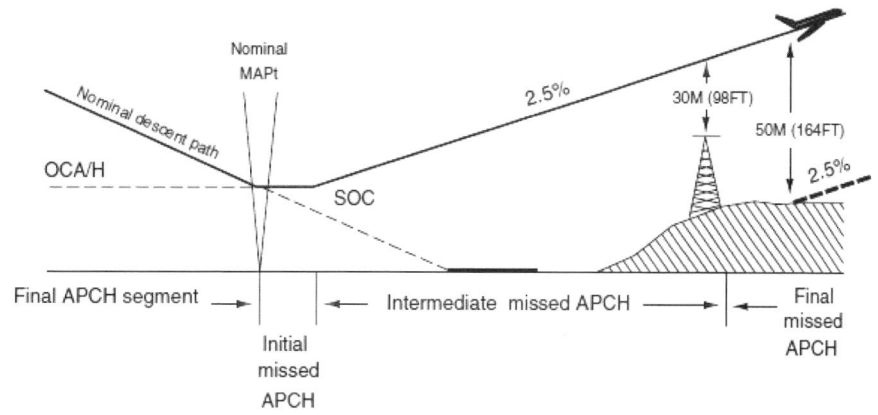

그림 3-4. 실패접근구간(Missed approach segments)

5. 절차선회 및 Hold-in-lieu of Procedure Turn

절차선회는 항공기가 중간 또는 최종접근진로의 inbound로 진입하기 위하여 방향을 역으로 해야 할 필요가 있을 경우 규정된 기동이다. 절차선회 또는 hold-in-lieu-of-PT가 접근차트에 표기되어 있는 경우, ATC에 의해 직진입접근이 허가되지 않는 한 기동이 필요하다. 추가하여 사용할 최초구역에 "No PT" 부호가 표기되어 있는 경우, 최종접근진로까지 레이더유도가 제공되거나 또는 체공픽스(holding fix)로부터 시차접근을 수행할 경우에는 절차선회 또는 hold-in-lieu-of-PT가 허용되지 않는다. 항공기가 inbound 진로로 진입할 때까지 절차선회에 적용되는 고도는 최저고도이다.

가. 선택할 수 있는 절차선회의 일부 유형에는 45° 절차선회, Racetrack 장주, Teardrop 절차선회 또는 80° ↔ 260° Course reversal이 있다.

나. 접근절차에 절차선회가 포함될 때 절차선회기동 시에 장애물 회피구역 내에 있도록 하기 위하여, 첫 번째 course reversal IAF 상공에서부터 200 knot(IAS) 미만의 최대속도를 준수하여야 한다. 조종사는 절차선회 fix를 통과한 후에 바로 outbound 선회를 시작하여야 한다. 절차선회기동은 측면도에 명시된 거리 내에서 이루어져야 한다. 보통 절차선회의 거리는 10 mile 이다. 이 거리는 category A 또는 헬리콥터만을 운영하는 곳에서 최소 5 mile까지 감소되거나, 고성능항공기를 위해서는 15 mile 까지 증가될 수 있다.

제5절. 접근절차(Approach Procedures)

1. 시차접근(Timed Approaches)

시차접근(timed approach)은 다음과 같은 조건이 충족되었을 때 수행할 수 있다.

가. 접근이 이루어지는 공항에 관제탑이 운영되고 있으며, 조종사가 관제탑과 교신하도록 지시를 받을 때까지 조종사와 관제센터 또는 접근관제소와 직접교신이 유지된다.

나. 둘 이상의 실패접근절차를 이용할 수 있는 경우, 어느 절차도 진로(course)를 역으로 전환할 필요가 없어야 한다.

다. 하나의 실패접근절차만을 이용할 수 있다면, 다음과 같은 조건을 충족하여야 한다.
  (1) 진로(course)를 역으로 전환할 필요가 없어야 하며,
  (2) 보고된 운고(ceiling) 및 시정이 IAP에 명시된 가장 큰 선회최저치(circling minimum)와 같거나 더 커야 한다.

라. 접근이 허가된 경우, 조종사는 절차선회(procedure turn)를 해서는 안된다.

2. 레이더접근(Radar Approaches)

레이더접근에는 정밀접근(PAR)과 감시접근(ASR)의 두 가지 종류가 있다.

가. 정밀접근(Precision Approach; PAR)은 관제사가 방위 및 고도에 대해 매우 정확한 항행유도를 조종사에게 제공하는 것이다. 항공기가 착륙활주로 중심선의 연장선과 정대되어 연장선을 향하여 비행할 수 있도록 조종사에게 기수방향(heading)이 주어진다.

항공기가 발간된 결심고도(DH)에 도달할 때까지 조종사에게 방위 및 고도에 관한 항행유도가 제공된다. 접근이 완료된 경우 레이더업무는 자동으로 종료된다.

나. 감시접근(Surveillance Approach; ASR)은 관제사가 방위에 관한 항행유도만을 제공하는 것이다. 착륙활주로 중심선의 연장선과 정대되어 비행할 수 있도록 조종사에게 기수방향(heading)이 주어진다. 조종사가 MAP에서 활주로, 공항 또는 헬기장을 육안확인하지 못하거나, 헬리콥터 공간점(point-in-space) 접근의 경우 지표면의 명시된 시각참조물을 확인할 수 없다면 관제사는 유도를 종료하고 조종사에게 실패접근을 하도록 지시한다. 또한 접근하는 동안 언제라도 관제사가 잔여접근에 대해 안전한 유도를 제공할 수 없다고 판단하면, 관제사는 유도를 종료하고 조종사에게 실패접근을 하도록 지시할 것이다. 마찬가지로 조종사 요구 시 유도는 종료되고 실패접근을 하게 되며, 민간항공기에 한해 조종사가 활주로, 공항/헬기장 또는 visual surface route(공간점 접근)를 육안 확인하였다고 보고하거나 계속적인 유도가 필요 없다는 것을 다른 방법으로 표시하는 경우 관제사는 유도를 종료할 수 있다. 레이더접근을 완료한 경우 레이더업무는 자동으로 종료된다.

다. 자이로 고장시의 접근(No-gyro approach)은 레이더관제 하에서 방향자이로(directional gyro) 또는 그 밖의 안정화된 나침반(stabilized compass)이 작동하지 않거나 부정확한 상황에 처한 조종사에게 제공된다. 이러한 상황이 발생한 경우, 조종사는 ATC에 이를 통보하고 자이로 고장시(No-gyro)의 레이더유도 또는 접근을 요청하여야 한다. 조종사는 모든 선회를 표준율(standard rate)로 하여야 하고, 지시를 받자마자 즉시 선회를 하여야 한다. 감시접근 또는 정밀접근을 하는 경우, 조종사는 항공기가 최종접근진로 상으로 선회를 완료한 후 반표준율(half standard rate)로 선회할 것을 지시받을 것이다.

3. 평행활주로 동시접근(Simultaneous Approaches to Parallel Runways)

평행활주로 ILS/RNAV/GLS 접근은 동시종속접근, 동시독립접근 및 동시근접평행 PRM 접근의 세 가지 등급으로 분류된다.

가. 동시종속접근(Simultaneous dependent approaches)
  (1) 동시종속접근은 활주로중심선 간의 간격이 최소 2,500 ft에서 9,000 ft까지 분리된 평행활주로를 가진 공항에 대해 접근을 허가하는 ATC 절차이다.
  (2) 동시종속접근은 평행활주로중심선 간의 최소거리가 감소될 수 있고, 레이더감시나 조언이 필요하지 않으며 인접 로컬라이저/방위각 진로(localizer/azimuth course) 상의 항공기와 엇갈린 분리(staggered separation)가 필요하다는 점이 동시독립접근과 다르다.
  (3) 활주로중심선 간의 간격이 최소 2,500 ft 이상 3,600 ft 미만일 경우, 인접 최종접근진로로 접근하는 항공기 간에는 대각선으로 최소 1.0 NM의 레이더분리가 필요하다. 활주로중심선 간의 간격이 3,600 ft 이상 8,300 ft 미만일 경우, 인접 최종접근진로로 접근하는 항공기 간에는 대각선으로 최소 1.5 NM의 레이더분리가 필요하다. 활주로중심선 간의 간격이 8,300 ft 이상 9,000 ft 미만일 경우, 대각선으로 최소 2 NM의 레이더분리가 제공된다.

나. 동시독립 ILS/RNAV/GLS 접근〔Simultaneous independent ILS/ RNAV/GLS approaches〕
  이 시스템은 중심선 간의 간격이 최소 4,300 ft인 평행활주로에 동시접근을 허가하는 시스템이다. 4,300~9,000 ft(5,000 ft 초과 공항의 경우 9,200 ft) 간의 분리는 NTZ 최종감시관제사를 활용한다. 최종감시관제사는 항공기 위치를 추적하며, 지정된 최종접근진로에서 벗어나는 것이 관측된 항공기에게 지시를 발부한다. 엇갈린 레이더분리(staggered radar separation) 절차는 사용되지 않는다.

다. 동시근접평행 PRM 접근 및 동시 오프셋(Offset) 계기접근(SOIA)

PRM은 동시근접평행접근 수행에 사용되는 특정 평행활주로 분리를 위하여 진입금지구역 감시에 필요한 Precision Runway Monitor 감시 시스템의 약어이다.

4. 동시수렴계기접근(Simultaneous Converging Instrument Approaches)

ATC는 수렴활주로(converging runway), 즉 15°에서 100°의 사이각(included angle)을 갖는 활주로에 대하여 동시에 계기접근을 할 수 있는 프로그램이 특별히 인가된 공항에서는 동시계기접근을 허가할 수 있다.

이를 위해서 각 수렴활주로에 대하여 전용의 분리된 표준계기접근절차의 개발을 필요로 하며, 교차활주로는 최소한 운고 700 ft와 시정 2 mile의 최저치를 가져야 한다.

5. 측면이동접근(Side-step Maneuver)

가. ATC는 간격이 1,200 ft 이하인 평행활주로 중 하나의 활주로에 접근한 다음 인접활주로에 직진입착륙(straight-in landing)을 하는 표준계기접근절차를 허가할 수 있다.

나. 측면이동접근을 할 항공기는 지정된 접근절차와 인접 평행활주로에 착륙을 허가받게 된다. 조종사는 활주로 또는 활주로 환경을 육안으로 확인한 후 가능한 한 빨리 측면이동접근을 시작하여야 한다. 측면이동을 시작한 후에도 단계강하(stepdown) fix와 관련된 최저고도를 준수하여야 한다.

6. 접근 및 착륙최저치(Approach and Landing Minimums)

가. 착륙최저치(Landing minimum)

RVR을 지상시정 또는 비행시정으로 환산하기 위하여 표 3-2를 사용할 수 있다. 표에 없는 수치의 RVR 값을 환산할 때는 그다음 높은 RVR 값을 사용해야 하며 중간의 값을 사용해서는 안된다. 예를 들어 1800 RVR을 환산할 경우에는 2400 RVR을 사용하며, 이에 따라 시정은 1/2 mile이 된다.

표 3-2. RVR 값 환산(RVR value conversion)

RVR	시정(statute miles)	RVR	시정(statute miles)
1600	1/4	4500	7/8
2400	1/2	5000	1
3200	5/8	6000	1 1/4
4000	3/4		

나. 직진입최저치는 최종접근진로가 30° 이내(GPS IAP의 경우 15°)에서 활주로와 정렬되고, IAP에 표기된 IFR 고도에서부터 활주로 표면까지 정상강하를 할 수 있을 때 IAP 상에 표시된다. 정상 강하율이나 30°의 활주로 정렬요소가 초과되면 직진입최저치는 발간되지 않고 선회최저치가 적용된다.

7. 실패접근(Missed Approach)

가. 착륙하지 못한 경우, 조종사는 접근절차차트에 명시된 실패접근지점에 도달하면 ATC에 통보하고 사용하고 있는 접근절차의 실패접근지시나 ATC가 지시하는 대체실패접근절차에 따라야 한다.

나. 실패접근 시의 장애물 보호는 실패접근이 결심고도/높이(DA/H) 또는 실패접근지점, 그리고 최저강하고도(MDA)보다는 낮지 않은 고도에서 시작된다는 가정을 기반으로 한다. 접근절차차트의 주석

부분(note section)에 더 높은 상승률이 공고되지 않는 한, NM 당 최소 200 ft의 상승률(헬리콥터 접근의 경우, NM 당 최소 400 ft의 상승이 필요한 지역 제외)이 필요하다. 표준상승률보다 더 높게 지정되어 있을 경우, 비표준상승의 종료지점(end point)은 고도 또는 fix로 명시된다.

조종사는 실패접근의 경우에 항공기가 절차에서 요구하는 상승률(NM 당 ft의 단위로 나타냄)을 충족할 수 있도록 사전에 계획하여야 한다. 정상적인 기동의 경우에는 적절한 완충구역이 주어진다. 그러나 비정상적인 조기선회에 대해서는 고려되지 않는다. 따라서 조기실패접근을 할 경우, 조종사는 ATC에 의해 달리 허가되지 않은 한 선회조작을 하기 전에 MAP 또는 DH 이상의 고도를 유지하여 실패접근지점까지 접근 plate의 지정된 계기접근절차(IAP)에 따라 비행하여야 한다.

다. 계기접근을 하여 선회착륙(circling-to-land)을 하는 동안 시각참조물을 잃어 버렸다면, 해당 특정절차에 지정된 실패접근절차에 따라야 한다(ATC에 의해 대체실패접근절차가 지정되지 않은 한). 설정된 실패접근진로(missed approach course)로 진입하기 위하여 조종사는 착륙활주로 쪽으로 먼저 상승선회를 한 다음, 실패접근진로로 진입할 때까지 계속 선회하여야 한다.

8. 시각접근(Visual Approach)

가. 시각접근은 IFR 비행계획에 의해 수행되며, 조종사가 구름으로부터 벗어난 상태에서 공항까지 육안으로 비행하는 것을 허가한다. 조종사는 공항 또는 식별된 선행항공기를 시야에 두어야 한다. 이 접근은 적절한 항공교통관제기관에 의해 허가되고 관제가 이루어져야 한다. 공항의 보고된 기상은 1,000 ft 이상의 운고(ceiling) 및 3 mile 이상의 시정을 가져야 한다. ATC는 운영상 이득이 있을 때 이러한 종류의 접근을 허가한다. 시각접근은 시계비행기상상태에서 IFR에 의하여 수행되는 IFR 절차이다. 운영기준에 달리 규정되어 있지 않은 한 구름회피기준은 적용되지 않는다.

나. 분리책임(Separation responsibility)

조종사가 공항은 육안으로 확인하였으나 선행항공기를 육안으로 확인할 수 없는 경우에도 ATC는 항공기에게 시각접근을 허가할 수 있지만, 항공기 간의 분리 및 항적난기류(wake vortex) 분리에 대한 책임은 ATC에 있다. 시각접근 허가를 받고 선행항공기를 육안으로 보면서 뒤따를 경우, 안전한 접근간격 및 적절한 항적난기류 분리를 유지하여야 할 책임은 조종사에게 있다.

다. 시각접근은 계기접근절차(IAP)가 아니며 따라서 실패접근구간이 없다. 관제공항에서 운항하는 항공기가 어떠한 이유로 인해 복행(go around)이 필요하면 관제탑은 착륙을 위해 교통장주에 진입하거나 달리 지시한 대로 진행하라는 적절한 허가나 지시를 발부한다.

라. 시각접근은 조종사/관제사의 업무량을 줄이고, 공항까지의 비행경로를 단축시킴으로써 신속하게 교통을 처리할 수 있도록 한다. 시각접근을 원하지 않는 경우 가능한 한 빨리 ATC에 통보하는 것은 조종사의 책임이다.

마. 시각접근 허가는 IFR 허가이며, IFR 비행계획 취소 책임이 변경되는 것은 아니다.

9. Contact 접근(Contact Approach)

가. IFR 비행계획에 의하여 운항을 하는 조종사는 구름으로부터 벗어나서 비행시정 최소 1 mile의 기상상태에서 목적지공항까지 계속 비행할 수 있을 것이라고 합리적으로 예상할 수 있는 경우, contact 접근을 위한 ATC 허가를 요구할 수 있다.

나. 관제사는 다음과 같은 경우 contact 접근을 허가할 수 있다.
   (1) Contact 접근이 분명히 조종사에 의해 요구되었다. ATC는 이 접근을 제안할 수 없다.
   (2) 목적지공항의 보고된 지상시정이 최소 1 SM 이다.
   (3) Contact 접근은 표준계기접근절차 또는 특별계기접근절차가 수립되어 있는 공항에서 이루어질 수 있다.
   (4) 허가를 받은 항공기 간에, 그리고 이들 항공기와 다른 IFR 항공기 또는 특별 VFR 항공기 간에 인가된 분리가 적용된다.
다. Contact 접근은 조종사가 공항까지 표준 또는 특별 IAP로 비행하는 대신에 사용(ATC의 사전허가를 받아)할 수 있는 접근절차이다. 이것은 IFR 비행허가를 받은 조종사가 발간되어 운영되는 IAP가 없는 공항으로의 운항에 사용하기 위한 것은 아니다. 또한 항공기가 어떤 공항으로 계기접근을 하다가 "위험한 상황에서 벗어난(in the clear)" 경우, 그 접근을 중단하고 다른 공항으로 비행하기 위한 것도 아니다. Contact 접근을 할 때 장애물 회피에 대한 책임은 조종사에게 있다.

출제예상문제

Ⅰ. 비행전(Preflight)

【문제】1. 공항 폐쇄에 관한 사항은 어느 NOTAM을 보아야 하는가?
　① FDC NOTAM　　　　　　② NOTAM (L)
　③ NOTAM (S)　　　　　　　④ NOTAM (D)

【문제】2. 계기접근절차(IAP)의 변경이나 항공차트의 수정 등이 포함되어 있는 NOTAM은?
　① NOTAM D　　　　　　　② NOTAM L
　③ NOTAM S　　　　　　　 ④ FDC NOTAM

〈해설〉 항공고시보(Notice to Air Missions ; NOTAM) 정보는 다음과 같은 네 개의 category로 분류된다.
　1. NOTAM (D) : 유도로 폐쇄(taxiway closure), 활주로 근처나 활주로를 횡단하는 인원과 장비, 그리고 VGSI와 같이 계기접근기준에 영향을 미치지 않는 공항등화시설과 같은 정보를 포함한다.
　2. FDC NOTAM : 규제적인 성격의 정보를 전파할 필요가 있는 경우에는 FDC NOTAM을 발행한다. FDC NOTAM은 발간된 IAP의 수정 및 그 밖에 현재 사용하는 항공차트의 수정과 같은 것을 포함한다. 또한 일시적비행제한(Temporary Flight Restrictions)을 공고하기 위하여 사용된다.
　3. International NOTAM
　4. Military NOTAM

【문제】3. 활주로의 Braking action을 볼 수 있는 NOTAM은?
　① NOTAM D　　　　　　　② NOTAM L
　③ FICON NOTAM　　　　　④ FDC NOTAM

〈해설〉 FICON NOTAM은 포장된 활주로의 오염 측정값을 제공하지만, FICON NOTAM에서 제동상태(braking action)는 비포장 활주로 표면, 유도로 및 계류장(apron)에만 적용된다.

【문제】4. 항공고시보(NOTAM)를 발행하거나 또는 항공정보간행물에 수록할 정도의 정보는 아니지만 비행안전, 항공항행, 기술, 행정사항 또는 규정개정 등에 관한 정보의 공고를 위하여 발행하는 것은?
　① AIRAC　　　　　　　　 ② AIC
　③ AIP　　　　　　　　　　 ④ AIP Supplement

〈해설〉 항공정보간행물(AIP) 또는 항공고시보(NOTAM) 발간대상이 아닌 항공정보의 공고를 위하여 필요한 경우에는 항공정보회람(AIC)을 발행하여야 한다.

【문제】5. 혼합비행계획서(composite flight plan)를 작성해야 될 때는?
　① 하나 이상의 외국을 횡단하려는 비행을 할 때
　② ADIZ에서 비행하고자 할 때
　③ 비행계획서가 파기되어 다시 제출할 때
　④ 한 구간에서는 VFR, 그리고 다른 구간에서는 IFR 비행이 요구될 때

[정답]　1. ④　　2. ④　　3. ③　　4. ②　　5. ④

〈해설〉 혼합비행계획서(composite flight plan)란 비행의 한 부분에 대해서는 VFR 운항을 지정하고 다른 부분에 대해서는 IFR 운항을 지정한 비행계획을 말한다.

【문제】6. 비행 중 공중에서 비행계획서를 제출해야 할 경우, 관제구역 진입예상지점 도착 몇 분 전까지 제출하여야 하는가?
  ① 3분   ② 10분   ③ 30분   ④ 60분

〈해설〉 해당 ATC 기관에 의하여 달리 규정되지 않는 한, 항공교통업무 또는 항공교통조언업무를 제공받기 위하여 비행계획서(flight plan)는 최소한 출발 60분 전에 제출하여야 한다. 비행 중에 제출할 경우 항공기가 관제구역 또는 조언구역 진입예상지점에 도착하기 10분 전까지 비행계획서를 제출하여야 한다.

【문제】7. Flight plan 작성 시 순항고도 및 순항속도의 기입방법으로 잘못된 것은?
  ① 순항속도를 km/h의 단위로 나타낼 때는 K 뒤에 5자리의 숫자로 속도를 기입한다.
  ② 순항속도를 knot 단위로 나타낼 때는 N 뒤에 4자리의 숫자로 속도를 기입한다.
  ③ 순항고도를 10 m 단위로 나타낼 때는 M 뒤에 4자리의 숫자로 고도를 기입한다.
  ④ 순항고도를 100 ft 단위로 나타낼 때는 A 뒤에 3자리의 숫자로 고도를 기입한다.

〈해설〉 비행계획서(flight plan) 항목 15의 순항속도 및 순항고도는 다음과 같이 기입한다.
  1. 순항속도(최대 5자리 문자)는 진대기속도(true airspeed)를 다음과 같이 기입한다.
    가. km/h 단위의 경우 : K 다음에 4자리 숫자로 나타낸다. (예; K0830)
    나. knot 단위의 경우 : N 다음에 4자리 숫자로 나타낸다. (예; N0485)
    다. True Mach number 단위의 경우 : 100분의 1 단위에 가장 가까운 마하수를 M 다음에 3자리 숫자로 나타낸다. (예; M082)
  2. 순항고도(최대 5자리 문자)를 다음과 같이 기입한다.
    가. 비행고도(flight level)의 경우 : F 다음에 3자리의 숫자로 나타낸다. (예; F085, F330)
    나. 100 ft 단위 고도(altitude)의 경우 : A 다음에 3자리 숫자로 나타낸다. (예; A045, A100)
    다. 10 m 단위 고도(altitude)의 경우 : M 다음에 4자리 숫자로 나타낸다. (예; M0840)

【문제】8. 헬리콥터 외의 항공기가 flight plan 작성 시, 도착예정시간(ETA)에 목적지공항의 기상상태가 얼마인 경우 대체공항을 지정해야 하는가?
  ① ETA 전후 1시간 이내의 예보가 운고 2,000 ft 미만, 시정 3마일 미만인 경우
  ② ETA 전후 1시간 이내의 예보가 운고 3,000 ft 미만, 시정 2마일 미만인 경우
  ③ ETA 전후 2시간 이내의 예보가 운고 2,000 ft 미만, 시정 2 1/2마일 미만인 경우
  ④ ETA 전후 2시간 이내의 예보가 운고 3,000 ft 미만, 시정 3마일 미만인 경우

【문제】9. 정밀접근절차를 갖춘 공항을 대체공항으로 지정하기 위해서는 도착예정시간(ETA)에 기상상태가 얼마 이상이어야 하는가?
  ① 운고 600 ft, 시정 2 SM 이상   ② 운고 600 ft, 시정 3 SM 이상
  ③ 운고 800 ft, 시정 2 SM 이상   ④ 운고 800 ft, 시정 3 SM 이상

〈해설〉 교체공항(대체공항, alternate airport)의 지정

[정답] 6. ② 7. ① 8. ① 9. ①

1. 헬리콥터 이외 항공기의 경우, 도착예정시간(ETA) 1시간 전부터 1시간 후까지의 시간대에 목적지공항의 기상상태가 운고 2,000 ft 미만이고 시정 3 SM 미만으로 예보되어 있다면 IFR 비행계획서에 교체공항(alternate airport)을 기재하여야 한다.
2. 도착예정시간에 교체공항의 기상상태는 정밀접근절차의 경우 운고 180 m(600 ft)와 시정 3 km(2 SM) 이상, 비정밀접근절차의 경우 운고 240 m(800 ft)와 시정 5 km(3 SM) 이상이어야 한다.

【문제】 10. Wake turbulence category 중 category heavy인 항공기의 기준은?
① 최대이륙중량 98,000 kg 이상
② 최대이륙중량 136,000 kg 이상
③ 최대이륙중량 155,000 kg 이상
④ 최대이륙중량 224,000 kg 이상

〈해설〉 항적난기류 분리를 목적으로 항공기 category를 다음과 같이 분류한다.
1. J - Super(초대형) : ICAO Doc 8643에 명시된 유형의 항공기(A380-800)
2. H - Heavy(대형) : 최대이륙중량이 136,000 kg(300,000 lbs) 이상인 항공기
3. M - Medium(중형) : 최대이륙중량이 136,000 kg(300,000 lbs) 미만, 7,000 kg(15,000 lbs) 초과 항공기
4. L - Light(소형) : 최대이륙중량이 7,000 kg(15,000 lbs) 이하인 항공기

【문제】 11. IFR 비행계획서를 제출하고 몇 분 안에 출발해야 하는가?
① 20분 ② 30분 ③ 60분 ④ 120분

【문제】 12. Controlled flight의 경우, 비행계획서 상의 출발예정시간보다 얼마 이상 지연되면 새로운 비행계획서를 제출해야 하는가? (ICAO 기준)
① 15분 ② 30분 ③ 1시간 ④ 2시간

【문제】 13. Flight plan 상의 이륙시간과 얼마 이상 차이가 날 때 ATC에 보고해야 하는가?
① IFR 30분, VFR 30분
② IFR 1시간, VFR 30분
③ IFR 30분, VFR 1시간
④ IFR 1시간, VFR 1시간

〈해설〉 제출된 비행계획이 관제항공기(controlled flight)/IFR 비행인 경우 이동개시 예정시간을 30분을 초과하여 지연되거나, 또는 비관제항공기(uncontrolled flight)/VFR 비행인 경우 1시간 이상 지연될 때는 비행계획을 수정하거나 새로운 비행계획을 제출하고 기 제출된 비행계획은 취소하여야 한다.

【문제】 14. IFR 비행 중 IFR 비행계획을 취소할 수 있는 경우는?
① Positive controlled airspace 외부에서 VFR 기상상태일 때
② 비상상황이 발생한 경우
③ ATC의 허가를 받은 경우
④ 아무 때나 가능하다.

【문제】 15. 관제탑이 운영 중인 공항으로 IFR 비행 시 비행계획의 종료는?
① 착륙과 동시에 자동으로 종료된다.
② 공항에 착륙 후 가능한 한 빨리 유무선을 통해 ATC에 통보한다.

정답 10. ② 11. ② 12. ② 13. ③ 14. ④

③ 공항에 착륙 후 30분 이내에 관제탑, 접근관제소 또는 ARTCC에 유무선을 통해 통보한다.
④ 체공 중 무선으로 ATC에 통보한다.

【문제】 16. IFR 비행 중 관제탑이 없는 공항에 착륙 시 비행계획의 종료방법으로 적합한 것은?
① 체공 중 활주로를 육안 확인하였을 때 무선을 통해 ATC에 통보한다.
② 비행장에 착륙하면 자동으로 종료된다.
③ 비행장에 착륙 후 운항실에 찾아가 종료시킨다.
④ 비행장에 착륙 후 가능한 한 빨리 유무선을 통해 ATC에 통보한다.

〈해설〉 IFR 비행계획의 취소
1. VFR 기상상태에서 A등급 공역 외부에서 운항 중인 비행의 경우에는 언제든지 조종사가 교신 중인 관제사 또는 공지기지국에 "cancel my IFR flight plan"이라고 말함으로써 IFR 비행계획을 취소할 수 있다.
2. 관제탑이 운영되는 공항으로의 IFR 비행계획에 의한 운항이라면 비행계획은 착륙과 동시에 자동으로 종료된다.
3. 관제탑이 운영되지 않는 공항으로의 IFR 비행계획에 의한 운항이라면 조종사가 IFR 비행계획을 종료시켜야 한다. 운영 중인 FSS가 있거나 ATC와 직접교신할 다른 방법이 있다면 착륙 후에 종료시킬 수 있다.

Ⅱ. 출발절차(Departure Procedures)

【문제】 1. 관제탑이 운용되지 않는 공항에서 출발하고자 할 때 무효시간(clearance void time)이 포함되어 있는 인가를 받았다. 이는 무엇을 의미하는가?
① 무효시간 전에 ATC와 무선통신이 되지 않았다면, ATC는 조종사가 출발하지 않을 것으로 인식하게 된다.
② 무효시간까지 출발하지 않았다면 조종사는 가능한 한 빨리(최소한 30분 이내) ATC에 통보하여야 한다.
③ ATC는 무효시간 동안에만 공역을 보호한다.
④ 제공된 무효시간은 단지 권장된 절차에 불과하기 때문에 지키지 않아도 된다.

【문제】 2. Clearance void time이 적용될 때, clearance void time 후 30분 이내에 이륙이 불가능할 경우 조종사는 언제 ATC에 이를 알려야 하는가?
① 언제든지 교신해도 상관없다.　　② 30분이 지나기 직전에 교신한다.
③ 30분이 경과된 후 교신한다.　　④ 30분이 경과되기 전에 교신한다.

【문제】 3. 허가에 어떤 시간의 명시가 필요한 경우, ATC는 조종사에게 출발유보 해제시간(release time)을 발부하는가?
① 항공기가 출발 가능한 가장 빠른 시간
② 항공기가 출발 가능한 가장 늦은 시간

③ 항공기가 출발 가능한 가장 빠른 시간과 늦은 시간
④ 항공기 출발 허가 예정시간

〈해설〉 허가취소시간, 출발유보 및 출발유보 해제시간
1. 허가취소시간(Clearance void time)
조종사는 관제탑이 운영되지 않는 공항에서 출발할 때 일정 시간까지 이륙하지 않으면 그 허가는 무효라는 단서가 포함된 허가를 받을 수 있다. 보통 ATC는 항공기가 허가취소시간 전에 출발하지 않았다는 것을 ATC에 통보해야 하는 시간을 지정하여 조종사에게 통보한다. 이 시간은 30분을 초과하지 않아야 한다.
2. 출발유보(Hold for release)
ATC는 교통관리 상의 이유(예를 들면, 기상, 교통량 등)로 항공기의 출발을 지연시키기 위하여 허가에 "출발유보" 지시를 발부할 수 있다. ATC가 허가에 "hold for release"를 언급하면 조종사는 ATC가 출발유보 해제시간이나 추가지시를 발부할 때까지 IFR 허가로 출발해서는 안된다.
3. 출발유보 해제시간(Release time)
"출발유보 해제시간"은 항공기가 출발할 수 있는 가장 빠른 시간을 명시할 필요가 있는 경우, ATC가 조종사에게 발부하는 출발제한이다.

【문제】4. IFR 이륙 시 departure control과 언제 contact 하여야 하는가?
① 활주로종단으로부터 약 1/2마일을 지났을 때
② 이륙 후 처음으로 선회를 완료하였을 때
③ 이륙 후 tower의 지시가 있을 때
④ 공항을 벗어나서 ATC 허가 시에 발부받은 heading으로 변경하였을 때

〈해설〉 출발관제(Departure control)
관제사는 이륙 전에 출발관제주파수 및 해당하면 트랜스폰더 code를 조종사에게 통보한다. 조종사는 가능한 한 빨리 트랜스폰더/ADS-B를 "on" 또는 normal 운용위치로 조절한 다음, ATC가 "standby"로 변경하도록 달리 요청하지 않은 한 모든 운항 동안 이를 유지하여야 한다. 조종사는 지시를 받을 때까지 출발관제주파수로 변경해서는 안된다.

【문제】5. SID와 STAR의 주 목적은?
① 항공교통흐름의 조절 및 촉진
② 관제절차의 간소화 및 입출항 지연 감소
③ VFR, IFR 항공기 간의 입출항 순위 결정
④ 항공기 간의 충돌방지 및 항공교통의 질서 유지

〈해설〉 계기출발절차(DP)가 필요한 첫 번째 이유는 조종사에게 장애물 회피 보호정보를 제공하기 위한 것이다. 두 번째 이유는 SID의 사용을 통해 복잡한 공항에서 관제절차를 간소화하여 효율성을 향상시키고, 무선교신을 줄이며 출발지연을 감소시키기 위한 것이다.

【문제】6. SID를 선택할 때 반드시 고려해야 하는 사항이 아닌 것은?
① Minimum Enroute Altitude(MEA)　　② ATC Radar 사용여부
③ 요구되는 최소 상승률　　　　　　　　④ 필요한 항법장비

정답　3. ①　4. ③　5. ②　6. ①

〈해설〉 출발절차 상의 요건을 제시하는 note는 출발절차의 그래픽 부분(graphic portion)에 수록되며, 사실상 의무적이다. 의무적인 procedural note에 포함되는 사항은 다음과 같다.
  1. Aircraft equipment 요건 (DME, ADF, etc.)
  2. 운용 중인 ATC equipment (radar)
  3. 최소 상승률(minimum climb) 요건
  4. 특정 항공기 기종에 대한 제한사항 (turbojet only)
  5. 측정 목적지까지 사용 제한

【문제】7. 표준계기출발절차로 이륙 시 활주로 말단 통과고도 및 최초 선회할 수 있는 최저고도는?
  ① 35 ft 이상, 300 ft
  ② 45 ft 이상, 300 ft
  ③ 35 ft 이상, 400 ft
  ④ 45 ft 이상, 400 ft

【문제】8. SID에 특별한 언급이 없는 경우, 이륙 시 장애물 회피를 위한 minimum climb gradient는?
  ① 120 ft/NM
  ② 200 ft/NM
  ③ 240 ft/NM
  ④ 300 ft/NM

【문제】9. 안전을 고려하여 활주로 끝단 표고보다 최소한 몇 ft 이상 상승 후 선회하여야 하는가?
  ① 300 ft
  ② 400 ft
  ③ 500 ft
  ④ 600 ft

【문제】10. 계기비행출발절차의 출항경로에서 장애물로 식별되는 경우는?
  ① 활주로 끝 상단 25 ft에서 152 FPNM의 경사면을 침범하는 장애물
  ② 활주로 끝 상단 25 ft에서 182 FPNM의 경사면을 침범하는 장애물
  ③ 활주로 끝 상단 35 ft에서 152 FPNM의 경사면을 침범하는 장애물
  ④ 활주로 끝 상단 35 ft에서 182 FPNM의 경사면을 침범하는 장애물

〈해설〉 계기출발절차(DP)-장애물출발절차(ODP)와 표준계기출발절차(SID)
  1. 모든 출발 시에 필요한 장애물 회피를 위해 조종사는 이륙활주로종단을 최소한 이륙활주로종단 표고보다 35 ft 이상의 높이로 통과하여야 하며, 최초로 선회를 하기 전에 이륙활주로종단 표고보다 400 ft 이상의 높이까지 상승하여야 한다. 통과제한에 의해 고도이탈(level off)이 필요하지 않은 경우, 최저 IFR 고도까지 NM 당 최소 200 ft의 상승률을 유지하는 것을 기반으로 한다.
  2. 40:1 장애물식별표면(OIS)은 이륙활주로종단(DER)에서 시작되며, 최저 IFR 고도에 도달하거나 항공로구조로 진입하기 전까지 상방 152 FPNM의 경사도로 경사져 있다.

【문제】11. 관제사가 "Maintain runway heading"이라고 지시했다면 어떻게 해야 하는가?
  ① 이륙활주로 연장선과 일치하는 자방위 기수를 유지한다.
  ② 이륙활주로 연장선과 일치하는 진방위 기수를 유지한다.
  ③ 이륙활주로 번호와 일치하는 진방위 기수를 유지한다.
  ④ 이륙활주로 번호와 일치하는 자방위 기수를 유지한다.

〈해설〉 활주로 방향(runway heading)은 연장된 활주로중심선에 해당하는 자방향(magnetic direction)이다. "Fly 또는 maintain runway heading"이라고 허가받은 경우, 조종사는 출발활주로의 연장된 활주로 중심선에 해당하는 기수방향으로 비행하거나 기수방향을 유지하여야 한다. 편류수정은 적용되지 않는다.

정답 7. ③ 8. ② 9. ② 10. ③ 11. ①

【문제】 12. Single engine을 장착한 항공기의 standard takeoff minimum 시정은?

① 0.5 SM   ② 1 SM   ③ 1.5 SM   ④ 2 SM

〈해설〉 2개 이하의 엔진을 장착한 항공기의 표준이륙최저(standard takeoff minima) 시정은 1 SM 이고, 2개를 초과하는 엔진을 장착한 항공기의 경우에는 1/2 SM 이다.

【문제】 13. NADP 1 소음경감절차 적용 시, 이륙 후 800 ft 이상의 고도에 도달하였을 때 유지해야 할 상승속도는? (ICAO 기준)

① $V_1+5\sim10$ kts   ② $V_2+5\sim10$ kts
③ $V_1+10\sim20$ kts   ④ $V_2+10\sim20$ kts

〈해설〉 Noise Abatement Departure Procedure(NADP)는 공항을 출발하는 항공기의 소음감소 목적으로 제정되었다. 공항 근거리에 소음민감지역이 있는 경우 NADP 1을 적용하고, 공항 원거리에 소음민감지역이 있는 경우 NADP 2를 적용한다. NADP 1은 빠른 시간 내에 높은 고도로 올라가는 절차이고, NADP 2는 소음이 덜한 낮은 추력으로 올라가는 절차이다. 소음경감을 위한 NADP 1 출발절차를 예로 들면 다음 그림과 같다.

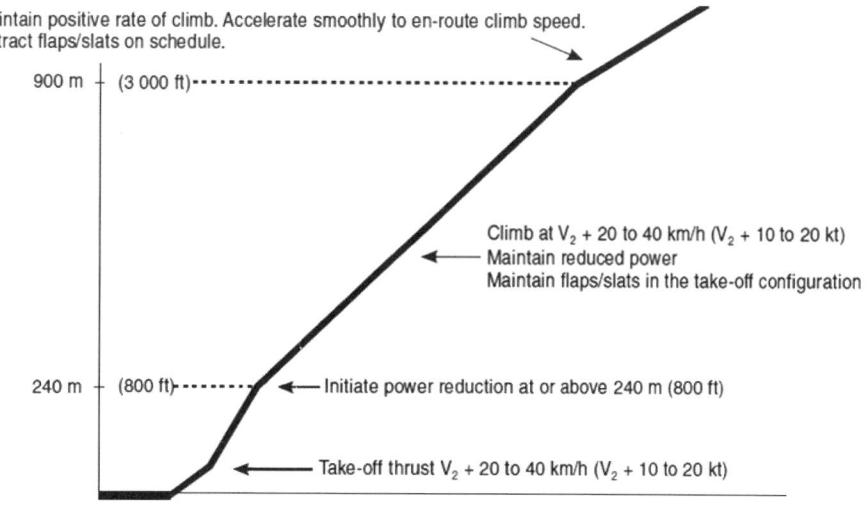

비행장 표고로부터 240 m(800 ft) 이상의 고도에 도달하였을 때 소음경감 동력/추력으로 엔진을 조정하고 유지한다. Flap/slat은 이륙 외장 상태 그대로에서 "$V_2+20\sim40$ km/h(10~20 kts)의 상승속도를 유지한다.

비행장 표고로부터 900 m(3,000 ft) 고도에서 positive rate of climb를 유지하면서 가속하며 flap/slat retraction을 한다. 그리고 항로상승속도(en-route climb speed)로 가속한다.

Ⅲ. 항공로 절차(En Route Procedure)

【문제】 1. RNAV 비행로에서 비행하는 RNAV 항법 항공기의 경우, 항로 중심으로부터 허용되는 오차 범위는?

① 1~2 NM   ② 2~3 NM   ③ 3~4 NM   ④ 5 NM 이내

정답 12. ② 13. ④ / 1. ①

【문제】2. RNAV Departure procedure의 요구되는 RNP는?
① RNP 0.3　　　② RNP 1　　　③ RNP 2　　　④ RNP 3

〈해설〉 항행요건(Nav Specs)은 정의된 공역개념 내에서 항법적용을 지원하기 위해 필요한 일련의 항공기 및 운항승무원 요건이다. RNP 및 RNAV 지시자의 경우, 숫자 지시자(numerical designation)는 공역, 비행로 또는 절차 내에서 운항하는 항공기 들이 비행시간 최소 95% 동안 달성할 것으로 예상되는 nautical mile 단위의 횡적 항행 정확도를 나타낸다.
   1. RNAV 1 : 통상적으로 RNAV 1은 DP 및 STAR에 사용되며 차트에 제시된다. 항공기는 전체 비행시간의 95% 동안에 1 NM 미만의 전체 시스템 오차를 유지하여야 한다.
   2. RNAV 2 : 달리 명시되지 않는 한, 통상적으로 RNAV 2는 항공로 운항에 사용된다. 항공기는 전체 비행시간의 95% 동안에 2 NM 미만의 전체 시스템 오차를 유지하여야 한다.
   3. RNAV 10 : 통상적으로 대양운항에 사용된다.

【문제】3. RVSM에 대한 설명 중 틀린 것은?
① RVSM 시스템은 세계 거의 모든 국가에서 운영되고 있다.
② RVSM 공역의 서쪽에서 동쪽으로 향하는 항공기는 FL290부터 고도를 배정한다.
③ RVSM 공역을 운항하는 항공기의 비행승무원은 RVSM 훈련을 받아야 한다.
④ RVSM 공역은 FL270부터 FL410까지의 모든 항공로이다.

【문제】4. RVSM 공역의 고도분리 간격은?
① 500 ft　　　② 1,000 ft　　　③ 1,500 ft　　　④ 2,000 ft

〈해설〉 수직분리축소(Reduced Vertical Separation Minimum; RVSM)란 비행고도 29,000 ft~41,000 ft 사이의 고고도 공역에서 항공기 간 수직 안전거리 간격을 2,000 ft에서 1,000 ft로 축소 적용하여 효율적인 공역 활용을 도모하고 공역 수용능력을 증대시키는 기법을 말한다.
　　RVSM은 국제민간항공기구(ICAO)의 권고에 따라 1997년 대서양지역을 시작으로 현재는 일부지역을 제외한 전 세계지역에서 도입하여 운영 중에 있다.
   1. 인천 FIR 내 RVSM 공역은 비행고도 29,000 ft 이상 41,000 ft 이하의 모든 항공로이다.
   2. RVSM 승인을 받고 도입되는 항공기는 해당 RVSM 공역에 적용되는 RVSM 정책 및 절차에 관하여 비행승무원이 교육훈련을 이수하고 책임 있는 국가로부터 운항을 위한 인증서를 발급받은 경우에 한하여 RVSM 공역을 운항할 수 있다.

【문제】5. Aircraft communications addressing and reporting system(ACARS)의 기능을 올바르게 설명한 것은?
① 항공기와 항공사를 연결하여 음성 대신 문자로 data를 전송해 준다.
② 항공기와 항공교통관제기관을 연결하여 음성 대신 문자로 data를 전송해 준다.
③ 항공기와 항공사를 연결하여 문자 대신 음성으로 data를 전송해 준다.
④ 항공기와 항공교통관제기관을 연결하여 문자 대신 음성으로 data를 전송해 준다.

【문제】6. Data link를 통하여 조종사에게 ATC clearance를 전달하여 주는 것은?
① FCC　　　② EDC　　　③ PDC　　　④ NMAC

정답　2. ②　3. ④　4. ②　5. ①　6. ③

【문제】 7. 조종사와 관제사 간에 음성으로 이루어지던 기존 통신방식과는 달리 문서형식의 정보를 데이터로 전송함으로써 정확성과 효율성을 기하고, 조종사의 업무부담을 감소시킬 수 있는 통신 시스템은?
① FISDL　　　② DUATS　　　③ CPDLC　　　④ MTSAT

【문제】 8. CPDLC(Controller-Pilot Data Link Communications)에 대한 설명으로 맞는 것은?
① 관제사와 조종사 간 음성 대신 문자로 정보를 교환하는 것이다.
② 관제사와 조종사 간 문자 대신 음성으로 정보를 교환하는 것이다.
③ 항공사와 조종사 간 음성 대신 문자로 정보를 교환하는 것이다.
④ 항공사와 조종사 간 문자 대신 음성으로 정보를 교환하는 것이다.

〈해설〉 다음 시스템은 통신절차를 간소화하여 조종사 관제사의 업무부하를 감소시키고 안전하고 효율적인 운항에 기여할 수 있게 된다.
1. ACARS(Aircraft Communication Addressing and Reporting System)는 satellite와 radio를 이용 항공기와 지상국 간의 message 전송을 가능하게 하는 digital 시스템이다. ACARS 방식의 출발전 허가(PDC, pre-departure clearance) 절차는 조종사가 운항관리사로부터 datalink를 통하여 허가를 받을 수 있게 하는 통신 시스템이다.
2. 관제사-조종사간 데이터링크통신(CPDLC; Controller Pilot Data Link Communications)은 문자 형식의 항공교통관제 message를 지상이나 위성 기반의 무선중계국(radio relay stations)을 이용하여 관제사와 조종사 간에 전달하는 양방향 디지털 통신 시스템이다. 조종사와 관제사 간에 음성이 아닌 문서(text) 형식의 정보를 자동화된 digital data 송수신 방식으로 전송한다.

【문제】 9. 레이더 관제 하에 운항 중일 때 새로운 주파수로 전환한 후 최초교신 시 보고해야 하는 것은?
① 식별부호, 현재 고도, 기수 방향
② 식별부호, 현재 위치, 고도
③ 식별부호, 현재 고도, 목표 고도
④ 식별부호, 현재 위치, 속도

〈해설〉 조종사는 지정된 시설과 최초교신 시 다음의 관제용어를 사용하여야 한다.
1. 레이더 관제상황에서 운항 중일 경우 적절한 용어 "level", "climbing to" 또는 "descending to" 다음에 배정받은 고도를, 그리고 해당하는 경우 현재 항공기가 떠나는 고도를 관제사에게 통보하여야 한다.
2. 비레이더 관제상황에서 운항 중일 경우 항공기의 현재 위치, 고도 및 다음 보고지점의 도착예정시간을 관제사에게 통보하여야 한다.

【문제】 10. VOR station 직상공 통과 인지방법은?
① TO-FROM indicator가 FROM 지시
② DME "0" 지시
③ VOR bearing pointer 6시 방향 지시
④ VOR bearing pointer wing tip 지시

【문제】 11. VOR station 상공을 통과하는 시점을 측정하는 기준은?
① VOR bearing pointer가 90° 부근에 위치하고 TO-FROM 지시기가 "TO"를 지시할 때
② TO-FROM 지시기가 "TO"를 지시할 때
③ TO-FROM 지시기의 "TO/FROM"이 완전히 바뀌었을 때
④ VOR bearing pointer가 180° 부근에 위치할 때

정답　7. ③　8. ①　9. ③　10. ①　11. ③

〈해설〉 VOR station을 통과할 때의 위치보고 시간은 "TO/FROM" 지시기가 처음으로 완전히 바뀌었을 때의 시간이어야 한다. 항공기가 station에 접근하면 "TO/FROM" 지시기가 흔들리다가 station을 통과할 때 "TO/FROM" 지시기는 FROM으로 바뀐다. 이때가 항공기가 송신소를 통과하는 시간이라고 할 수 있다.

【문제】 12. ATC로부터 "Radar service terminated"를 통보받았다. 이는 무엇을 뜻하는가?
① 조종사는 지정된 보고지점 상공에서 위치보고를 하지 않아도 된다.
② 조종사는 현재 위치를 통보하라.
③ 당신의 항공기가 식별되었다.
④ 조종사는 이후에 정상적인 위치보고를 재개하라.

【문제】 13. ATC 용어 "Radar contact"의 의미는?
① 당신의 항공기는 식별되었고, 이 레이더 시설과 contact 하는 동안 모든 항공기로부터 분리될 것이다.
② 당신은 레이더 service 또는 레이더 식별이 종료될 때까지 교통조언을 받게 될 것이다.
③ 당신의 항공기는 레이더 상에 식별되었고, 레이더 식별이 종료될 때까지 flight following이 제공될 것이다.
④ 조종사는 지정된 보고지점 상공에서 위치를 보고하고, radar vector가 주어질 것에 대기하라.

〈해설〉 위치보고 요건(Position reporting requirement)
1. 조종사는 ATC로부터 항공기가 "Radar contact" 되었다는 통보를 받은 경우에는 지정된 보고지점 상공에서 위치보고를 하지 않아도 된다. ATC가 "Radar contact lost" 또는 "Radar service terminated"라고 통보한 경우에는 다시 정상적인 위치보고를 하여야 한다.
2. ATC는 다음과 같은 경우에 "레이더포착(radar contact)" 사실을 조종사에게 통보한다.
  가. ATC 시스템에 처음으로 항공기가 식별되었을 때
  나. 레이더업무가 종료되거나 레이더포착이 상실된 이후에 레이더식별이 다시 이루어졌을 때

【문제】 14. Radar 관제제공 유무에 관계없이 반드시 보고해야 할 사항이 아닌 것은?
① VFR-on-top 비행 중 고도변경을 할 때
② 최종접근구간에서 최종접근픽스(FAF) 또는 outer marker를 지날 때
③ 최소한 분당 500 ft의 비율로 상승할 수 없을 때
④ 지정받은 holding fix를 떠날 때

【문제】 15. 레이더유도를 받고 있지 않은 상황에서 ATC의 특별한 요청이 없어도 반드시 보고해야 하는 시기는 언제인가?
① 최종접근진로로 접근 중 최종접근픽스(FAF)를 떠날 때
② 계기비행기상조건(IMC)으로 진입할 때
③ 예상 도착예정시간(ETA)이 2분을 초과하는 오차를 수정하고자 할 때
④ 항로 교차점에 도착했을 때

정답 12. ④ 13. ③ 14. ② 15. ①

【문제】 16. 레이더 관제하에서 반드시 보고하지 않아도 되는 경우는?
① 새로 배정된 고도로 비행하기 위하여 이전에 배정받은 고도를 떠날 때
② Missed approach를 할 때
③ 이전에 통보한 도착예정시간과 2분 이상 차이가 있을 것이 예상될 때
④ 진대기속도가 비행계획서에 제출한 진대기속도보다 5% 또는 10 knot의 변화가 있을 때

【문제】 17. 최소한 얼마의 상승률로 상승할 수 없을 경우 ATC에 보고해야 하는가?
① 300 fpm   ② 500 fpm   ③ 700 fpm   ④ 1,000 fpm

【문제】 18. 비행계획서에 제출한 진대기속도보다 순항고도에서 평균 진대기속도의 변화가 있는 경우, ATC에 보고해야 하는 것은?
① 항공기 속도(TAS)의 5% 또는 ±10 KT 변화 중 적은 것
② 항공기 속도(TAS)의 5% 또는 ±10 KT 변화 중 많은 것
③ 항공기 속도(TAS)의 10% 또는 ±5 KT 변화 중 적은 것
④ 항공기 속도(TAS)의 10% 또는 ±5 KT 변화 중 많은 것

【문제】 19. 레이더 관제 하에 있지 않을 때 보고지점 도착예정시간과 몇 분 이상 차이가 날 것이 예상되는 경우 ATC에 보고해야 하는가?
① 2분   ② 5분   ③ 7분   ④ 10분

〈해설〉 ATC의 특별한 요청이 없어도 ATC 또는 FSS 시설에 다음과 같이 보고하여야 한다.
  1. 항상 보고해야 하는 경우
    가. 새로 배정받은 고도 또는 비행고도로 비행하기 위하여 이전에 배정된 고도 또는 비행고도를 떠날 때
    나. VFR-on-top 허가를 받고 운항 중이라면, 고도변경을 할 때
    다. 최소한 분당 500 ft의 비율로 상승/강하할 수 없을 때
    라. 접근에 실패하였을 때
    마. 비행계획서에 제출한 진대기속도보다 순항고도에서의 평균 진대기속도가 5% 또는 10 knot의 변화(어느 것이든 큰 것)가 있을 때
    바. 허가받은 체공 fix 또는 체공지점에 도착한 경우, 시간 및 고도 또는 비행고도
    사. 지정받은 체공 fix 또는 체공지점을 떠날 때
    아. 관제공역에서 VOR, TACAN, ADF, 저주파수 항법수신기의 기능상실, 장착된 IFR-인가 GPS/GNSS 수신기를 사용하는 동안 GPS의 이상현상(anomaly), ILS 수신기 전체 또는 부분적인 기능상실이나 공지통신 기능의 장애
    자. 비행안전과 관련된 모든 정보
  2. 레이더에 포착되지 않았을 때 보고해야 하는 경우
    가. 최종접근진로 상의 inbound 최종접근픽스(비정밀접근)를 떠날 때, 또는 최종접근진로 상에서 외측마커나 inbound 외측마커 대신 사용되는 픽스(정밀접근)를 떠날 때
    나. 이전에 통보한 예정시간과 2분 이상 차이가 날 것이 확실할 때는 언제라도 수정된 예정시간을 통보하여야 한다.

[정답] 16. ③   17. ②   18. ②   19. ①

【문제】 20. 관제권 이양조건 중 틀린 것은?
① 지정된 위치, 시간, 픽스 또는 고도
② 분리책임이 있는 다른 항공기와 충돌요인 제거 후
③ 레이더 이양 및 주파수 변경이 완료된 시간
④ 인수관제사의 관할구역으로 진입한 후

〈해설〉 인계 관제사의 관제권 이양
사전 협의, 합의서, 운영내규에 명시된 경우를 제외하고는 항공기가 인수관제사의 관할구역으로 진입하기 전에 무선통신을 이양하여야 한다.

【문제】 21. 관제권 이양시기로 적합한 것은?
① 관제사가 적절하다고 판단한 시점
② 접근관제구역(TMA)을 지났을 때
③ 운영내규로 정한 시점
④ 허가한계점에 도착하였을 때

〈해설〉 다음의 조건에 따라 관제를 이양한다.
1. 지정된 또는 합의된 위치, 시간, 픽스, 고도
2. 인수관제사에 대한 레이더 이양 및 주파수 변경이 완료된 시간 또는 이양되는 관제의 형태 및 범위에 관하여 별도 합의서 또는 운영내규에 정한 시간
3. 분리책임이 있는 다른 항공기와 충돌요인 제거 후
4. 별도의 협의 또는 합의서·운영내규에 명시하지 않은 한, 항공기의 무선통신 인수와 함께 관제책임도 인수하여야 한다.
5. 인수관제기관의 동의없이 항공기의 관제책임을 다른 항공교통관제기관으로 이양하여서는 안된다.

【문제】 22. COP(Changeover point)의 설정목적이 아닌 것은?
① 항법신호 수신 보장
② 다른 항공시설국과의 주파수 간섭 방지
③ 장애물 회피 보장
④ 동일 지역에서 비행하는 모든 항공기 동일 항법시설 사용

【문제】 23. Changeover point(COP)에 관한 설명 중 틀린 것은?
① COP를 지키지 않을 경우 two-way communication이 보장되지 않는다.
② COP의 설정목적은 다른 항공시설국으로부터 간섭을 방지하기 위한 것이다.
③ COP가 명시되어 있지 않으면 항법시설 간의 중간지점에서 VOR 주파수를 변경해야 한다.
④ COP는 항법신호의 수신을 보장한다.

〈해설〉 주파수 변경지점(Changeover Point; COP)
1. COP는 비행로 또는 항공로 구간에서 2개의 인접한 항행시설 간에 항행유도의 변경이 일어나는 지점이다. 조종사는 이 지점에서 항공기 후방의 기지국(station)으로부터 전방의 기지국으로 항법수신기의 주파수를 변경하여야 한다.
2. COP는 항법신호의 수신을 보장하여 항행유도의 상실을 방지하고, 다른 시설과의 주파수 간섭을 방지한다. 또한 동일한 공역에서 서로 다른 항공기가 서로 상이한 시설을 이용하는 것을 방지하기 위하여 설정된다.

【문제】 24. Transponder mode C에 대한 설명 중 틀린 것은?
① 방위, 거리 및 고도정보를 제공한다.
② 항공기 간 항적정보를 제공한다.
③ 신호를 식별하기 위해서는 관제 레이더에 추가장비가 필요하다.
④ Class B, C 공역 및 class B 공역의 주요공항으로부터 30 NM 내에서는 항상 작동하여야 한다.

〈해설〉 Transponder Mode C(Altitude reporting)
1. 일차 레이더 반사신호는 레이더 안테나로부터 표적까지의 거리 및 방위만을 나타낸다. 이차 레이더 반사신호는 항공기가 encoding altimeter 또는 blinder encoder를 갖추고 있다면 control scope에 Mode C 고도를 시현한다.
2. 트랜스폰더를 장착한 경우 관제공역에서 운항 중일 때는 항상 "ON"에 두어야 하며, B등급과 C등급 공역 및 B등급 공역의 주요공항을 둘러싸고 있는 반경 30 mile의 원(circle) 내부에서는 고도보고기능을 갖출 것을 규정하고 있다. 고도보고기능은 항상 "ON"에 두어야 한다.

【문제】 25. Transponder Mode C 고도정보의 유효 오차범위는?
① ±100 ft　　② ±200 ft　　③ ±300 ft　　④ ±400 ft

【문제】 26. RVSM이 적용되는 고도에서 Mode C 고도정보의 허용오차 범위는?
① ±100 ft　　② ±200 ft　　③ ±300 ft　　④ ±400 ft

〈해설〉 다음의 경우 Mode C 고도판독이 유효한 것으로 간주한다.
1. 조종사가 보고한 고도로부터 ±300 ft(±90 m) 미만 차이가 있을 때[RVSM이 적용되는 공역은 ±200 ft (±60 m)]
2. 공항에 있는 항공기로부터 계속해서 고도 판독자료를 받고 있고 판독치가 공항표고로부터 ±300 ft (±90 m) 미만 차이가 있을 때

【문제】 27. ADS-B에 대한 설명 중 맞는 것은?
① 인공위성 위치의 정확성을 향상시키기 위해 PPS(Precision positioning system)를 사용한다.
② Mode C를 이용하여 위치, 고도와 거리정보를 제공받는다.
③ RAIM(Receiver autonomous integrity monitoring)을 사용한다.
④ Mode S와 연계하여 항공기 감시정보를 ATC 및 다른 항공기에 전송한다.

〈해설〉 ADS-B(Automatic Dependent Surveillance-Broadcast)는 자동으로 지상의 항공교통관제 및 다른 항공기에 자동으로 방송한다. 이는 ADS-B 장비를 탑재한 항공기가 인공위성으로부터 신호를 수신하면, Mode S 트랜스폰더를 통해 항공기의 위치(위도, 경도와 고도 등), 속도 및 기타 관련 정보를 지상의 항공교통관제 및 다른 항공기와 공유하는 상호 협조형 차세대 감시시스템이다. 항공기가 스스로 감시정보를 ADS-B를 탑재한 다른 항공기에 일괄 송신하여 공중 또는 지상에서의 충돌사고도 예방한다.

【문제】 28. Holding instruction을 받기 위해 fix 도착 몇 분 전부터 체공속도를 감소해야 하는가?
① 2분　　② 3분　　③ 5분　　④ 6분

〈해설〉 항공기가 허가한계점으로부터 3분 이내의 거리에 있고 fix 다음 구간에 대한 비행허가를 받지 못했을 경우, 조종사는 항공기가 처음부터 최대체공속도 이하로 fix를 통과하도록 속도를 줄이기 시작하여야 한다.

정답　24. ②　25. ③　26. ②　27. ④　28. ②

【문제】 29. Holding instruction 시 제공되지 않는 것은?
　　　① Fix로부터의 holding 방향　　　② Fix의 명칭, 입항경로, Leg 길이
　　　③ 선회방향, 허가예상시간(EFC)　　④ 변경된 도착예정시간(ETA)

【문제】 30. Nonstandard holding 지시 시 제공하는 정보가 아닌 것은?
　　　① 선회방향　　　　　　　　　　　② 체공 방위(bearing)
　　　③ 도착예정시간(ETA)　　　　　　④ 고도(altitude)

〈해설〉 장주가 차트화되어 있지 않은 fix에 체공을 요구한 항공기의 ATC 허가에는 다음 정보가 포함된다. 체공지시에 새로운 고도가 달리 포함되어 있지 않은 한, 조종사는 최종적으로 배정받은 고도를 유지하여야 한다.
　1. 나침반의 주요 8방위 지점의 용어로 나타낸 fix로부터의 체공방향
　2. 체공 fix (최초교신 시 허가한계점에 포함되어 있었다면 fix는 생략할 수 있다.)
　3. 항공기가 체공할 radial, 진로(course), 방위(bearing), 항공로 또는 비행로
　4. DME 또는 지역항법(RNAV)이 이용되는 경우, mile 단위의 장주길이(leg length)
　5. 좌선회(left turn)를 하여야 하거나, 조종사 요구 또는 관제사가 필요하다고 판단할 때 선회방향
　6. 허가예상시간(EFC) 및 관련 추가 지연정보

【문제】 31. 체공지시 시 EFC(expect further clearance)를 발부하는 주 목적은?
　　　① 착륙 우선순위를 결정하기 위하여
　　　② 체공공간의 분리를 위하여
　　　③ Radio failure에 대비할 수 있도록
　　　④ 관제의 편의를 도모하기 위하여

【문제】 32. 1600의 EFC를 받고 holding 중 1530에 radio가 failure 되었다면, 조종사는 어떠한 조치를 취하여야 하는가?
　　　① 1530에 holding fix를 출발하여 접근을 시작한다.
　　　② 가능한 한 1600까지 approach fix에 도달하기 위해 holding fix를 출발한다.
　　　③ 1600까지 holding 하다가 holding fix를 출발하여 접근을 시작한다.
　　　④ 즉시 approach fix로 접근하여 1600까지 holding 한다.

〈해설〉 모든 체공지시에는 허가예상시간(EFC)이 포함되어 있다는 것에 주목하라. 조종사가 양방향 무선통신이 두절된 경우, EFC는 지정된 시간에 체공픽스(holding fix)를 출발할 수 있도록 한다.

【문제】 33. ATC의 holding 지시를 받지 않고 fix에 도착했을 때 조종사가 수행해야 할 절차로 틀린 것은?
　　　① Published holding pattern이 없다면 좌선회 holding을 한다.
　　　② Published holding pattern이 없다면 표준장주에 holding 하면서 가능한 한 빨리 추후허가를 요구한다.
　　　③ Holding fix로부터 3분 이내의 거리에 있을 때부터 감속한다.
　　　④ Published holding pattern이 있다면 발간되어 있는 대로 holding 한다.

정답　29. ④　30. ③　31. ③　32. ③　33. ①

【문제】34. 비행 중 fix에 도착했는데 체공지시를 발부받지 못한 경우, published holding pattern이 있다면 조종사의 행동절차로 올바른 것은?
   ① 좌선회 holding을 한다.
   ② 우선회 holding을 한다.
   ③ 표준장주에 holding 하면서 추후허가를 요구한다.
   ④ Published holding pattern에 따라 holding 한다.

〈해설〉 체공장주(Holding pattern)
   1. 체공장주공역보호는 다음과 같은 절차를 기반으로 한다.
      가. 표준장주(Standard Pattern) : 우선회
      나. 비표준장주(Nonstandard Pattern) : 좌선회
   2. 체공장주가 차트화되어 있고 관제사가 완전한 체공지시를 발부하지 않았다면, 조종사는 해당 차트에 표기되어 있는 대로 체공하여야 한다. 장주가 차트화되어 있을 때에 관제사는 "hold east as published"와 같이 차트화된 체공방향과 as published 라는 용어를 제외한 모든 체공지시를 생략할 수 있다.
   3. 체공장주가 차트화되어 있지 않고 체공지시를 발부받지 않은 경우, 조종사는 fix에 도착하기 전에 ATC에 체공지시를 요구하여야 한다. Fix에 도착하기 전에 체공지시를 받을 수 없는 경우, 조종사는 fix에 접근하는 진로상의 표준장주에서 체공하면서 가능한 한 빨리 추후허가를 요구한다.

【문제】35. 김포공항의 15,000 ft 고도에서 holding 시 최대 holding speed는?
   ① 200 kts   ② 220 kts   ③ 240 kts   ④ 265 kts

【문제】36. 인천공항에서 고도 14,000 ft 이하 체공장주에서 체공 시 maximum holding speed는?
   ① 210 kts   ② 230 kts   ③ 240 kts   ④ 265 kts

【문제】37. ICAO 기준으로 14,000~20,000 ft 고도에서 holding 시 유지해야 할 속도는?
   ① 210 kts   ② 230 kts   ③ 240 kts   ④ 265 kts

〈해설〉 모든 항공기는 다음과 같은 고도 및 최대체공속도(maximum holding airspeed)로 체공하여야 한다. 인천/김포/양양/여수 공항에는 다음과 같은 ICAO Doc 8168 table이 적용된다.

고도(Level)	대기속도(KIAS)
34,000 ft 초과	Mach 0.83
20,000 ft~34,000 ft	265 kts
14,000 ft~20,000 ft	240 kts
14,000 ft 이하	230 kts 170 kts*

*CAT A와 B 항공기로서 제한되는 체공의 경우

【문제】38. Holding pattern 기본구역에서 보장되는 장애물로부터 최소한의 고도는?
   ① 500 ft   ② 800 ft   ③ 1,000 ft   ④ 1,400 ft

〈해설〉 수평체공장주의 경우 기본구역(primary area) 전체에서 최소 1,000 ft의 장애물 회피가 제공된다. 이차구역(secondary area)에서는 내부 가장자리(inner edge)에서 500 ft의 장애물 회피가 제공되며, 외부 가장자리(outer edge)로 갈수록 0 ft로 점점 감소한다.

정답 34. ④   35. ③   36. ②   37. ③   38. ③

【문제】39. Holding pattern entry procedure를 정할 때 기준이 되는 것은?
① True Course ② Magnetic Course
③ True Heading ④ Magnetic Heading

〈해설〉 Holding pattern의 entry procedure는 fix에 도착했을 때 진입구역(entry sector)에 대한 항공기의 magnetic heading에 좌우된다.

【문제】40. 항공기가 heading 060°로 Fix 통과 시에 다음과 같은 지시를 받았다면 적합한 Holding pattern entry 방법은?
"Cleared to the ABC NDB. Hold Southwest on the 230° Bearing from the NDB"
① Direct entry procedure ② Parallel entry procedure
③ Teardrop entry procedure ④ Parallel 또는 Teardrop entry procedure

〈해설〉 표준 우선회(체공지시에 선회방향이 생략되어 있으므로 표준장주인 우선회이다) 시 heading 60°인 경우 entry pattern은 다음과 같다.

Holding course(Bearing)	Entry pattern
130°~310°	Direct Entry
310°~ 60°	Parallel Entry
60°~130°	Teardrop Entry

■ 잠깐! 알고 가세요.
[진입절차(Holding Procedure) 결정방법]

진입절차(entry procedure)를 결정하는 일반적인 방법은 다음과 같다.
1. Heading이 station을 향하게 하여, heading indicator의 상부에 오도록 한다.
2. Heading indicator의 중앙을 지나가도록 수평선을 그린다. 표준 right turn인 경우, 수평선을 반시계 방향(left turn인 경우 시계 방향)으로 20° 기울인다.
3. Heading indicator의 중앙에서 상부로 직선을 그린다.
4. Heading indicator에서 체공해야 할 radial을 확인하여, 진입방법을 결정한다.
  가. 체공진로가 상부 우측구간에 속하면 teardrop entry를 하여야 한다.
  나. 체공진로가 상부 좌측구간에 속하면 parallel entry를 하여야 한다.
  다. 그리고 체공진로가 넓은 하부구간에 속하면 direct entry를 하여야 한다.
  라. 두 구간이 겹치는 경우, 겹치는 두 가지 진입방법 모두 사용 가능함 (실비행에서는 parallel, teardrop entry procedure 순으로 권장)

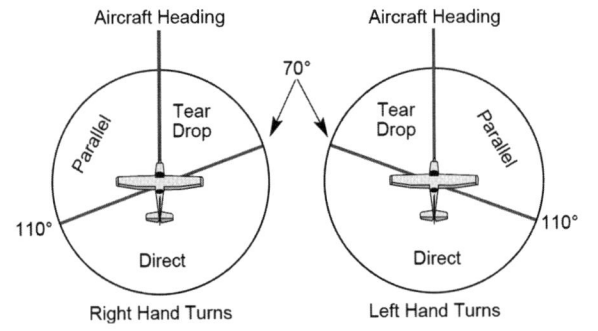

【문제】 41. Heading 360°로 비행 중 다음과 같은 체공지시를 받은 경우 진입방법은?
　　　"…Cleared to the XYZ NDB. Hold Northwest of the XYZ NDB on the 315 Radial…"
　　① Direct entry procedure　　　　② Parallel entry procedure
　　③ Teardrop entry procedure　　　④ Direct 또는 Parallel entry procedure

〈해설〉 표준 우선회 시 heading 360°인 경우 entry pattern은 다음과 같다.

Airplane heading to Fix	Entry pattern
70°~250°	Direct Entry
250°~360° ☞	Parallel Entry
0°~ 70°	Teardrop Entry

【문제】 42. Heading 240°로 Inbound 중 "…Hold East of the ABC VORTAC on the Zero Niner Zero Radial, Left Turns…"라는 ATC 지시를 받았다. Holding pattern에 진입하기 위한 권장절차는?
　　① Teardrop entry procedure　　　② Direct entry procedure
　　③ Parallel entry procedure　　　 ④ Teardrop 또는 Parallel entry procedure

〈해설〉 비표준 좌선회 시 heading 240°인 경우 entry pattern은 다음과 같다.

Airplane heading to Fix	Entry pattern
350°~170° ☞	Direct Entry
240°~350°	Parallel Entry
170°~240°	Teardrop Entry

【문제】 43. "Abeam"이란?
　　① Fix가 항공기 track 기준 90° 좌우에 위치한 상태
　　② Fix가 항공기 track 기준 45° 좌우에 위치한 상태
　　③ Fix가 항공기 track 기준 전방에 위치한 상태
　　④ Fix가 항공기 track 기준 후방에 위치한 상태

〈해설〉 Fix, 지점(point) 또는 목표물(object)이 항공기 항적(track)의 대략 좌측 또는 우측 90° 정도에 위치할 때 항공기는 fix, 지점(point) 또는 목표물과 "abeam" 위치가 된다. Abeam은 정확한 지점이라기보다는 대략적인 위치를 나타낸다.

【문제】 44. Holding 시 outbound leg timing을 시작하는 시기는?
　　① Holding fix 상공 통과 시
　　② Holding fix에 abeam 되었을 때
　　③ Holding fix 상공 또는 fix abeam 위치 중 먼저 도달하는 곳에서
　　④ Holding fix 상공 또는 fix abeam 위치 중 늦게 도달하는 곳에서

【문제】 45. Holding 시 두 번째 outbound leg에 진입시점은?
　　① Holding fix 상공을 통과할 때
　　② Holding fix와 abeam 되거나 선회가 끝나는 시점 중 빠른 것

정답　41. ②　42. ②　43. ①　44. ④

③ Holding fix와 abeam 되었을 때
④ Holding fix 상공 또는 fix와 abeam 되는 시점 중 빠른 것

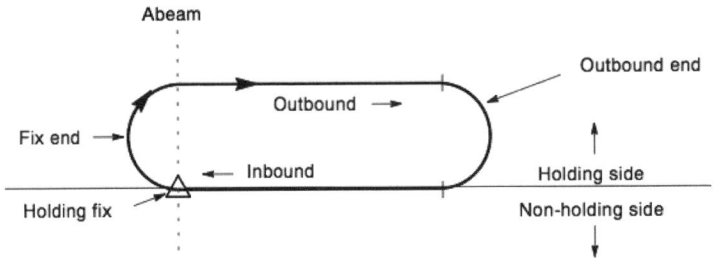

【문제】46. Holding 시 적합한 선회각도는?
① 초당 1.5°, 또는 25° 경사각 중 작은 것
② 초당 1.5°, 또는 30° 경사각 중 큰 것
③ 초당 3°, 또는 25° 경사각 중 큰 것
④ 초당 3°, 또는 30° 경사각 중 작은 것

【문제】47. Holding에 대한 설명 중 맞는 것은?
① 14,000 ft 이하의 고도에서 최대 holding leg time은 1분 30초이다.
② 14,000 ft 이하의 고도에서 터빈항공기의 최대체공속도는 260 knots 이다.
③ Holding fix 도착 최소 5분 전에 속도를 감속하기 시작하여야 한다.
④ 최대 30°, 또는 flight director 사용 시에는 최대 25°의 bank angle로 선회한다.

【문제】48. Holding에 대한 설명 중 틀린 것은?
① 바람 수정각을 고려하여 holding track을 유지하여야 한다.
② Outbound leg timing은 항법시설 상공 또는 abeam 중 먼저 오는 곳에서부터 시작한다.
③ Abeam 위치를 확인할 수 없다면 outbound로 선회를 완료했을 때부터 outbound leg timing을 시작한다.
④ 14,000 ft 이하의 고도에서 outbound leg time은 1분이다.

〈해설〉 체공(Holding)
1. 시간조절(Timing)
  가. Inbound Leg
    (1) 14,000 ft MSL 이하 : 1분
    (2) 14,000 ft MSL 초과 : 1분 30초
  나. Outbound leg 시간측정은 fix 상공 또는 abeam 위치 가운데 나중에 나타나는 곳에서부터 시작한다. Abeam 위치를 판단할 수 없다면 outbound로 선회를 완료했을 때부터 시간을 측정한다.
2. 조종사 조치(Pilot action)
  가. 처음부터 최대체공속도 이하로 체공 fix를 통과하도록 체공 fix로부터 3분 이내의 거리에 있을 때부터 감속하기 시작한다.
  나. 진입 및 체공하는 동안 다음 각도로 선회하며, 다음 세 가지 가운데 가장 적은 경사각(bank angle) 이 요구되는 것을 사용하여야 한다.

(1) 초당 3°, 또는
(2) 30°의 경사각(bank angle), 또는
(3) 비행지시장치(flight director system)를 이용할 경우, 25°의 경사각

Ⅳ. 도착절차(Arrival Procedures) 1

【문제】1. STAR 절차로 운항 중인 조종사에게 발부된 "Descend via 000 arrival"의 의미는?
① 조종사 임의의 경로 설정 및 강하를 허가한다.
② STAR에 있는 procedure를 따라서 강하하라.
③ 000 arrival 절차에 나오는 경로와 고도를 따라서 강하하라.
④ 조종사 임의의 강하를 허가하지만 STAR의 고도 및 속도제한을 준수하라.

〈해설〉 "Descend via" 허가는 조종사에게 다음을 허가한다.
1. 발간된 제한사항과 STAR에 의한 횡적항행을 이행하기 위한 조종사 임의의 강하
2. STAR에 표기된 waypoint까지 허가되었을 경우, 조종사 임의의 이전에 배정된 고도로부터 그 waypoint에 표기된 고도까지의 강하
3. 표기된 도착비행로에 진입한 후 강하 및 발간되거나 배정된 모든 고도와 속도제한을 이행하기 위한 항행

【문제】2. ATC는 어떤 조건 하에서 STAR를 발부하는가?
① STAR가 가능한 곳의 모든 조종사에게 발부한다.
② 비행계획서의 비고란에 STAR를 요청한 조종사에게만 발부한다.
③ 조종사가 "NO STAR"를 요청하지 않는 한 ATC가 적절하다고 고려할 때 발부한다.
④ 조종사가 STAR 차트를 가지고 있지 않을 때 발부한다.

【문제】3. ATC로부터 "Descend via 00 STAR"를 발부 받았다면 일반적으로 어디까지 인가된 것인가?
① Initial approach fix
② Intermediate approach fix
③ Final approach point
④ Final approach fix

【문제】4. STAR 절차 시 10,000 ft 이상의 고도에서 최대 강하율은?
① 200 ft/NM   ② 280 ft/NM   ③ 330 ft/NM   ④ 400 ft/NM

〈해설〉 표준터미널도착절차(STAR)
1. STAR가 발간된 지역까지 비행하려는 IFR 항공기의 조종사는 ATC가 적합하다고 판단하면 언제든지 STAR가 포함된 허가를 받을 수 있다.
2. 조종사는 STAR의 사용을 원하지 않으면 비행계획서의 비고란에 "NO STAR"라고 기입하거나, 바람직한 방법은 아니지만 ATC에 구두로 이를 통보하여야 한다.
3. STAR는 일반적으로 계기접근절차의 initial approach fix(IAF)에서 종료된다.
4. STAR 절차에서 허용되는 최대 강하율은 10,000 ft MSL 미만의 고도에서 318 ft/NM(약 3.0°) 이고, 10,000 ft MSL 이상의 고도에서는 330 ft/NM(약 3.11°) 이다.

[정답] 1. ④   2. ③   3. ①   4. ③

【문제】5. Approach gate에 대한 설명 중 틀린 것은?
　　① ATC가 항공기를 최종접근코스로 vectoring 시킬 때 사용하는 지점이다.
　　② 항공기가 착륙을 위한 강하를 시작하는 지점이다.
　　③ Final approach fix로부터 1 NM 바깥지점에 위치하여야 한다.
　　④ Landing threshold로부터 5 NM을 초과하여야 한다.
　〈해설〉Approach gate는 최종접근진로로 항공기를 레이더유도(vector)하기 위해 ATC에 의해 사용되는 가상의 지점이다. Approach gate는 공항에서 멀리 떨어진 최종접근 fix(FAF)로부터 최종접근진로 상의 1 NM에 설정되며, 착륙시단으로부터 5 NM보다 더 근접하게 위치하지는 않는다.

【문제】6. Feeder route에 대한 설명 중 맞는 것은?
　　① 연료절약을 보장하는 route 이다.
　　② 공항 5 NM 전까지 안전운항을 보장하는 route 이다.
　　③ En route structure로부터 IAF로 진행하기 위해 설정된 route 이다.
　　④ Final approach fix를 통과하면 종료된다.
　〈해설〉전이로(feeder route)는 항공로 구조에서 최초접근 fix(IAF)까지 비행하는 항공기의 비행로를 지정하기 위하여 계기접근절차 chart에 명시된 비행로이다.

【문제】7. Terminal radar approach service의 관제범위는?
　　① 25 NM, 15,000 ft　　　　② 50 NM, 17,000 ft
　　③ 100 NM, 18,000 ft　　　 ④ 130 NM, 20,000 ft
　〈해설〉레이더스코프(radarscope)를 이용한 터미널 레이더 접근관제소(Terminal Radar Approach Control, TRACON) 관제사의 업무범위는 일반적으로 반경 50 mile 이내, 고도 17,000 ft까지의 공역구역이다. 이러한 공역은 주요 공항에 업무를 제공할 수 있도록 설정되지만, 레이더업무구역의 50 mile 이내에 있는 다른 공항이 포함될 수도 있다.

【문제】8. Approach category B 항공기가 circle to land 시 지정속도를 5 kts 초과하여 비행할 필요가 있을 경우, 적용해야 할 category는?
　　① Category A 값을 적용한다.　　② Category B 값을 적용한다.
　　③ Category B 값의 최대치를 적용한다.　　④ Category C 값을 적용한다.

【문제】9. Circling approach 시 category C 항공기의 approach speed는?
　　① 111~130 kts　　② 121~140 kts　　③ 131~150 kts　　④ 141~160 kts

【문제】10. 1.3×Vso의 의미로 가장 적절한 것은?
　　① L/Dmax에 가장 근접한 속도이다.
　　② 적절한 final approach speed는 Vso - 5 kts 이다.
　　③ Landing gear나 flap을 사용하면 변한다.
　　④ 순항속도이다.

정답　5. ②　6. ③　7. ②　8. ④　9. ②　10. ①

【문제】 11. 접근속도(approach speed) Vat란?

① Vef×1.3   ② Vso×1.3   ③ Vno×1.3   ④ Vne×1.3

〈해설〉 항공기 접근범주(Approach category)

접근범주란 V_{REF} 속도가 명시되어 있는 경우 최대인가착륙중량에서 V_{REF} 속도를 기준으로, V_{REF}가 명시되어 있지 않은 경우 최대인가착륙중량에서 V_{SO}의 1.3배 속도를 기준으로 항공기를 분류한 것을 의미한다. V_{REF}는 최종접근 시 착륙하기 위해 활주로시단 상공 50 ft를 통과할 때의 기준속도이며, 일반적으로 L/D_{MAX}에 가까운 속도인 1.3 V_{SO} 이다.

범주의 범위(category limit)는 다음과 같다. 그러나 예를 들어 범주 B에 속하는 비행기라도 착륙하기 위하여 145 knot의 속도로 선회 시에는 접근범주 D 최저치를 사용하여야 한다.
1. 범주 A(category A) : 91 knot 미만의 속도
2. 범주 B(category B) : 91 knot 이상, 121 knot 미만의 속도
3. 범주 C(category C) : 121 knot 이상, 141 knot 미만의 속도
4. 범주 D(category D) : 141 knot 이상, 166 knot 미만의 속도
5. 범주 E(category E) : 166 knot 이상의 속도

【문제】 12. 계기접근 chart에서 확인할 수 없는 사항은?

① 접근 종류   ② 유효 NOTAM
③ 접근 장비   ④ 사용 활주로

〈해설〉 각각의 FAA 차트는 페이지 상부 및 하부에 있는 절차 명칭(최종접근에 필요한 NAVAID에 의한), 사용 활주로 및 공항 위치 둘 다에 의해 식별된다.

【문제】 13. Chart에 인가된 고도와 같거나 높은 고도를 유지해야 하는 고도는?

① Minimum altitude   ② Maximum altitude
③ Mandatory altitude   ④ Recommended altitude

【문제】 14. MEA 또는 그 이하의 고도로 비행 시 적용해야 하는 고도는?

① Maximum altitude   ② Minimum altitude
③ Recommended altitude   ④ Mandatory altitude

【문제】 15. Chart에 표기된 mandatory altitude 2400의 의미는?

① 2,400 ft 이하의 고도로 내려가면 안된다.   ② 2,400 ft 이상의 고도로 올라가면 안된다.
③ 2,400 ft의 고도를 유지하여야 한다.   ④ 2,400 ft의 고도로 비행할 것을 권고한다.

〈해설〉 규정된 고도는 계기접근절차차트에 최저, 최대, 의무 및 권고고도의 네 가지 다른 형태로 표기될 수 있다.
1. 최저고도(minimum altitude)는 고도치(altitude value)에 밑줄을 그어 표기한다. 항공기는 표기된 값 이상의 고도를 유지하여야 한다. 〔예: 3000〕
2. 최대고도(maximum altitude)는 고도치에 윗줄을 그어 표기한다. 항공기는 표기된 값 이하의 고도를 유지하여야 한다. 〔예: 4000〕
3. 의무고도(mandatory altitude)는 고도치에 밑줄 및 윗줄 모두를 그어 표기한다. 항공기는 표기된 값의 고도를 유지하여야 한다. 〔예: 5000〕
4. 권고고도(recommended altitude)는 밑줄이나 윗줄이 없는 채로 표기한다. 〔예: 6000〕

정답 11. ② 12. ② 13. ① 14. ① 15. ③

【문제】 16. 항로에서 항법신호의 수신과 장애물 회피를 보장하는 최저고도는?
① MEA ② MOCA ③ MRA ④ MCA

【문제】 17. MEA가 제공하지 않는 것은?
① Navigation signal ② Obstacle clearance
③ Two-way communication ④ Radar service

【문제】 18. MEA에 대한 설명 중 맞는 것은?
① 장애물 회피, 양방향 통신, 항법신호 수신 보장
② 장애물 회피, 양방향 통신 보장
③ 장애물 회피, 항법신호 수신 보장
④ 장애물 회피 보장

〈해설〉 최저항공로고도(Minimum En Route IFR Altitude; MEA)는 무선 fix 간 항행안전시설 신호를 수신할 수 있고, 이들 fix 간 장애물 회피요건을 충족하는 발간된 최저고도이다. MEA는 양방향 통신을 유지할 수 있는 고도이지만, 반드시 양방향 통신을 보장하는 것은 아니다.

【문제】 19. Minimum safe altitude(MSA)에 대한 설명으로 옳은 것은?
① 장애물로부터 1,000 ft 회피 제공, 항법신호 수신 보장
② 장애물로부터 1,000 ft 회피 제공, 항법신호 수신 보장하지 않음
③ 장애물로부터 2,000 ft 회피 제공, 항법신호 수신 보장
④ 장애물로부터 2,000 ft 회피 제공, 항법신호 수신 보장하지 않음

【문제】 20. 접근차트의 최저안전고도(MSA)에 대한 설명 중 맞는 것은?
① VOR, NDB 시설을 사용해서 공항의 반경 25 NM 이내, 최대 30 NM 이내에 설정된다.
② 가장 높은 장애물로부터 최소 1,500 ft의 장애물 회피를 제공한다.
③ 5개 이상의 구역(sector)으로 설정할 수 있다.
④ 공항 20 NM 내에 NDB 또는 VOR 시설이 없으면 MSA를 설정할 수 없다.

【문제】 21. 접근차트의 MSA에 대한 설명 중 맞는 것은?
① 필요할 경우 범위는 반경 40 NM까지 늘어날 수 있다.
② VOR과 같은 시설이 없어도 설정할 수 있다.
③ 4~5개의 구역(sector)으로 분할할 수 있다.
④ 가장 높은 장애물로부터 1,500 ft의 통과고도를 제공한다.

〈해설〉 최저안전고도(MSA; Minimum Safe/Sector Altitude)
1. MSA는 긴급한 경우에 사용하기 위하여 IAP 또는 출발절차 그래픽 차트에 게재된다. MSA는 모든 장애물로부터 상공 1,000 ft의 회피를 제공하지만 허용 항법신호 통달범위를 반드시 보장하지는 않는다.

정답 16. ① 17. ④ 18. ③ 19. ② 20. ① 21. ②

2. 기존 항법시스템에서 MSA는 일반적으로 IAP에 입각한 일차전방향성시설을 기반으로 하지만, 이용할 수 있는 적합한 시설이 없다면 공항표점을 기반으로 할 수 있다. RNAV 접근에서 MSA는 RNAV waypoint를 기반으로 한다.
3. MSA는 보통 반경 25 NM이지만 기존 항법시스템의 경우 공항의 착륙구역을 포함하기 위하여 필요하면 30 NM까지 반경을 확장할 수 있다. 일반적으로 하나의 안전고도가 설정되지만, MSA가 시설을 기반으로 하고 장애물 회피를 위하여 필요한 경우 4개 구역까지 MSA를 설정할 수 있다.

【문제】22. 다음 중 장애물 회피를 보장하는 최저고도는?
① MEA ② MOCA ③ MVA ④ MAA

【문제】23. MVA는 비산악지형에서 장애물로부터 몇 ft의 clearance를 보장하는가?
① 800 ft ② 1,000 ft ③ 1,500 ft ④ 2,000 ft

【문제】24. 최저레이더유도고도(MVA)에 대한 설명으로 틀린 것은?
① 산악지역에서는 장애물로부터 2,000 ft의 고도분리를 제공한다.
② 비산악지역에서는 장애물로부터 1,000 ft의 고도분리를 제공한다.
③ 관제공역의 하단에서부터 적어도 300 ft 이상의 간격을 제공한다.
④ 항법신호의 수신을 보장한다.

〈해설〉 최저레이더유도고도(Minimum Vectoring Altitude; MVA)는 레이더항공교통관제가 행해질 때 ATC가 사용할 수 있도록 설정된다. 이것은 장애물 주변의 레이더유도를 촉진하기 위하여 만들어진 것이다.
1. 각 구역의 최저레이더유도고도는 비산악지역에서는 가장 높은 장애물로부터 상공 1,000 ft로 되어 있으며, 지정된 산악지역에서는 가장 높은 장애물로부터 상공 2,000 ft로 되어 있다. 최저레이더유도고도는 관제공역의 하한고도(floor)로부터 최소한 상공 300 ft로 되어 있다.
2. MVA를 고려해야 할 대상구역의 다양성, 이러한 구역에 적용되는 서로 다른 최저고도, 그리고 특정 장애물을 격리할 수 있는 기능으로 인하여 일부 MVA는 비레이더 최저항공로고도(MEA), 최저장애물회피고도(MOCA) 또는 주어진 장소의 차트에 표기된 다른 최저고도보다 낮을 수도 있다.

【문제】25. 현재 MEA보다 높게 설정된 항공로로 비행하는 항공기가 특정 지점에서 통과해야 할 최저고도는?
① MCA ② MSA ③ MAA ④ MRA

〈해설〉 최저통과고도(Minimum Crossing Altitude; MCA)는 최저항공로고도(MEA)가 현재 MEA 보다 높게 설정된 항공로로 비행하는 항공기가 특정 픽스에서 통과해야 할 최저고도이다. MCA는 MEA가 바뀌는 지점을 통과 후 정상적인 상승을 하여서는 장애물 안전고도를 유지할 수 없는 경우에 설정한다.

【문제】26. MOCA에서 VOR 신호를 수신할 수 있는 최대유효범위는?
① 항법시설로부터 18 NM ② 항법시설로부터 20 NM
③ 항법시설로부터 22 NM ④ 항법시설로부터 25 NM

정답 22. ③ 23. ② 24. ④ 25. ① 26. ③

【문제】 27. VOR 항로 상에서 장애물 회피를 위한 최저고도로 VOR의 22 NM 이내에서만 항법신호의 수신을 보장하는 고도는?

① MEA ② MOCA ③ MRA ④ MAA

〈해설〉 최저장애물회피고도(Minimum Obstruction Clearance Altitude; MOCA)는 전체 비행로구간에 대하여 장애물 회피요건을 충족하고, VOR의 25 SM(22 NM) 이내에서만 항행안전시설 신호를 수신할 수 있는 최저고도이다.

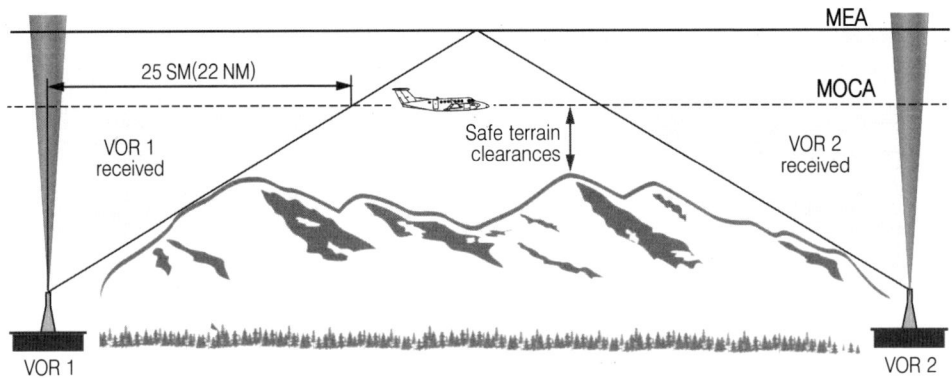

【문제】 28. Emergency 상황에서 강하 시 route에서 8 NM 벗어난 상태이다. 장애물 회피를 위해 차트에서 보아야 할 고도는?

① MOCA ② MORA ③ MEA ④ MVA

【문제】 29. 표고 5,000 ft 이하인 지역에서는 지형으로부터 1,000 ft, 그리고 표고가 5,000 ft를 초과하는 지역에서는 2,000 ft의 장애물 회피를 제공하는 고도는?

① MORA ② MEA ③ MOCA ④ MVA

〈해설〉 Minimum Off-Route Altitude(MORA)는 Jeppesen chart에서 사용되는 고도이다. MORA는 비행로 중심선 10 NM 이내에서 알려진 장애물 회피(obstacle clearance)를 제공한다.
제공되는 장애물 회피는 가장 높은 표고가 5,000 ft 이하인 지역에서는 모든 지형 및 인공구조물로부터 1,000 ft, 가장 높은 표고가 5,001 ft 이상인 지역에서는 모든 지형 및 인공구조물로부터 2,000 ft 이다. MORA는 항법신호 수신 또는 양방향 통신을 보장하지 않는다.

【문제】 30. 다음 중 Minimum Holding Altitude(MHA)가 보장하는 것이 아닌 것은?

① VOR signal coverage ② Two-way communications
③ Obstacle clearance ④ Profile descent

〈해설〉 최저체공고도(Minimum Holding Altitude; MHA)는 항행안전시설 신호통달범위와 통신을 보장하고 장애물 회피요건을 충족하는 체공장주에 설정된 최저고도이다.

【문제】 31. 두 송신소 사이의 거리에서 2개의 VOR 신호가 동시에 수신되어 항법신호를 신뢰할 수 없을 때 설정하는 것은?

① MEA ② MRA ③ MAA ④ MOCA

정답 27. ② 28. ② 29. ① 30. ④ 31. ③

【문제】32. 다음 중 무선주파수 신호를 수신할 수 있는 최고고도는?
① MEA   ② MCA   ③ MRA   ④ MAA

【문제】33. 다음 중 최저고도를 나타내는 용어가 아닌 것은?
① MEA   ② MOCA   ③ MAA   ④ MRA

〈해설〉 최대인가고도(Maximum Authorized Altitude; MAA)는 공역 구조 또는 비행로 구간에서 사용가능한 최대고도 또는 비행고도를 나타내기 위해 발간된 고도이다. 항행안전시설 신호의 적절한 수신이 보장되는 MEA가 지정된 연방항공로, 제트비행로, 저/고고도 지역항법 비행로 또는 그 밖의 직선비행로 상의 최대고도이다. 일반적으로 MAA는 동일한 주파수를 가진 2개의 VOR이 상호 통달범위 내에 있을 경우에 설정된다.

■ 잠깐! 알고 가세요.
[IFR 고도]

구 분		내 용
MEA	최저항공로고도 (Minimum En Route IFR Altitude)	무선 fix 간 항행안전시설 신호를 수신할 수 있고, 이들 fix 간 장애물 회피요건을 충족하는 발간된 최저고도
MSA	최저안전고도 (Minimum Safe/Sector Altitude)	긴급한 경우에 사용(항행안전시설을 중심으로 보통 반경 25nm 내에서 1,000 ft의 장애물 회피 제공)
MVA	최저레이더유도고도 (Minimum Vectoring Altitude)	레이더항공교통관제가 행해질 때 ATC가 사용할 수 있도록 설정 (비산악지역에서 1,000 ft/산악지역 2,000 ft 장애물 회피 제공)
MCA	최저통과고도 (Minimum Crossing Altitude)	MEA가 현재 MEA 보다 높게 설정된 항공로로 비행하는 항공기가 특정 픽스에서 통과해야 할 최저고도
MOCA	최저장애물회피고도 (Minimum Obstruction Clearance Altitude)	전체 비행로구간에 대하여 장애물 회피요건을 충족하고, VOR의 25 SM(22 NM) 이내에서만 항행안전시설 신호를 수신할 수 있는 최저고도
MORA	(Minimum Off-Route Altitude)	비행로 중심선 10 NM 이내에서 알려진 장애물 회피 제공
MHA	최저체공고도 (Minimum Holding Altitude)	항행안전시설 신호통달범위와 통신을 보장하고 장애물 회피요건을 충족하는 체공장주에 설정된 최저고도
MAA	최대인가고도 (Maximum Authorized Altitude)	공역 구조 또는 비행로 구간에서 사용가능한 최대고도(또는 비행고도)를 나타내기 위해 발간된 고도

【문제】34. Visual Descent Point(VDP)에 대한 설명 중 틀린 것은?
① 접근절차에 항상 필요하다.
② 접근차트의 측면도에 "V"로 표기된다.
③ DME로부터의 거리로 위치를 식별한다.
④ 활주로 접지지점까지 MDA 이하로 강하할 수 있는 지점이다.

【문제】35. VDP에 대한 설명으로 옳지 않은 것은?
① LNAV/VNAV 및 LPV 접근절차에는 적용되지 않는다.
② VDP에 도달하기 이전에 MDA 아래로 강하해서는 안된다.
③ 보통 DME로부터의 거리로 위치를 식별한다.
④ 정밀접근절차에 반드시 설정되어야 한다.

[정답]   32. ④   33. ③   34. ①   35. ④

【문제】 36. Visual descent point(VDP)가 적용되는 접근절차는?
① Circling approach
② Precision approach
③ Non-precision approaches when you are making a straight in approach
④ Both precision approach and non-precision approach

〈해설〉 부호 "V"로 식별되는 시각강하지점(Visual Descent Point; VDP)은 MDA로부터 활주로 접지지점까지 안정된 시각강하를 시작할 수 있는 비정밀접근절차의 최종접근진로 상에 정해진 지점이다. 조종사는 VDP에 도달하기 전에 MDA 아래로 강하해서는 안된다. VDP는 MAP까지 DME 또는 RNAV along-track distance에 의해 식별된다.

【문제】 37. 레이더 유도되는 동안 approach clearance를 받았을 때 최종적으로 지시받은 고도를 언제까지 유지하여야 하는가?
① Reaching the FAF
② Reaching the OM
③ Advised to begin descent
④ Established on a segment of a published route or IAP

〈해설〉 미발간된 비행로를 운항하거나 레이더 유도되는 동안 접근허가를 받았을 경우 조종사는 IFR 운항 시의 최저고도를 준수하고, ATC가 다른 고도를 배정하지 않는 한 또는 항공기가 발간된 비행로 또는 IAP 구간에 진입할 때까지는 최종적으로 배정받은 고도를 유지하여야 한다.

【문제】 38. Radar vector에 의해 ILS 접근 중 접근허가를 받지 않은 상태에서 localizer course에 intercept 하였다면 조종사는 어떻게 하여야 하는가?
① Outbound로 선회하여 procedure turn을 수행한다.
② 주어진 고도를 그대로 유지하고 localizer를 따라 비행한다.
③ Localizer를 따라 접근을 시작하고 ATC에 보고한다.
④ 주어진 heading과 고도를 유지하고 ATC에 문의한다.

〈해설〉 항공기가 이미 최종접근진로에 진입한 경우, 항공기가 최종접근픽스에 도달하기 전에 접근허가가 발부될 것이다: 최종접근진로에 진입하였을 때 레이더분리는 유지되며, 조종사는 허가에 주요 항법수단으로 지정된 접근보조시설(ILS, RNAV, GLS, VOR, radio beacon 등)을 이용하여 접근을 완료하여야 한다. 따라서 조종사는 일단 최종접근진로로 진입했다면 ATC로부터 달리 허가를 받지 않는 한 최종 발부받은 heading과 고도를 유지하여야 한다.

【문제】 39. Final approach fix가 있는 최종접근절차의 descent gradient로 틀린 것은?
① Optimum descent gradient는 300 ft/NM 이다.
② Optimum descent gradient는 4.3% 이다.
③ Maximum allowable descent gradient는 400 ft/NM 이다.
④ Maximum allowable descent gradient는 6.5% 이다.

정답 36. ③ 37. ④ 38. ④ 39. ②

【문제】40. 계기접근구간 중 착륙을 위해 최종강하를 하기 위한 위치로 항공기를 이동하도록 계획된 구간은?
① Initial approach segment　　② Intermediate approach segment
③ Final approach segment　　④ Missed approach segment

【문제】41. Intermediate approach segment에 대한 설명 중 틀린 것은?
① 착륙 준비를 한다.
② 착륙을 위해 활주로에 정대하고 강하한다.
③ 항공기 플랩과 랜딩기어를 내린다.
④ 항공기 속도를 조절한다.

【문제】42. 비정밀접근 시 final approach segment의 final approach fix까지의 적정거리는?
① Runway threshold에서 5~10 NM
② Runway threshold에서 5~12 NM
③ LOC/DME 시설에서 5~12 NM
④ VOR/DME 시설에서 5~10 NM

〈해설〉 계기접근근구간(Instrument approach segment)
1. 중간접근구간(intermediate approach segment)은 항공기가 최종접근구간에 진입하기 위하여 항공기 외장형태(configruation), 속도와 위치 등을 조정해야 하는 구역이다.
2. 최종접근구간(final approach segment)에서 착륙을 위한 활주로 정렬과 강하가 이루어진다.
　가. 최종접근픽스(FAF)가 있는 비정밀접근의 경우, 활주로전단을 기준으로 하여 최종접근픽스(FAF) 위치까지의 가장 적합한 거리는 9.3 km(5.0 NM)이며, 최대거리는 보통 19 km(10 NM)를 초과하지 않아야 한다.
　나. 최종접근픽스(FAF)가 있는 절차의 최종접근에서 최적 강하율은 5.2%(약 300 ft/NM, 3.0°)이다. 보다 가파른 강하가 필요한 곳에서의 허용 가능한 최대 강하율은 6.5%(약 400 ft/NM, 3.8°)이다.

【문제】43. Missed approach segment에 대한 설명 중 맞는 것은?
① Initial missed approach segment는 출발부터 MAP까지 이다.
② Intermediate missed approach segment는 공항표고 위 50 m(164 ft)에서 종료된다.
③ Intermediate missed approach track은 Initial missed approach segment의 track으로부터 최대 15°까지 변경 가능하다.
④ Final missed approach segment는 MAP 도착 시 종료된다.

〈해설〉 실패접근구간(Missed approach segment)
1. 초기단계(Initial phase) : 초기단계는 가장 이른 실패접근지점(MAP)에서 시작하여 상승개시점(SOC, Start of Climb)에서 끝난다.
2. 중간단계(Intermediate phase) : 상승개시점(SOC)에서 시작하는 실패접근 중간단계는 50 m(164 ft) 장애물 회피가 취해지고 지속적으로 유지될 수 있는 첫 번째 지점까지 안정된 속도로 상승이 계속되는 단계이다. 중간단계에서의 실패접근표면의 공칭 상승률은 2.5%이다. 중간단계를 비행하는 동안에 실패접근진로는 최초단계의 진로로부터 최대 15°까지 변경될 수 있다.
3. 최종단계(Final phase) : 최종단계는 50 m(164 ft) 장애물 회피가 처음으로 취해지고 지속 유지될 수 있는 지점에서부터 시작되어 새로운 접근, 체공 또는 항공로 비행부분으로의 복귀가 시작되는 지점까지 연장된다.

정답　40. ②　41. ②　42. ①　43. ③

【문제】 44. Circling area에서 장애물 회피를 위한 category C 항공기의 공항표고로부터의 기준고도는?
① 90 m   ② 120 m   ③ 150 m   ④ 180 m

〈해설〉 선회접근(circling approach)은 시각기동접근(visual maneuvering approach) 이다. 선회접근구역에서 장애물 회피고도/높이(OCA/H)는 항공기 범주별로 결정된다. 시각기동(선회) 접근을 위한 항공기범주별 장애물 회피고도/높이는 다음과 같다.

항공기 범주	장애물 회피고도	항공기 범주	장애물 회피고도
A	90 m(295 ft)	D	120 m(394 ft)
B	90 m(295 ft)	E	150 m(492 ft)
C	120 m(394 ft)		

【문제】 45. Procedure turn을 실시해야 하는 경우는?
① 지정된 경로에서 멀어지도록 선회를 한 후 다시 반대편으로 선회하여 진입해야 할 경우
② 최초접근픽스(IAF)로부터 timed approach를 수행할 경우
③ Radio failure 일 때
④ 요구되는 시각 참조물이 보이지 않을 때

【문제】 46. 다음 중 절차선회(procedure turn)가 가능한 경우는?
① Radar vector가 제공될 때   ② "NoPT"가 명시되어 있을 때
③ 정밀접근 시   ④ Timed approach를 수행할 때

【문제】 47. Procedure turn의 종류가 아닌 것은?
① Base track pattern   ② Teardrop procedure turn
③ 80°/260° course reversal   ④ 45° procedure turn

【문제】 48. 계기접근절차에 절차선회(procedure turn)가 포함되어 있을 때 넘지 말아야 할 속도는?
① 180 KTS   ② 200 KTS   ③ 230 KTS   ④ 240 KTS

【문제】 49. Procedure turn에 대한 설명 중 틀린 것은?
① 필요한 course reversal을 위해 설정된다.
② 장애물 회피구역 내에 있도록 하기 위해 200 KIAS 미만의 속도를 유지하여야 한다.
③ 일반적으로 10 NM 이내에서 선회가 이루어지도록 설계된다.
④ 거리범위는 속도가 빠른 비행기를 위해 12 NM까지 확장될 수 있다.

【문제】 50. 절차선회(procedure turn)에 대한 다음 설명 중 옳지 않은 것은?
① 중간 또는 최종접근방위로 진입하기 위해 방향을 역으로 전환해야 할 필요가 있을 경우 설정된다.
② 절차선회기동 시 최대속도는 210 kts 이다.
③ 선회는 측면도에 명시된 거리범위 내에서 이루어져야 한다.
④ 고성능 항공기의 거리범위는 15 NM까지 증가될 수 있다.

[정답]   44. ②   45. ①   46. ③   47. ①   48. ②   49. ④   50. ②

〈해설〉 절차선회(Procedure turn)
1. 절차선회는 항공기가 중간 또는 최종접근진로의 inbound로 진입하기 위하여 방향을 역으로 해야 할 필요가 있을 경우 규정된 기동이다.
2. 최종접근픽스나 최종접근지점까지 레이더유도를 받거나 체공 fix로부터 시차접근 일 경우, 또는 절차에 "NoPT"라고 명시되어 있는 경우 조종사는 최종접근허가를 받을 때 ATC에 통보하고 절차선회를 해도 좋다는 허가를 발부받지 않는 한 절차선회를 해서는 안된다.
3. 절차선회의 유형
  가. 〔FAA〕 선택할 수 있는 절차선회의 유형에는 45° 절차선회, Racetrack 장주, Teardrop 절차선회 또는 80° ↔ 260° Course reversal이 있다.
  나. 〔ICAO〕 Reversal procedures는 45°/180° 절차선회, 80°/260° 절차선회 그리고 Base turn (FAA의 Teardrop 절차선회에 해당)으로 구성된다.
4. 접근절차에 절차선회가 포함될 때, 절차선회기동 시에 장애물 회피구역 내에 있도록 하기 위하여 첫 번째 course reversal IAF 상공에서부터 200 knot(IAS) 미만의 최대속도를 준수하여야 한다.
5. 절차선회기동은 측면도에 명시된 거리 내에서 이루어져야 한다. 보통 절차선회의 거리는 10 mile이다. 이 거리는 category A 또는 헬리콥터 만을 운영하는 곳에서 최소 5 mile까지 감소되거나, 고성능항공기를 위해서는 15 mile까지 증가될 수 있다.

【문제】51. 절차선회(procedure turn) 시 항공기가 강하할 수 있는 시기는?
① NDB의 경우, 필요한 bearing의 ±5° 이내일 때
② ILS의 경우, full scale deflection 이내일 때
③ ILS의 경우, one scale deflection 이내일 때
④ ILS의 경우, quarter scale deflection 이내일 때

【문제】52. ILS, VOR 또는 NDB final course의 진입이 유효한 상태는?
① ILS와 VOR의 경우 1/2 scale 이내, NDB의 경우 bearing의 ±2° 이내
② ILS와 VOR의 경우 1/2 scale 이내, NDB의 경우 bearing의 ±5° 이내
③ ILS와 VOR의 경우 1/4 scale 이내, NDB의 경우 bearing의 ±2° 이내
④ ILS와 VOR의 경우 1/4 scale 이내, NDB의 경우 bearing의 ±5° 이내

〈해설〉 절차선회(procedure turn) 시 항공기가 in-bound course에 정대되기 전까지는 대기장주고도에서 FAF 고도로 강하해서는 안된다. Inbound course에 정대된 상태란 inbound track에 established된 상태를 말한다.
ILS와 VOR 절차의 경우 항공기가 1/2 scale 편향(deflection) 이내에 있을 때, 그리고 NDB의 경우 항공기가 필요한 방위(bearing)의 ±5° 이내에 있을 때를 established된 상태라고 가정한다.

V. 접근절차(Approach Procedure)

【문제】1. Timed approach 시행조건으로 맞는 것은?
① 1개 이상의 실패접근절차가 있다면 1개의 전환절차가 필요하다.
② Tower와 접근관제소 사이에 직접교신이 되어야 한다.

[정답] 51. ① 52. ②

③ 계기접근이 시행되는 공항에 tower가 운영되어야 한다.
④ 보고된 운고 및 시정이 IAP에 명시된 직진접근 최고치와 같거나 커야 한다.

【문제】 2. Timed approach의 시행조건이 아닌 것은?
① 계기접근이 시행되는 공항에 관제탑이 운영될 때
② 조종사가 관제탑과 교신하도록 지시받을 때까지 관제센터 또는 접근관제소 관제사와 직접교신이 유지될 때
③ 2개 이상의 실패접근절차가 있다면 방위를 역으로 전환할 필요가 없다.
④ 계기접근이 인가된 후 조종사는 반드시 절차선회를 실시해야 한다.

〈해설〉 시차접근(timed approach)은 다음과 같은 조건이 충족되었을 때 수행할 수 있다.
  1. 접근이 이루어지는 공항에 관제탑이 운영되고 있다.
  2. 조종사가 관제탑과 교신하도록 지시를 받을 때까지 조종사와 관제센터 또는 접근관제소와 직접교신이 유지된다.
  3. 둘 이상의 실패접근절차를 이용할 수 있는 경우, 어느 절차도 진로를 역으로 전환할 필요가 없다.
  4. 하나의 실패접근절차만을 이용할 수 있다면, 다음과 같은 조건을 충족하여야 한다.
    가. 진로(course)를 역으로 전환할 필요가 없어야 하며,
    나. 보고된 운고(ceiling) 및 시정이 IAP에 명시된 가장 큰 선회최저치와 같거나 더 커야 한다.
  5. 접근이 허가된 경우, 조종사는 절차선회(procedure turn)를 해서는 안된다.

【문제】 3. No-gyro approach 시 final controller와 교신 전까지 유지해야 할 선회율은?
① 표준율 선회
② 반표준율 선회
③ 최대 15° bank를 초과하지 않는 표준율 선회
④ 최대 30° bank를 초과하지 않는 반표준율 선회

【문제】 4. No-gyro 정밀접근 시 final approach course에 establish 후 유지해야 할 선회율은?
① 표준율 선회
② 반표준율 선회
③ 최대 30° bank를 초과하지 않는 표준율 선회
④ 최대 25° bank를 초과하지 않는 반표준율 선회

【문제】 5. No-gyro approach의 경우, FAF를 지나 선회 시 유지해야 할 선회율은?
① 25°   ② 30°
③ Standard turn   ④ Half standard turn

〈해설〉 자이로 고장 시의 접근(No-gyro approach)
  1. 레이더관제 하에서 방향자이로(directional gyro) 또는 그 밖의 안정화된 나침반(stabilized compass)이 작동하지 않거나 부정확한 상황이 발생한 경우, 조종사는 ATC에 이를 통보하고 자이로 고장시(No-gyro)의 레이더유도 또는 접근을 요청하여야 한다. 조종사는 No-gyro 접근 동안 최종관제사에게 이양되기 전까지 모든 선회를 표준율(standard rate)로 하여야 한다.

[정답] 1. ③ 2. ④ 3. ① 4. ② 5. ④

2. 최종접근관제사에게 이양되고 항공기가 최종접근진로 상으로 선회를 완료한 후 approach gate 도착 전에는 모든 선회를 반표준율(half standard rate)로 하여야 한다.

【문제】 6. ASR 접근 중 실패접근을 할 수 있는 경우는?
① 조종사 판단에 의해서 언제든지
② MAP에서만
③ 관제사 지시에 의해서만
④ 활주로의 시각참조물을 잃었을 때만

〈해설〉 감시접근(Surveillance approach; ASR)
1. 조종사가 MAP에서 활주로, 공항 또는 헬기장을 육안확인하지 못하면 관제사는 유도를 종료하고 조종사에게 실패접근을 하도록 지시한다. 또한 접근하는 동안 언제라도 관제사가 잔여접근에 대해 안전한 유도를 제공할 수 없다고 판단하면, 관제사는 유도를 종료하고 조종사에게 실패접근을 하도록 지시할 것이다.
2. 마찬가지로 조종사 요구 시 유도는 종료되고 실패접근을 하게 되며, 민간항공기에 한해 조종사가 활주로, 공항을 육안 확인하였다고 보고하거나 계속적인 유도가 필요 없다는 것을 다른 방법으로 표시하는 경우 관제사는 유도를 종료할 수 있다.

【문제】 7. 동시평행종속접근(simultaneous parallel dependent approach)을 위한 활주로 중앙선 간의 최소간격은?
① 1,200 ft
② 2,500 ft
③ 3,600 ft
④ 4,300 ft

【문제】 8. 평행활주로 중앙선 간 간격이 3,600 ft 이상 8,300 ft 미만인 활주로에 parallel ILS 접근 시, 인접 최종접근진로로 접근하는 항공기와 대각선으로 분리간격은?
① 1 NM
② 1.5 NM
③ 2 NM
④ 2.5 NM

〈해설〉 동시종속접근(Simultaneous dependent approach)
1. 동시종속접근은 활주로중심선 간의 간격이 최소 2,500 ft에서 9,000 ft까지 분리된 평행활주로를 가진 공항에 대해 접근을 허가하는 ATC 절차이다.
2. 인접 최종접근진로로 접근하는 항공기 간의 분리 최저치는 다음과 같다.
　가. 최소 2,500 ft 이상 3,600 ft 미만일 경우 : 대각선으로 최소 1.0 NM의 레이더분리 필요
　나. 3,600 ft 이상 8,300 ft 미만일 경우 : 대각선으로 최소 1.5 NM의 레이더분리 필요
　다. 8,300 ft 이상 9,000 ft 미만일 경우 : 대각선으로 최소 2 NM의 레이더분리 필요

【문제】 9. 평행한 활주로에 동시접근이 가능하도록 보다 정밀한 관제를 위해 사용하는 장비는?
① ASR
② ARSR
③ PRM
④ PAR

〈해설〉 정밀활주로감시(Precision Runway Monitor; PRM) 시스템
PRM은 동시근접평행 PRM 접근 동안 NTZ를 감시하는 항공교통관제사에게 높은 자료갱신율(high update rate)의 정밀한 이차감시자료를 제공한다. PRM 시스템의 높은 자료갱신율의 감시감지기 구성요소는 특정 활주로 또는 접근진로 간격에서만 필요하다.

【문제】 10. 동시수렴계기접근에 필요한 최저 기상요구치는?
① 운고 700 ft, 시정 2 SM
② 운고 800 ft, 시정 1 SM
③ 운고 800 ft, 시정 1/2 SM
④ 운고 1000 ft, 시정 2 SM

정답   6. ①   7. ②   8. ②   9. ③   10. ①

〈해설〉 동시수렴계기접근(Simultaneous converging instrument approaches)
1. ATC는 수렴활주로(converging runway), 즉 15°에서 100°의 사이각(included angle)을 갖는 활주로에 대하여 동시에 계기접근을 할 수 있는 프로그램이 특별히 인가된 공항에서 동시수렴계기접근을 허가할 수 있다.
2. 동시수렴계기접근을 위해서는 각 수렴활주로에 대하여 전용의 분리된 표준계기접근절차의 개발을 필요로 하며, 교차활주로는 최소한 운고 700 ft와 시정 2 mile의 최저치를 가져야 한다.

【문제】 11. Side-step 접근을 허가받고 평행활주로에 착륙하는 조종사는 언제 side-step maneuver를 하여야 하는가?
① 활주로 또는 활주로 주변시설을 확인한 후 가능한 한 빨리
② Minimum descent altitude/decision height에 도달한 후
③ Missed approach point에 도달한 후
④ Final approach fix를 지난 후

〈해설〉 측면이동접근(Side-step maneuver)
1. ATC는 간격이 1,200 ft 이하인 평행활주로 중 하나의 활주로에 접근한 다음 인접활주로에 직진입착륙(straight-in landing)을 하는 표준계기접근절차를 허가할 수 있다.
2. 조종사는 활주로 또는 활주로 환경(runway environment)을 육안으로 확인한 후 가능한 한 빨리 측면이동접근을 시작하여야 한다.

【문제】 12. 착륙하고자 하는 활주로의 RVR 최저치가 2,400 ft인 경우, RVR 장비 고장 시 적용할 수 있는 시정은?
① 1/4 SM   ② 1/2 SM   ③ 5/8 SM   ④ 3/4 SM

【문제】 13. RVR 5,000피트를 시정으로 환산하면 몇 마일인가?
① 8/7 SM   ② 1 SM   ③ 1 1/4 SM   ④ 1 1/2 SM

〈해설〉 RVR을 지상시정 또는 비행시정으로 환산하기 위하여 다음과 같은 표를 사용할 수 있다. 표에 없는 수치의 RVR 값을 환산할 때는 그다음 높은 RVR 값을 사용해야 하며 중간의 값을 사용해서는 안된다.

RVR(ft)	Visibility(SM)	RVR(ft)	Visibility(SM)
1600	1/4	4500	7/8
2400	1/2	5000	1
3200	5/8	6000	1 1/4
4000	3/4		

【문제】 14. 어떤 facility를 통과하여 procedure turn 이나 base turn 으로 direct 진입하기 위한 각도는?
① Inbound track의 ±15° 이내   ② Inbound track의 ±30° 이내
③ Outbound track의 ±15° 이내   ④ Outbound track의 ±30° 이내

〈해설〉 진입(entry)절차에 특별히 진입 제한사항이 지정되어 있지 않은 한, reversal 절차는 reversal 절차 외향궤도(outbound track)의 ±30° 이내 궤도(track)로부터 진입이 이루어져야 한다.

[정답] 11. ①   12. ②   13. ②   14. ④

【문제】15. Straight in approach 시 runway center line과 최종접근진로 간의 각도는 몇 도 범위 내에서 유지되어야 하는가?
① 10° 이내　　② 20° 이내　　③ 30° 이내　　④ 40° 이내

〈해설〉 계기접근을 완료하면 최종접근진로와 30° 이내에서 정렬되는 활주로 상에서 이루어지는 착륙을 직진입착륙(straight-in landing)이라고 한다.

【문제】16. Missed approach 시 계기접근차트 상에 별도로 언급되어 있지 않은 경우 적용되는 상승률은?
① 2%　　② 2.5%　　③ 3%　　④ 3.5%

【문제】17. 실패접근 시 상승률이 특별히 지정되어 있지 않은 경우, 몇 ft/NM의 상승률을 유지해야 하는가?
① 최소 200 ft/NM
② 최대 200 ft/NM
③ 최소 300 ft/NM
④ 최대 300 ft/NM

【문제】18. 실패접근지점(MAP)에 도달하기 전에 실패접근을 해야 할 경우 올바른 절차는?
① 실패접근진로 우측 또는 좌측으로 180° 선회하여 반대방향으로 실패접근을 실시한다.
② MDA 또는 DH 이상의 고도로 MAP를 지난 다음 ATC의 지시를 받고 실패접근을 실시한다.
③ 실패접근을 결심한 즉시 바로 실패접근을 실시한다.
④ 선회하기 전에 MDA 또는 DH 이상의 고도로 MAP까지 비행 후 실패접근을 실시한다.

【문제】19. 조종사가 ILS 접근 중 DH에서 approach light를 식별할 수 없을 경우 취해야 할 조치로 알맞은 것은?
① 즉시 실패접근절차를 수행한다.
② Localizer MDA까지 강하하여 계속 접근한다.
③ ILS 활주로의 접근시단까지 계속 접근한다.
④ MDA나 DH를 유지하여 MAP까지 접근한다.

【문제】20. Missed approach에 관한 내용 중 잘못된 것은?
① 접근차트에서 더 높은 상승률을 요구하지 않는 한 최소 200 FPNM 이상의 상승률로 상승한다.
② Normal missed approach climb gradient는 3.3% 이다.
③ MAP의 위치는 NDB station, fix 또는 FAF로부터의 DME 거리로 나타낸다.
④ MAP 이전에 missed approach 실행 시 MDA 또는 DH 이상의 고도로 MAP까지 비행 후 실패접근을 한다.

〈해설〉 실패접근(Missed approach)
1. 일반적인 실패접근절차는 최저 2.5%의 실패접근 상승률을 기준으로 한다. 필요한 조사와 안전보호가 제공된다면 절차설계에 2%의 상승률을 사용할 수도 있다.

정답　15. ③　16. ②　17. ①　18. ④　19. ①　20. ②

2. 접근절차차트의 주석부분(note section)에 더 높은 상승률이 공고되지 않는 한, 실패접근 시 NM 당 최소 200 ft의 상승률이 필요하다. 조기실패접근을 할 경우, 조종사는 ATC에 의해 달리 허가되지 않은 한 선회조작을 하기 전에 MAP 또는 DH 이상의 고도를 유지하여 실패접근지점까지 접근 plate 의 지정된 계기접근절차에 따라 비행하여야 한다.

【문제】21. ATC radar service가 제공되지 않는 계기접근 시, 착륙하기 위해 circling approach를 하는 동안 시각참조물을 잃어버렸다면 올바른 조치사항은?
① 직진 상승 후 holding fix로 진입한다.
② 착륙활주로 쪽으로 MDA/DH 고도를 유지하여 선회 후 다음 missed approach 경로까지 계속 선회한다.
③ 착륙활주로 쪽으로 상승선회 후 missed approach 경로 상으로 진입할 때까지 계속 선회한다.
④ 직진 상승 후 final approach fix로 재진입한다.

〈해설〉 계기접근을 하여 선회착륙(circling-to-land)을 하는 동안 시각참조물을 잃어 버렸다면, 해당 특정절차에 지정된 실패접근절차에 따라야 한다. 설정된 실패접근진로로 진입하기 위하여 조종사는 착륙활주로 쪽으로 먼저 상승선회를 한 다음 실패접근진로로 진입할 때까지 계속 선회하여야 한다.

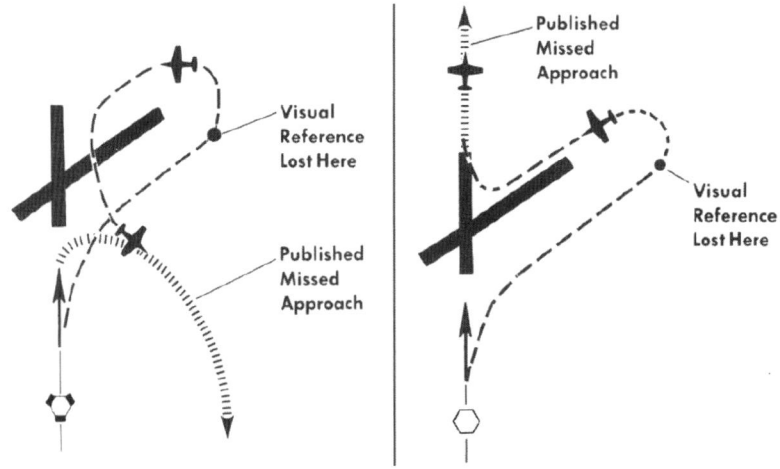

【문제】22. Decision height(DH)와 Decision altitude(DA) 고도의 기준은?
① DH와 DA 모두 AGL을 기준으로 한다.
② DH와 DA 모두 MSL을 기준으로 한다.
③ DH는 AGL, DA는 MSL을 기준으로 한다.
④ DH는 MS, DA는 AGL을 기준으로 한다.

【문제】23. Decision height(DH) 고도는?
① Pressure altitude
② Absolute altitude
③ True altitude
④ Density altitude

〈해설〉 결심고도/결심높이(Decision altitude/Decision height)

[정답] 21. ③ 22. ③ 23. ②

접근을 수행하는데 요구되는 시각참조물을 확인하지 못한 경우, 실패접근이 시작되는 정밀접근에서의 특정고도 또는 높이(A/H)이다. 결심고도(DA)는 평균해면고도(MSL)를 기준으로 표시하고, 결심높이(DH)는 활주로시단표고(AGL)를 기준으로 표시한다.

【문제】24. 정밀접근에서 DH는 ( )를 기준으로 하고, Circling approach 시 MDA는 ( )를 기준으로 한다. ( ) 안에 맞는 것은?
① HAT, HAA ② HAA, HAT ③ HAT, TDZE ④ HAA, TDZE

〈해설〉 최저접근고도(minimum approach altitude)를 기술하기 위해 사용하는 용어는 정밀접근과 비정밀접근 간에 다르다. 정밀접근은 시단표고 상공의 높이(height above threshold elevation; HAT)를 기준으로 하는 DH를 사용하고, 비정밀접근은 "feet MSL"을 기준으로 하는 MDA(최저강하고도, Minimum Descent Altitude)를 사용한다.
또한 MDA는 직진입접근의 경우 HAT를 기준으로 하고, 선회접근의 경우 공항표고 상공의 높이(height above airport; HAA)를 기준으로 한다.

【문제】25. ATC가 visual approach를 허가하기 위해 필요한 조건으로 맞는 것은?
① 시정은 1 mile 이상이어야 한다.
② 실패접근절차가 수립되어 있어야 한다.
③ 공항 또는 활주로를 육안으로 확인하여야 한다.
④ 조종사가 요구하여야 한다.

【문제】26. Visual approach를 수행하기 위한 최저 기상조건은?
① Visibility 2 SM 이상, Ceiling 1,000 ft 이상
② Visibility 3 SM 이상, Ceiling 1,000 ft 이상
③ Visibility 2 SM 이상, Ceiling 1,200 ft 이상
④ Visibility 3 SM 이상, Ceiling 1,200 ft 이상

【문제】27. Visual approach 시 radar service 종료시점은 언제인가?
① 활주로 insight 시
② Tower 주파수로 변경하라는 지시를 받았을 때
③ Visual approach를 인가받았을 때
④ 관제사가 "Resume own navigation, radar service terminated."라고 통보한 경우

【문제】28. Visual approach에 관한 설명 중 틀린 것은?
① 실패접근절차가 수립되어 있지 않으면 시행될 수 없다.
② 조종사는 전방의 비행기 또는 활주로를 육안으로 확인해야 한다.
③ 전방 비행기를 육안으로 확인한 경우 wake turbulence에 대한 책임은 조종사에게 있다.
④ 공항은 육안으로 확인하였으나 전방 비행기를 확인할 수 없는 경우에도 visual approach를 허가할 수 있다.

정답 24. ① 25. ③ 26. ② 27. ② 28. ①

⟨해설⟩ 시각접근(Visual approach)

계기접근을 위하여 레이더유도 중인 항공기인 경우라도, 관제사 제안 또는 조종사 요구를 근거로 조종사가 공항 또는 활주로 육안확인을 보고한 경우 시각접근을 할 수 있다.

1. 시각접근은 IFR 비행계획에 의해 수행되며, 조종사가 구름으로부터 벗어난 상태에서 공항까지 육안으로 비행하는 것을 허가한다. 조종사는 공항 또는 식별된 선행 항공기를 시야에 두어야 한다. 이 접근은 적절한 항공교통관제기관에 의해 허가되고 관제가 이루어져야 한다. 공항의 보고된 기상은 1,000 ft 이상의 운고(ceiling) 및 3 mile 이상의 시정을 가져야 한다.
2. 시각접근은 계기접근절차(IAP)가 아니며 따라서 실패접근구간이 없다.
3. 조종사가 공항은 육안으로 확인하였으나 선행 항공기를 육안으로 확인할 수 없는 경우에도 ATC는 항공기에게 시각접근을 허가할 수 있지만, 항공기 간의 분리 및 항적난기류(wake vortex) 분리에 대한 책임은 ATC에 있다. 시각접근 허가를 받고 선행 항공기를 육안으로 보면서 뒤따를 경우, 안전한 접근간격 및 적절한 항적난기류 분리를 유지하여야 할 책임은 조종사에게 있다.
4. 시각접근 허가는 IFR 허가이며, IFR 비행계획 취소 책임이 변경되는 것은 아니다.
5. 조종사가 조언주파수로 변경할 것을 지시받은 경우, ATC의 통보없이 레이더업무는 자동으로 종료된다.

【문제】 29. 계기비행 항공기가 구름으로부터 벗어나 1 SM 이상의 비행시정 상태에서 목적지 공항까지 계속 비행할 수 있을 것으로 예상되는 경우 조종사의 요구에 의해 수행되는 접근은?
① Visual approach ② Overhead approach
③ Special VFR approach ④ Contact approach

【문제】 30. Contact approach를 하기 위한 최저지상시정은?
① 1 SM ② 1 NM ③ 3 SM ④ 3 NM

【문제】 31. Contact approach에 관한 설명 중 틀린 것은?
① 조종사 또는 관제사가 요청할 수 있다.
② 표준계기접근절차 또는 특별계기접근절차가 수립되어 있는 공항에서만 가능하다.
③ 시정이 1마일을 초과하여야 한다.
④ 장애물 회피에 대한 책임은 조종사에게 있다.

【문제】 32. Contact approach와 Visual approach에 관한 설명으로 틀린 것은?
① Contact approach는 조종사에 의해서만 시작된다.
② Visual approach의 기상조건은 Special VFR의 조건과 동일하다.
③ Contact approach는 계기접근절차가 있는 공항에서만 가능하다.
④ Visual approach는 IFR 비행계획에 의거하여 수행된다.

⟨해설⟩ Contact 접근(Contact approach)
1. IFR 비행계획에 의하여 운항을 하는 조종사는 구름으로부터 벗어나서 비행시정 최소 1 mile의 기상상태에서 목적지공항까지 계속 비행할 수 있을 것이라고 합리적으로 예상할 수 있는 경우, contact 접근을 위한 ATC 허가를 요구할 수 있다.

정답 29. ④ 30. ① 31. ① 32. ②

2. 관제사는 다음과 같은 경우 contact 접근을 허가할 수 있다.
   가. Contact 접근이 분명히 조종사에 의해 요구되었다. ATC는 이 접근을 제안할 수 없다.
   나. 목적지공항의 보고된 지상시정이 최소 1 SM 이다.
   다. Contact 접근은 표준계기접근절차 또는 특별계기접근절차가 수립되어 있는 공항에서 이루어질 수 있다.
3. Contact 접근은 조종사가 공항까지 표준 또는 특별 IAP로 비행하는 대신에 사용(ATC의 사전허가를 받아)할 수 있는 접근절차이다. Contact 접근을 할 때 장애물 회피에 대한 책임은 조종사에게 있다.

■ 잠깐! 알고 가세요.
[Visual approach와 Contact approach]

구 분	Visual approach	Contact approach
요구자	ATC가 제안하거나 조종사가 요구할 수 있다.	조종사가 요구할 수 있다.
기상상태	공항의 보고된 기상이 운고(ceiling) 1,000 ft 이상, 시정 3 mile 이상이어야 한다.	공항의 보고된 지상시정이 1 SM 이상이어야 한다.
요구조건	공항 또는 선행 항공기를 항상 시야에 두고 있어야 한다.	구름으로부터 벗어난 상태를 유지하여야 한다.
목적	1. 조종사/관제사의 업무부하 감소 2. 비행경로를 짧게 하여 교통 흐름을 촉진함	표준/특별계기접근절차가 수립되어 있는 공항에서 조종사가 신속하게 접근할 수 있도록 함

2 관련 일반사항

제1절. 조난 및 긴급절차(Distress and Urgency Procedures)

1. 조난 및 긴급통신(Distress and Urgency Communications)

가. 조난(distress)에 처한 항공기의 조종사는 충분히 고려하여 필요하다면 최초교신과 이후의 송신을 신호 MAYDAY로 시작하여야 하며, 되도록이면 3회 반복한다. 신호 PAN-PAN은 같은 방법으로 긴급한 상황(urgency condition)에서 사용한다.

나. 조난통신은 다른 모든 통신보다 절대적인 우선권을 가지며, 용어 MAYDAY는 사용 중인 주파수로의 무선통신을 중단하고 침묵을 유지(radio silence)하라고 명령하는 것이다. 긴급통신은 조난을 제외한 다른 모든 통신보다 우선권을 가지며, 용어 PAN-PAN은 긴급송신에 간섭하지 말 것을 다른 기지국(station)에 경고하는 것이다.

다. 일반적으로 호출하는 기지국은 항공교통업무를 제공하는 항공교통시설 또는 그 밖의 기관이 되며, 그 당시 사용 중인 주파수로 호출한다.

2. 양방향무선통신 두절(Two-way Radio Communications Failure)

가. VFR 상태에서 양방향무선통신이 두절되거나, 두절된 이후에 VFR 상태가 된 경우 조종사는 VFR로 비행을 계속하고 가능한 한 빨리 착륙해야 한다.

나. IFR 상태에서 양방향무선통신이 두절되거나 위의 가항에 따를 수 없는 경우, 조종사는 다음과 같이 계속 비행하여야 한다.
 (1) 비행로(Route)
  (가) 최종적으로 통보받은 ATC 허가에서 배정된 비행로를 따라 비행
  (나) 레이더유도되고 있는 경우에는 무선이 두절된 지점으로부터 레이더유도 허가에 명시된 fix, 비행로 또는 항공로까지 직선비행로를 따라 비행
  (다) 비행로를 배정받지 않은 경우에는 ATC로부터 추후허가예정을 통보받은 비행로를 따라 비행
  (라) 비행로를 배정받지 않았거나, ATC로부터 추후허가예정 비행로를 통보받지 않은 경우에는 비행계획서에 기재한 비행로를 따라 비행
 (2) 고도(Altitude)
  비행하고 있는 비행로구간에서 다음 중 가장 높은 고도 또는 비행고도로 비행한다.
  (가) 최종적으로 통보받은 ATC 허가에서 배정된 고도 또는 비행고도
  (나) IFR 운항을 위한 최저고도
  (다) ATC로부터 추후허가예정을 통보받은 고도 또는 비행고도

3. 최소연료 통보(Minimum Fuel Advisory)

가. 목적지에 도착할 때의 연료공급량이 어떤 과도한 지연도 받아들일 수 없는 상태에 도달한 경우, 최소연료(minimum fuel) 상태를 ATC에 통보한다.

나. 이것은 비상상황은 아니며, 단지 어떤 과도한 지연이 발생하면 비상상황이 될 수 있다는 것을 나타내

는 조언이라는 점을 인식하여야 한다.
다. 최초교신 시 호출부호(call sign)를 말한 이후에 "minimum fuel"이라는 용어를 사용해야 한다.
라. 최소연료 통보가 교통상의 우선권을 요구한다는 의미는 아니라는 것을 인식하여야 한다. 사용할 수 있는 잔여 연료공급량으로 안전하게 착륙하기 위하여 교통상의 우선권이 필요하다고 판단한 경우, 조종사는 저연료로 인한 비상을 선언하고 분 단위로 잔여 연료량을 보고하여야 한다.

4. 연료투하(Fuel Dumping)

가. 연료를 투하해야 할 필요가 있을 때 조종사는 이를 즉시 ATC에 통보하여야 한다. 항공기가 연료를 투하할 것이라는 정보를 받은 경우 ATC는 즉시 방송을 하거나 방송이 되도록 조치를 취하여야 하며, 그 다음에는 3분 간격으로 적절한 ATC와 FSS 무선주파수로 방송을 한다.

나. 이러한 방송을 청취한 경우, 영향을 받는 구역의 IFR 비행계획이나 특별 VFR로 비행하지 않는 항공기의 조종사는 조언방송에서 명시한 구역을 벗어나야 한다. IFR 비행계획이나 특별 VFR 허가를 받은 항공기는 ATC에 의해 일정한 분리가 제공된다. 연료의 투하를 위한 운항이 종료되었을 때 조종사는 ATC에 통보하여야 한다.

다. 연료투하 항공기의 고도를 다음과 같이 배정한다.
(1) 고도 배정(altitude assignment)
(가) 〔민 적용〕 6,000 ft 이상의 고도를 배정한다.
(나) 〔군 적용〕 계기비행(IFR) 조건하에서 연료투하를 한다면, 비행로나 비행장주로부터 5마일 이내에 있는 가장 높은 장애물로부터 최소한 2,000 ft 이상의 고도를 배정한다.
(2) 분리 최저치(separation minima)
연료투하 항공기로부터 인지된 항공기를 다음과 같이 분리시킨다.
(가) 계기비행(IFR) 항공기인 경우, 다음 중 하나의 분리를 취하여야 한다.
① 위 1,000 ft(FL290 이상의 경우 2,000 ft)
② 아래 2,000 ft
③ 레이더 5마일
④ 수평 5마일(군 적용), 10마일(민 적용)
(나) 레이더식별된 시계비행(VFR) 항공기의 경우, 5마일

제2절. 항공기상(Aviation Weather)

1. 항공기상 일반

가. SIGMET(SIGnificant METeorological information)
SIGMET은 인천비행정보구역 내 항공기 안전운항에 영향을 줄 수 있는 기상현상이 발생하거나 기상현상의 변화가 예상될 때 발표하는 항공기상특보를 말한다.

나. AIRMET(AIRmen's METeorological information)
AIRMET은 인천비행정보구역 내 10,000 ft 이하 저고도(산악지역은 15,000 ft 또는 그 이상의 고고도를 포함한다)를 운항하는 항공기에 영향을 줄 수 있는 기상현상의 변화가 발생하거나 발생이 예상될 때 발표하는 항공기상특보를 말한다.

AIRMET 정보에 포함되는 기상현상은 다음과 같다.
(1) 평균풍속 30 kt(15 m/s)를 초과하는 지상풍
(2) 5,000 m 미만의 지상시정
(3) 천둥번개
(4) 산악차폐(mountain obscuration)
(5) 1,000 ft(300 m) 미만의 운저고도를 가진 BKN 또는 OVC의 구름구역
(6) CB 또는 TCU
(7) 보통 착빙(moderate icing)
(8) 보통 난류(moderate turbulence)
(9) 보통 산악파(moderate mountain wave)

2. 지상풍(Surface Wind)

지상풍은 지면 위 10±1 m(30±3 ft) 높이에서 관측한다.

3. 활주로가시거리(Runway Visual Range ; RVR)

활주로가시거리(RVR)는 조종사가 접근활주로시단(approach end)에서 활주로를 내려다보는 수평거리를 나타내며, 활주로 근처의 transmissometer로 RVR을 통보하기 위한 시정을 측정한다. 우시정이나 활주로 시정과는 대조적으로 RVR은 움직이는 항공기 내의 조종사가 활주로를 내려다보는 것을 기준으로 한다.

가. 측정대상 활주로 및 측정방법
(1) 활주로가시거리는 시정이 악화된 기간 동안에 사용하기 위하여 모든 활주로에서 측정해야 한다.
(2) 시정 또는 활주로가시거리가 1,500 m 미만일 때 그 기간 내내 m 단위로 측정해야 한다.

나. 활주로가시거리의 측기위치
(1) 활주로가시거리 측정은 활주로 중심선으로부터 측면거리 120 m 이내의 위치에서 수행해야 한다.
(2) 착륙접지대의 상태를 대표하는 곳인 활주로 시단으로부터 활주로를 따라 약 300 m에 위치한 장소이어야 한다.
(3) 활주로 중간지점 및 반대편 끝 부분의 상태를 대표하는 측정지점은 활주로 전단으로부터 활주로를 따라 1,000 m에서 1,500 m 되는 지점에, 그리고 활주로 반대편 끝으로부터 약 300 m 되는 거리에서 관측해야 한다.

4. 조종사기상보고(Pilot Weather Reports ; PIREP)

항공교통시설은 다음과 같은 상황이 보고되거나 예보될 때 PIREP을 요구하여야 한다.
5,000 ft 이하의 운고, 5 mile 이하의 시정(지표면 또는 상층), 뇌우 및 관련 현상, 약한(light) 정도 이상의 착빙, 보통(moderate) 정도 이상의 난기류, 윈드시어 및 보고되거나 예보된 화산재구름

5. 마이크로버스트(Microburst)

마이크로버스트는 소규모의 강한 하강기류(downdraft)이다. 하강기류는 분당 6,000 ft에 달할 수 있으며, 지표면에 도달하면서 하강기류의 중심으로부터 모든 방향에서 바깥쪽으로 퍼져 나간다. 이것은 특

히 저고도에 있는 모든 기종 및 범주의 항공기에게 극히 위험할 수 있는 수직 및 수평 윈드시어 발생의 원인이 된다.

6. 뇌우비행(Thunderstorm Flying)

가. 뇌우를 통과해야 한다면 뇌우로 진입하기 전에 다음과 같이 하여야 한다.
  (1) 모든 느슨한 물건들을 고정시켰다면 안전벨트를 단단히 조이고, 어깨끈을 착용한다.
  (2) 항공기가 최소시간에 뇌우를 통과할 수 있도록 진로(course)를 계획하고 유지한다.
  (3) 가장 위험한 착빙을 피하기 위하여 결빙고도 미만이나 -15℃ 고도 이상의 통과고도로 비행한다.
  (4) Pitot heater를 "On" 하였는지, 그리고 기화기 heater 또는 제트엔진 방빙장치를 작동시켰는지 확인한다. 어떤 고도에서나 착빙은 급속히 이루어질 수 있으며 거의 동시에 출력 상실 또는 대기속도 지시의 상실을 초래할 수 있다.
  (5) 항공기 manual에서 권장하는 난기류 통과속도로 동력설정을 맞춘다.
  (6) 번개로 인한 일시적인 시력상실(blindness)을 줄이기 위하여 조종실 조명을 가장 높은 광도로 조절한다.
  (7) 자동조종장치를 사용하고 있다면 고도유지 mode와 속도유지 mode를 해제한다. 고도 및 속도의 자동조종은 항공기의 조작을 증가시키고, 따라서 구조적인 응력(stress)을 증가시킨다.

나. 다음은 뇌우를 통과하는 동안 준수하여야 할 몇 가지 사항이다.
  (1) 시선을 계기에 둔다. 조종실 외부를 보는 것은 번개로 인한 일시적인 시력상실의 위험을 증가시킬 수 있다.
  (2) 권장하는 난기류 통과속도로 동력설정을 유지하고, 동력설정을 변경하지 마라.
  (3) 일정한 자세를 유지하라. 고도 및 속도가 변동될 수 있도록 놓아두라.
  (4) 일단 뇌우 속에 들어갔다면 되돌아가지 마라. 뇌우를 통과하는 직선진로가 위험에서 항공기를 아마 가장 빨리 벗어나게 할 것이다. 더불어 선회기동은 항공기의 응력(stress)을 증가시킨다.

제3절. 고도계 수정(Altimeter Setting)

1. 일반(General)

가. 저온 및 저압에서 장애물이나 지형에 근접하여 비행할 때는 극히 주의를 기울여야 한다. 주간 표준기온과 실제기온 사이에 큰 차이가 생길 수 있는 아주 추운 기온에서는 특히 주의를 기울여야 한다. 이러한 상황은 항공기를 지시고도보다 현저히 낮게 비행하도록 하는 심각한 오차를 유발할 수 있다.

나. 해면(sea level)에서의 표준온도는 15℃(59°F)이다. 해면으로부터의 온도변화율은 1,000 ft 당 -2℃(-3.6°F)이다.

다. 밀도고도(density altitude)의 영향.
  밀도고도는 공기밀도의 정도를 나타낸다. 밀도고도를 높이의 기준으로 사용해서는 안되며 항공기의 성능을 판단하는 기준으로만 사용해야 한다. 고도가 증가하면 공기밀도는 감소하고 공기밀도가 감소함에 따라 밀도고도는 증가한다. 높은 온도와 높은 습도의 추가석인 영향은 누적되고 높은 밀도고도가 더욱 높아지는 결과를 가져온다. 높은 밀도고도는 항공기의 모든 성능변수 들을 저하시킨다.

2. 고도계 수정 절차(Altimeter Setting Procedures)

가. 해면고도 18,000 ft 미만

(1) 기압계의 압력(barometric pressure)이 31.00 inHg 이하인 경우

(가) 비행로를 따라 항공기의 100 NM 이내에 있는 기지국(station)으로부터 통보받은 최신 고도계 수정치로 수정한다.

(나) 100 NM 이내에 기지국이 없는 경우에는 이용 가능한 적정 기지국으로부터 통보받은 최신 고도계수정치로 수정한다.

(다) 무선통신기를 갖추지 않은 항공기의 경우에는 출발공항의 표고(elevation)에 설정하거나, 출발하기 전의 이용 가능한 적정 고도계수정치를 활용한다.

(2) 기압계의 압력이 31.00 inHg를 초과하는 경우

(가) 18,000 ft MSL 미만의 항공로에서 운항하고자 하는 모든 항공기는 31.00 inHg로 수정한다. 영향을 받는 지역을 벗어나거나, 계기접근상의 최종접근구역에 도착할 때까지 이 설정을 유지한다. 가능하다면 최종접근구역에 접근하면서 최신 고도계수정치로 수정한다. 이용 가능한 최신 고도계 수정치가 없거나 항공기의 고도계를 31.00 inHg 이상으로 수정할 수 없다면, 접근하는 동안 계속해서 31.00 inHg를 유지한다.

(나) 출발 중이거나 실패접근 중인 항공기는 의무/통과고도 또는 1,500 ft AGL 중 더 낮은 고도에 도달하기 전까지는 고도계를 31.00 inHg로 설정한다.

(다) 31.00 inHg를 초과하는 대기압을 정확하게 측정할 수 없는 공항은 대기압을 "missing" 또는 "in excess of 31.00 inches of Hg"로 보고한다. 이러한 공항의 항공기입출항은 VFR 기상상태로 제한된다.

나. 해면고도 18,000 ft 이상

29.92 inHg(표준기압치)로 수정한다.

다. Transition altitude와 transition level 사이의 공역을 전이층(transition layer)이라고 한다. 이 전이층을 통과하여 강하하는 항공기는 transition level에서 고도계를 QNH(local altimeter)로 수정하여야 한다. 반대로 전이층을 통과하여 상승하는 항공기는 transition altitude에서 표준기압치(1013.2 hPa 또는 29.92 inHg)로 수정하여야 한다.

3. 고도계 오차(Altimeter Error)

가. 대부분의 기압고도계(pressure altimeter)는 기계적오차, 탄성오차, 온도오차 및 장착오차의 영향을 받는다. 눈금오차는 다음과 같은 방법에 의해 수정할 수 있다.

(1) 고도계 설정눈금(altimeter setting scale)을 통보받은 최신 고도계수정치로 설정한다.

(2) 고도계수정치 설정에 사용된 동일 기준고도(reference level)에 항공기가 위치하고 있다면, 고도계는 현재의 공항표고(field elevation)를 나타내어야 한다.

(3) 알고 있는 공항표고와 고도계 지시 간의 차이를 확인한다. 이 차이가 ±75 ft 이상이라면 고도계의 정확성이 의심스러우므로 적정등급의 수리업체에 평가와 수리가능 여부를 문의하여야 한다.

나. 비행 중이라면 때때로 항공로의 최신 고도계수정치를 획득하는 것이 대단히 중요하다. 고도계수정치 1 in의 오차는 고도 1,000 ft의 오차를 낳는다.

고기압 지역에서 저기압 지역으로 비행할 때 고도계를 재설정하지 않는다면 항공기는 고도계가 지시하는 고도보다 지표면에 더 근접해 있을 것이다. 반대로 저기압 지역에서 고기압 지역으로 비행할 때 더 높은 기압수정치로 고도계를 설정할 수 없다면 항공기의 진고도는 기압고도계의 지시보다 더 높을 것이다.

다. 온도 또한 고도와 고도계의 정확성에 영향을 미친다. 대기온도가 표준온도보다 더 따뜻하면 고도계가 지시하는 것보다 더 높이 있는 것이다. 또한 대기가 표준보다 더 춥다면 지시하는 것보다 더 낮게 있는 것이다. 이러한 차이의 크기가 오차의 양을 결정한다. 일정한 지시고도를 유지하면서 더 차가운 기단으로 비행할 경우 진고도(true altitude)는 낮아지게 된다.

제4절. 항적난기류(Wake Turbulence)

1. 와류의 발생(Vortex Generation)

양력은 날개 표면에 형성되는 압력의 차이에 의해 발생한다. 날개 표면 상부에는 가장 낮은 압력이, 날개 하부에는 가장 높은 압력이 생긴다. 이 압력차는 날개 끝의 내리흐름(downstream)에 와류를 발생시키고 날개 후방의 공기흐름을 말려 올라가게 한다. 완전히 말려 올라가면 이 후류는 2개의 반대방향으로 회전하는 원통형 와류가 된다.

2. 와류의 강도(Vortex Strength)

와류(vortex)의 강도는 와류를 발생시키는 항공기의 중량, 속도 및 날개의 형상에 좌우된다. 또한 항공기 와류의 특성은 속도 변화는 물론 플랩(flap) 또는 그 밖의 날개형태 변경장치(wing configuring device)를 펼침으로서도 변경될 수 있다. 그러나 기본요인은 중량이며, 와류의 강도는 중량에 비례하여 증가한다.

최대와류강도는 와류를 발생시키는 항공기가 무겁고(heavy), 외부 장착물이 없으며(clean), 그리고 저속(slow)일 때 발생한다.

3. 와류의 특성(Vortex Behavior)

뒷전와류(trailing vortex)는 날개 양력발생의 부산물이므로, 이륙 시 부양하는 순간부터 접지시까지 항공기는 와류를 발생시킨다. 측풍은 풍상와류(upwind vortex)의 횡적 움직임은 감소시키고 풍하와류(downwind vortex)의 움직임은 증가시킨다. 45°의 각도로 부는 약한 배풍(tailwind)에는 특히 주의를 기울여야 한다.

4. 항적난기류(Wake Turbulence) 분리

가. 연속적인 접근 항공기간 항적난기류 분리는 다음과 같이 시간 또는 레이더 분리기준을 적용한다.
  (1) 초대형(super) 뒤
    (가) 대형(heavy) : 3분 또는 6마일
    (나) 중형(medium) : 3분 또는 7마일
    (다) 소형(light) : 4분 또는 8마일
  (2) 대형(heavy) 뒤 소형(light) : 3분 또는 6마일

나. 위의 "가"와 같은 특정한 상황이 아닐 시 연속적인 접근 항공기간 분리는 2분 또는 5마일 레이더 분리 기준을 적용한다.

제5절. 항공차트(Aeronautical Charts)

1. 항법도(Aeronautical navigation chart)
   장거리비행의 공중항법 지원, 광범위한 지역에 대한 확인지점 제공, 장거리 비행계획 수립 등의 정보를 제공한다.
2. 항공로도(Enroute chart)
   항공교통업무절차를 준수하여 ATS 항공로를 따라 용이하게 항행할 수 있는 정보를 제공한다.
3. 세계항공도(World aeronautical chart)
   시계항행기준을 충족시키기 위한 정보를 제공한다.
4. 항공도(Aeronautical chart)
   고고도 이외의 고도에서 저속으로 단거리 및 중거리 시계항법을 수행할 수 있는 정보를 제공한다.
5. 비행장 장애물도(Aerodrome obstacle chart) - ICAO Type A
   이륙비행로 구역에 중요한 장애물 정보를 수록한다.
6. 비행장 장애물도(Aerodrome obstacle chart) - ICAO Type B
   항공지도 제작을 위한 기초자료로 제공하기 위해 다음과 같은 정보를 제공하여야 한다.
   가. 선회절차에 관한 최저안전고도를 포함한 최저안전고도/높이의 결정
   나. 이륙 또는 착륙 중 비상사태 발생 시 사용절차의 결정
   다. 장애물 회피 및 표지기준의 적용
7. 정밀접근지형도(Precision approach terrain chart)
   항공기 운영자가 최종접근의 특정단계에서 무선고도계를 사용하여 결심고도를 결정하는데 미치는 지형의 영향을 평가하기 위하여 필요한 세부적인 지형의 측면정보를 제공한다.
8. 지역도(Area chart)
   계기비행단계를 용이하게 수행하기 위해 다음의 정보를 제공한다.
   가. 비행의 순항단계와 비행장 접근단계 간의 전환
   나. 이륙/실패접근단계와 순항단계 간의 전환
   다. 복잡한 항공로 또는 공역의 통과비행
9. 표준계기출발도[Standard departure chart - Instrument(SID)]
   이륙단계에서 항공로 비행단계까지 지정된 표준계기출발비행로를 따라 비행하는데 필요한 정보를 제공한다.
10. 표준계기도착도[Standard arrival chart - Instrument(STAR)]
    항공로 비행단계에서 접근단계까지 지정된 표준계기도착 비행로를 따라 운항하는데 필요한 정보를 제공한다.
11. 계기접근도(Instrument approach chart)
    착륙하고자 하는 활주로가 설정되었을 경우, 관련 체공장주까지 실패접근절차를 포함하여 승인된 계기접근절차를 수행하는데 필요한 정보를 제공한다.

12. 시계접근도(Visual approach chart)

항공로 비행/강하단계로부터 시각참조에 의하여 착륙하고자 하는 활주로에 접근하기 위한 비행단계의 전환 시에 필요한 정보를 제공한다.

13. 비행장도(Aerodrome chart)

항공기의 지상이동을 용이하게 할 수 있는 정보를 제공한다.

14. 비행장 지상이동도(Aerodrome ground movement chart)

항공기 주기장으로의 지상이동 및 항공기 주기/접현을 용이하게 수행하기 위한 세부정보를 제공한다.

15. 항공기 주기/접현도(Aircraft parking/docking chart)

유도로와 항공기 주기장간 항공기의 지상이동에 관한 세부정보를 제공한다.

16. ATC 감시 최저고도도(ATC surveillance minimum altitude chart)

관제사에 의해 배정된 고도와 비행승무원이 비교, 검토할 수 있는 정보를 제공한다.

출제예상문제

I. 조난 및 긴급절차(Distress and Urgency Procedures)

【문제】 1. 조난상황(distress situation)에서 사용하는 radio call은?
① SOS ② Emergency ③ Mayday ④ Pan-Pan

【문제】 2. "PAN-PAN" 무선신호의 의미는?
① Emergency ② Urgency ③ Distress ④ Alert

【문제】 3. Control zone 내에서 IFR 비행 중 비상시 가장 적합한 contact 주파수는?
① 현재 사용 중인 주파수 ② 121.5 MHz
③ 가까운 tower 주파수 ④ ATC 지정 주파수

〈해설〉 조난 및 긴급통신(Distress and urgency communications)
1. 조난(distress)에 처한 항공기의 조종사는 충분히 고려하여 필요하다면 최초교신과 이후의 송신을 신호 MAYDAY로 시작하여야 하며, 되도록이면 3회 반복한다. 신호 PAN-PAN은 같은 방법으로 긴급한 상황(urgency condition)에서 사용한다.
2. 조난 또는 긴급통신에 사용하는 주파수는 현재 사용 중인 주파수나 ATC에 의해 배정된 다른 주파수가 바람직 하지만, 필요하거나 원한다면 비상주파수를 사용할 수 있다.

【문제】 4. 시계비행기상조건 하에서 계기비행 중 통신 두절 시 대처 요령은?
① 지정된 고도, 항로에 맞게 비행을 계속하여 도착예정시간에 계기접근을 실시한다.
② 지정된 고도, 항로에 맞게 비행을 계속하여 IAF에서 체공한다.
③ 시계비행기상조건에 맞추어 계속 비행하고 가능한 한 빨리 착륙한다.
④ 통신 두절 해당 지역에서 체공한다.

〈해설〉 VFR 상태에서 양방향무선통신이 두절(two-way radio communications failure)되거나, 두절된 이후에 VFR 상태가 된 경우 조종사는 VFR로 비행을 계속하고 가능한 한 빨리 착륙해야 한다.

【문제】 5. Minimum fuel 상태에 대한 설명 중 맞는 것은?
① 혼동을 줄이기 위해 lbs(파운드) 단위로 연료 잔량을 보고한다.
② 타 항공기에 비해 우선권을 가진다.
③ 목적지 공항까지 갈 수 있는 연료량 만을 보유하고 있다는 것을 의미한다.
④ 비상상황으로 간주된다.

【문제】 6. Minimum fuel 선포 시 ATC의 조치사항으로 올바른 것은?
① 목적지 공항까지 우선권을 부여한다.
② 비상을 선포하고 가장 가까운 비행장으로 유도한다.

정답 1. ③ 2. ② 3. ① 4. ③ 5. ③

③ 단지 비행지연이 발생 시에만 비상상황으로 간주한다.
④ 착륙 우선권을 부여한다.

〈해설〉 최소연료 통보(Minimum fuel advisory)
1. 목적지에 도착할 때의 연료공급량이 어떤 과도한 지연도 받아들일 수 없는 상태에 도달한 경우, 최소연료(minimum fuel) 상태를 ATC에 통보한다.
2. 이것은 비상상황은 아니며, 단지 어떤 과도한 지연이 발생하면 비상상황이 될 수 있다는 것을 나타내는 조언이라는 점을 인식하여야 한다.
3. 최소연료 통보가 교통상의 우선권을 요구한다는 의미는 아니라는 것을 인식하여야 한다.
4. 사용할 수 있는 잔여 연료공급량으로 안전하게 착륙하기 위하여 교통상의 우선권이 필요하다고 판단한 경우, 조종사는 저연료로 인한 비상을 선언하고 분 단위로 잔여 연료량을 보고하여야 한다.

【문제】7. 계기비행 조건 하에서 fuel dumping 시에는 몇 ft 이상의 고도를 배정하여야 하는가?
① 비행로나 비행장주로부터 4 NM 이내의 가장 높은 장애물로부터 최소한 2,000 ft 이상
② 비행로나 비행장주로부터 4 NM 이내의 가장 높은 장애물로부터 최소한 3,000 ft 이상
③ 비행로나 비행장주로부터 5 NM 이내의 가장 높은 장애물로부터 최소한 2,000 ft 이상
④ 비행로나 비행장주로부터 5 NM 이내의 가장 높은 장애물로부터 최소한 3,000 ft 이상

〈해설〉 연료투하(fuel dumping) 항공기의 고도를 다음과 같이 배정한다.
1. 〔민 적용〕 6,000 ft 이상의 고도를 배정한다.
2. 〔군 적용〕 계기비행(IFR) 조건하에서 연료투하를 한다면, 비행로나 비행장주로부터 5마일 이내에 있는 가장 높은 장애물로부터 최소한 2,000 ft 이상의 고도를 배정한다.

Ⅱ. 항공기상(Aviation Weather)

【문제】1. AIRMET에 포함되지 않는 기상요소는?
① Moderate icing
② Moderate turbulence
③ Mountain obscuration
④ Tornado

〈해설〉 AIRMET(Airmen's meteorological information)
1. AIRMET은 인천비행정보구역 내 10,000 ft 이하 저고도(산악지역은 15,000 ft 또는 그 이상의 고고도를 포함한다)를 운항하는 항공기에 영향을 줄 수 있는 기상현상의 변화가 발생하거나 발생이 예상될 때 발표하는 항공기상특보를 말한다.
2. AIRMET 정보에 포함되는 기상현상은 다음과 같다.
  가. 평균풍속 30 kt(15 m/s)를 초과하는 지상풍
  나. 5,000 m 미만의 지상시정
  다. 천둥번개
  라. 산악차폐(mountain obscuration)
  마. 1,000 ft(300 m) 미만의 운저고도를 가진 BKN 또는 OVC의 구름구역
  바. CB 또는 TCU
  사. 보통 착빙(moderate icing)
  아. 보통 난류(modcratc turbulence)
  자. 보통 산악파(moderate mountain wave)

정답 6. ③   7. ③ / 1. ④

【문제】 2. 관제사가 불러주는 바람정보는 활주로 상공 몇 m 높이에서 측정하는가?
① 3 m　　　　② 5 m　　　　③ 7 m　　　　④ 10 m

〈해설〉 지상풍(surface wind)은 지면 위 10±1 m(30±3 ft) 높이에서 관측한다.

【문제】 3. Runway Visual Range(RVR) 측정방법에 대한 설명 중 맞는 것은?
① 시정이 500 m 미만일 때 항상 측정해야 한다.
② Runway centerline으로부터 측면거리 120 m 이내의 위치에서 측정해야 한다.
③ 항상 정밀접근활주로에서 측정하여야 한다.
④ 항공기에서 측정 시는 3곳 이상의 장소에서 측정하여야 한다.

【문제】 4. 다음 중 공항에서 RVR을 측정해야 하는 경우는?
① Visibility가 800 m 미만으로 감소할 때
② Visibility가 1,500 m 미만으로 감소할 때
③ RVR이 800 m 미만으로 감소할 때
④ RVR이 2,000 m 미만으로 감소할 때

〈해설〉 활주로가시거리(RVR) 측정과 통보
1. 측정대상 활주로 및 측정방법
　가. 활주로가시거리는 시정이 악화된 기간 동안에 사용하기 위하여 모든 활주로에서 측정해야 한다.
　나. 시정 또는 활주로가시거리가 1,500 m 미만일 때 그 기간 내내 m 단위로 측정해야 한다.
2. 활주로가시거리의 측기위치
　활주로가시거리 측정은 활주로 중심선으로부터 측면거리 120 m 이내의 위치에서 수행해야 한다.

【문제】 5. 다음 중 RVR에 대한 설명으로 틀린 것은?
① 1,000 ft 단위 또는 1 SM 단위로 표시한다.
② 활주로에 설치되어 있는 장비에 의해 측정된 값을 사용한다.
③ 움직이는 항공기 내의 조종사가 활주로를 내려다보는 것을 기준으로 한다.
④ Transmissometer를 활용하여 측정한다.

〈해설〉 활주로가시거리(RVR)는 항공기 내의 조종사가 접근활주로시단(approach end)에서 활주로를 내려다보는 수평거리를 나타내며, 활주로 근처의 transmissometer로 RVR을 통보하기 위한 시정을 측정한다.

〈참조〉 [FAA] RVR은 100 ft 단위로 통보된다. 따라서 statute mile 단위의 시정이 통보되지 않은 경우에는 RVR을 statute mile로 환산하여야 한다.

【문제】 6. Mid-Point 및 Roll-out RVR 모두를 발부하는 시기로 옳은 것은?
① Mid-Point 또는 Roll-out RVR 값이 2,000피트 미만이고, Touchdown RVR 값이 Mid-Point 또는 Roll-out RVR 값보다 클 때
② Mid-Point 또는 Roll-out RVR 값이 2,000피트 이상이고, Touchdown RVR 값이 Mid-Point 또는 Roll-out RVR 값보다 클 때

정답　2. ④　3. ②　4. ②　5. ①

③ Mid-Point 또는 Roll-out RVR 값이 2,000피트 미만이고, Touchdown RVR 값이 Mid-Point 또는 Roll-out RVR 값보다 작을 때

④ Mid-Point 또는 Roll-out RVR 값이 2,000피트 이상이고, Touchdown RVR 값이 Mid-Point 또는 Roll-out RVR 값보다 작을 때

〈해설〉 도착, 출발 활주로 시정(Arrival/Departure runway visibility)
Mid-Point 또는 Roll-out RVR 값이 2,000 ft(600 m) 미만이고, Touchdown RVR 값이 Mid-Point 또는 Roll-out RVR 값보다 클 때, Mid 및 Roll-out RVR 모두를 발부한다.

【문제】7. 고도 30,000 ft로 비행할 때 참고할 수 있는 constant pressure chart는?

① 250 hPa 일기도 ② 300 hPa 일기도
③ 500 hPa 일기도 ④ 700 hPa 일기도

〈해설〉 각 constant pressure chart의 기압고도는 다음과 같다.

Constant pressure chart	Pressure altitude (MSL)
850 hPa	5,000 ft
700 hPa	10,000 ft
500 hPa	18,000 ft
300 hPa	30,000 ft
200 hPa	39,000 ft

【문제】8. 관제기관이 조종사에게 PIREP을 요구하는 실링 및 시정의 기상요건은?

① 실링 3,000 ft, 시정 3 SM 이하 ② 실링 3,000 ft, 시정 5 SM 이하
③ 실링 5,000 ft, 시정 3 SM 이하 ④ 실링 5,000 ft, 시정 5 SM 이하

【문제】9. 관제기관에서 조종사에게 PIREP을 요구하는 기상상황이 아닌 것은?

① 5,000 ft 이하의 운고 ② 5 SM 이하의 시정
③ 약한 정도 이상의 난기류 ④ Wind shear

〈해설〉 항공교통시설은 다음과 같은 상황이 보고되거나 예보될 때 조종사기상보고(PIREP)을 요구하여야 한다.
1. 5,000 ft 이하의 운고
2. 5 mile 이하의 시정(지표면 또는 상층)
3. 뇌우 및 관련 현상
4. 약한(light) 정도 이상의 착빙
5. 보통(moderate) 정도 이상의 난기류
6. 윈드시어 및 보고되거나 예보된 화산재구름

【문제】10. Microburst 하강기류의 최대강도는?

① 3,000 fpm ② 4,000 fpm ③ 5,000 fpm ④ 6,000 fpm

〈해설〉 마이크로버스트(microburst)는 소규모의 강한 하강기류(downdraft)이며, 하강기류의 강도(intensity)는 분당 6,000 ft에 달할 수 있다.

정답 6. ① 7. ② 8. ④ 9. ③ 10. ④

【문제】 11. ILS approach 시 head wind가 증가하는 경우, glide slope를 유지하기 위한 방법으로 적합한 것은?
  ① Groundspeed가 감소하므로 강하율을 감소시켜야 한다.
  ② Groundspeed가 감소하므로 강하율을 증가시켜야 한다.
  ③ True airspeed가 증가하므로 강하율을 감소시켜야 한다.
  ④ True airspeed가 감소하므로 강하율을 증가시켜야 한다.

〈해설〉 Head wind/Tail wind에 따라 ILS glide slope를 유지하기 위해서는 강하율의 조절이 필요하다. 착륙하기 위해 접근 중에 wind shear가 발생하여 tail wind가 head wind로 변하면 대지속도(ground speed)가 감소하여 강하율이 감소하므로, power를 줄이고 강하율을 증가시켜야 한다.
  반대로 head wind가 tail wind로 변하면 대지속도가 증가하여 강하율이 증가하므로, power를 증가시키고 강하율을 감소시켜야 한다.

【문제】 12. 기상레이더(weather radar)에 관한 설명으로 옳지 않은 것은?
  ① 강수의 강도는 4단계로 구분되어 나타낸다.
  ② 비, 우박과 눈 등의 모양을 알 수 있다.
  ③ 구름은 관측할 수 없다.
  ④ 기상요소의 강도가 크면 에코(echo)의 강도가 증가한다.

〈해설〉 기상레이더(Weather radar)
  1. 기상레이더는 전파를 발사하여 적란운과 같은 구름이나 눈, 비 등의 형태나 움직임 등과 같은 기상상태를 탐지하는 장치이다. 기상레이더에 있어서 전파가 목표에서 반사되어 온 반사파를 에코(echo)라 한다. 기상요소의 강도가 크면 일반적으로 레이더 반사파의 강도는 증가한다.
  2. 현재의 기상레이더 시스템은 강수 강도를 객관적으로 측정할 수 있다. 이러한 강수지역의 강도는 "약함(light)", "보통(moderate)", "강함(heavy)" 및 "매우 강함(extreme)"의 4단계로 구분되어 나타낸다.

【문제】 13. 뇌우 통과시 조치사항으로 맞는 것은?
  ① 항공기의 출력을 일정하게 유지한다.
  ② 항공기의 고도 및 속도를 일정하게 유지한다.
  ③ 조종실 실내를 어둡게 한다.
  ④ 착빙을 피하기 위해 외기온도가 0℃ ~ -10℃ 정도인 고도로 비행한다.

【문제】 14. 뇌우가 포함된 난류지역의 통과방법으로 적합한 것은?
  ① 가능한 최소속도를 유지한다.
  ② 난류 통과속도로 출력을 set하고 일정한 고도를 유지한다.
  ③ 난류 통과속도로 출력을 set하고 수평비행 자세를 유지한다.
  ④ 기동속도로 감속하고 일정한 고도를 유지한다.

〈해설〉 뇌우비행(Thunderstorm flying)

[정답] 11. ② 12. ③ 13. ① 14. ③

1. 권장하는 난기류 통과속도로 동력설정을 유지하고, 동력설정을 변경하지 마라.
2. 일정한 자세를 유지하라. 고도 및 속도가 변동될 수 있도록 놓아두라.
3. 번개로 인한 일시적인 시력상실(blindness)을 줄이기 위하여 조종실 조명을 가장 높은 광도로 조절한다.
4. 가장 위험한 착빙을 피하기 위하여 결빙고도 미만이나 -15℃ 고도 이상의 통과고도로 비행한다.

【문제】15. 직경 1/4 in 이상의 우박(hail)을 나타내는 METAR 부호는?
  ① GR   ② GS   ③ SG   ④ SN

〈해설〉 우박(hail)이란 투명하거나 부분 또는 전부가 불투명한 일반적으로 5~50 mm 이내의 직경을 갖는 얼음 조각을 말한다. 최대 우박의 직경이 5 mm(FAA; 1/4 in) 이상일 때는 약어 GR을 사용하며, 직경이 5 mm 미만일 때는 약어 GS를 사용한다.

Ⅱ. 고도계 수정(Altimeter Setting)

【문제】1. 항공기의 고도 3,000 ft에서 온도가 12℃일 때, 온도 0℃가 되는 고도는?
  ① 7,000 ft   ② 8,000 ft   ③ 9,000 ft   ④ 10,000 ft

〈해설〉 해면(sea level)에서의 표준온도는 15℃(59°F)이며, 해면으로부터의 온도변화율은 1,000 ft 당 -2℃(-3.6°F)이다. 따라서 고도가 6,000 ft 증가하면 온도는 12℃ 감소한다.

【문제】2. 다음 중 밀도고도가 증가하는 경우는?
  ① 온도 하강, 기압 하강, 습도 상승   ② 온도 하강, 기압 상승, 습도 하강
  ③ 온도 상승, 기압 상승, 습도 상승   ④ 온도 상승, 기압 하강, 습도 상승

〈해설〉 밀도고도는 공기밀도의 정도를 나타낸다. 고도가 증가하면 공기밀도는 감소하고 공기밀도가 감소함에 따라 밀도고도는 증가한다. 높은 온도와 높은 습도의 추가적인 영향은 누적되고 높은 밀도고도가 더욱 높아지는 결과를 가져온다.

【문제】3. 31.00 inHg 이상의 대기압을 정확히 측정할 수 없는 공항의 기상보고 및 항공기 운항에 대한 설명으로 틀린 것은?
  ① 대기압은 "Missing"으로 보고된다.
  ② 대기압은 "In excessive of 31.00 inHg"로 보고된다.
  ③ 이륙은 계기출발하는 항공기만 가능하다.
  ④ Mode C를 운용 중인 비행기의 경우, radar scope 상에 실제와 상이한 고도정보가 표시된다.

〈해설〉 기압계의 압력이 31.00 inHg를 초과하는 경우 다음과 같이 고도계수정치를 발부한다.
1. 31.00 inHg를 초과하는 대기압을 정확하게 측정할 수 없는 공항은 대기압을 "missing" 또는 "in excess of 31.00 inches of Hg"로 보고한다. 이러한 공항의 항공기 입출항은 VFR 기상상태로 제한된다.
2. Mode C를 장착한 항공기는 관제사의 레이더스코프 상에 배정된 고도와는 다르게 일정한 오차를 지닌 고도로 전시된다. 실제 고도계가 31.28 inHg일 때, Mode C가 장착된 항공기가 3,000 ft로 고도 배정을 받은 경우 3,300 ft로 고도가 나타난다. 이는 컴퓨터 시스템에 실제 대기압에 관계없이 고도계 수정치 31.00 inHg의 입력을 허용하지 않는 경우에 발생할 수 있다.

정답 15. ① / 1. ③ 2. ④ 3. ③

【문제】 4. 우리나라의 전이고도(transition altitude)는?
① 12,000 ft ② 14,000 ft ③ 16,000 ft ④ 18,000 ft

〈해설〉 인천 비행정보구역 내의 전이고도는 14,000 ft이며 전이비행고도는 FL140 이다.

【문제】 5. Transition level 060, transition altitude 5,800 ft인 transition layer를 통과하여 강하하는 항공기가 고도계를 local altimeter로 수정해야 하는 고도는?
① 5,800 ft ② 5,900 ft ③ 6,000 ft ④ 6,100 ft

〈해설〉 전이층을 통과하여 강하하는 항공기는 transition level에서 고도계를 QNH(local altimeter)로 수정하여야 한다. 반대로 전이층을 통과하여 상승하는 항공기는 transition altitude에서 표준기압치(1013.2 hPa 또는 29.92 inHg)로 수정하여야 한다.

【문제】 6. 고도계는 이륙 전에 해당 공항의 표고와 국지 QNH로부터 얻어진 계기고도와의 편차가 몇 ft 이내이어야 계기비행에 사용할 수 있는가?
① ±25 ft ② ±50 ft ③ ±75 ft ④ ±100 ft

【문제】 7. Altimeter setting 0.1 inHg 차이에 따른 고도 편차는?
① 1,000 feet ② 100 feet ③ 10 feet ④ 1 feet

〈해설〉 고도계 오차(Altimeter error)
 1. 고도계는 이륙 전에 해당 공항의 표고와 국지 QNH로부터 얻어진 계기고도와의 편차가 ±75 ft 이내이어야 계기비행에 사용할 수 있다.
 2. 고기압 지역에서 저기압 지역으로 비행할 때 고도계를 재설정하지 않는다면 항공기는 고도계가 지시하는 고도보다 지표면에 더 근접해 있을 것이다. 고도계수정치 1 in의 오차는 고도 1,000 ft의 오차를 낳는다.

【문제】 8. 이륙공항 altimeter가 29.91″Hg 이었다. 비행 후 altimeter를 수정하지 않고 활주로 표고가 1,500 ft인 공항에 표준 대기압 상태에서 착륙 시 고도계가 지시하는 고도는?
① 1,480 ft ② 1,490 ft ③ 1,500 ft ④ 1,510 ft

〈해설〉 표준 대기압은 29.92 inHg 이므로, 기압 차이는 29.91−29.92 = −0.01 inHg
 1 inHg의 기압 차이는 1,000 ft의 고도 차이를 발생시키므로, 고도 차이는 −0.01 × 1,000 = −10 ft
 ∴ 고도계는 실제 활주로 표고보다 10 ft 낮게 지시하므로, 지시고도는 1,500−10 = 1,490 ft 이다.

【문제】 9. FL290으로 비행을 하던 항공기가 QNH 30.26″Hg, 비행장 표고 134 ft인 비행장에 고도계를 setting 하지 않고 착륙 시 고도계가 지시하는 고도는?
① 134 ft ② 206 ft ③ −134 ft ④ −206 ft

〈해설〉 해면고도 18,000 ft 이상으로 비행하는 항공기는 고도계수정치를 29.92 inHg(표준기압치)로 설정하여야 한다.
 기압 차이는 29.92−30.26 = −0.34 inHg, 고도 차이는 −0.34 × 1,000 = −340 ft
 ∴ 따라서, 계기고도는 134−340 = −206 ft 이다.

정답 4. ② 5. ③ 6. ③ 7. ① 8. ② 9. ④

【문제】 10. FL220으로 항로 비행 후 QNH 30.37 inHg인 공항(활주로 표고 450 ft)에 고도계 수정없이 착륙 시 고도계가 지시하는 고도는?
① Zero   ② 450 ft   ③ -450 ft   ④ 405 ft

〈해설〉 해면고도 18,000 ft 이상으로 비행하는 항공기는 고도계수정치를 29.92 inHg(표준기압치)로 설정하여야 한다.
기압 차이는 29.92−30.37= -0.45 inHg, 고도 차이는 -0.45×1,000= -450 ft
∴따라서, 계기고도는 450−450=0 ft 이다.

【문제】 11. Altimeter setting 30.12 inHg인 항공기의 고도가 6,000 ft 일 때 기압고도는?
① 5,600 ft   ② 5,800 ft   ③ 6,200 ft   ④ 6,400 ft

〈해설〉 기압고도(pressure altitude)는 altimeter를 29.92 inHg로 setting 하였을 때 지시하는 고도이다.
기압 차이는 29.92−30.12= -0.2 inHg, 고도 차이는 -0.2×1,000= -200 ft
∴따라서, 기압고도는 6,000−200=5,800 ft 이다.

【문제】 12. 온도가 높은 지역에서 낮은 지역으로 비행 시 고도계의 지시는?
① 지시고도와 진고도는 동일하게 지시한다.   ② 지시고도는 진고도보다 낮게 지시한다.
③ 지시고도는 진고도보다 높게 지시한다.   ④ 변화가 없다.

【문제】 13. 일정한 고도로 비행 중 외기온도가 상승하면?
① 진대기속도, 진고도 모두 증가한다.
② 진대기속도, 진고도 모두 감소한다.
③ 진대기속도는 감소하고 진고도는 증가한다.
④ 진대기속도는 증가하고 진고도는 감소한다.

【문제】 14. 일정한 고도를 유지하며 기압이 높은 곳에서 낮은 곳으로 비행할 경우 고도계의 지시는?
① 진고도는 지시고도보다 높게 지시한다.
② 진고도는 지시고도보다 낮게 지시한다.
③ 진고도는 지시고도와 동일하게 지시한다.
④ 진고도와 지시고도는 변함이 없다.

【문제】 15. 기압고도와 진고도가 일치하는 경우는?
① 고도계를 29.92″로 설정했을 때   ② 지시고도와 기압고도가 동일할 때
③ 대기온도가 15℃일 때   ④ 표준대기 상태일 때

〈해설〉 고도/속도에 대한 온도와 기압의 영향
1. 표준온도와 해당 고도에서의 대기온도의 차이가 지시고도의 오차를 발생시킨다. 대기온도가 표준온도보다 더 따뜻하면 당신은 고도계가 지시하는 것보다 더 높이 있는 것이다. 또한 대기가 표준보다 더 춥다면 당신은 지시하는 것보다 더 낮게 있는 것이다. 이러한 차이의 크기가 오차의 양을 결정한다. 일정한 지시고도를 유지하면서 더 차가운 기단으로 비행할 경우 진고도는 낮아지게 된다.

정답 10. ①   11. ②   12. ③   13. ①   14. ②   15. ④

2. 고기압 지역에서 저기압 지역으로 비행할 때 고도계를 재설정하지 않는다면 항공기는 고도계가 지시하는 고도보다 지표면에 더 근접해 있을 것이다. 반대로 저기압 지역에서 고기압 지역으로 비행할 때 더 높은 기압수정치로 고도계를 설정할 수 없다면 항공기의 진고도는 기압고도계의 지시보다 더 높을 것이다.
3. 온도가 증가함에 따라 공기밀도는 감소하기 때문에 항공기는 더 빨리 비행할 수 있다. 따라서 일정한 수정대기속도 또는 지시대기속도에서 온도가 증가함에 따라 진대기속도는 증가하며, 반대로 온도가 감소함에 따라 진대기속도는 감소한다.
4. 기압고도계(pressure altimeter)는 표준대기 조건 하에서 진고도를 지시한다.

■ 잠깐! 알고 가세요.
[기상요소에 따른 항공기 고도와 속도의 변화]

구 분		진고도	지시고도	진대기속도
온도	감소	감소	증가	감소
	증가	증가	감소	증가
기압	감소	감소	증가	증가
	증가	증가	감소	감소
고도	감소	–	–	감소
	증가	–	–	증가

Ⅳ. 항적난기류(Wake Turbulence)

【문제】1. 다음 중 wake turbulence의 강도가 가장 큰 경우는?
① 높은 받음각, 무거운 중량, 저속 항공기   ② 낮은 받음각, 가벼운 중량, 고속 항공기
③ 높은 받음각, 무거운 중량, 고속 항공기   ④ 낮은 받음각, 가벼운 중량, 저속 항공기

〈해설〉 와류의 강도(Vortex strength)
　　와류(vortex)의 강도는 와류를 발생시키는 항공기의 중량, 속도 및 날개의 형상에 좌우된다. 또한 항공기 와류의 특성은 속도 변화는 물론 플랩(flap) 또는 그 밖의 날개형태 변경장치(wing configuring device)를 펼침으로서도 변경될 수 있다.
　　그러나 기본요인은 중량이며, 와류의 강도는 중량에 비례하여 증가한다. 최대와류강도는 와류를 발생시키는 항공기가 무겁고(heavy), 외부 장착물이 없으며(clean), 그리고 저속(slow)일 때 발생한다.

【문제】2. Wake turbulence로 인한 활주로 위의 항공기 와류는 어느 조건에서 가장 오래 지속되는가?
① 강한 정풍   ② 강한 배풍
③ 약한 45도 측풍   ④ 강한 45도 측풍

〈해설〉 와류의 특성(Vortex behavior)
　　측풍은 풍상와류(upwind vortex)의 횡적 움직임은 감소시키고 풍하와류(downwind vortex)의 움직임은 증가시킨다. 따라서 활주로를 가로지르는 1～5 knot의 미풍은 일정 시간 동안 풍상와류를 접지구역에 남아있도록 하고, 풍하하류가 다른 활주로 쪽으로 빨리 편류되도록 한다. 45°의 각도로 부는 약한 배풍(light quartering tailwind)에는 특히 주의를 기울여야 한다.

정답　1. ①　　2. ③

【문제】 3. 대형항공기 다음에 소형항공기가 뒤따라 착륙하는 경우, 항적난기류 분리를 위한 시차 분리 또는 레이더 분리간격은?

① 2분, 5 NM ② 3분, 6 NM ③ 4분, 7 NM ④ 5분, 8 NM

〈해설〉 연속적인 접근 항공기간 항적난기류 분리는 다음과 같이 시간 또는 레이더 분리기준을 적용한다.
1. 초대형(super) 뒤
   가. 대형(heavy) : 3분 또는 6마일
   나. 중형(medium) : 3분 또는 7마일
   다. 소형(light) : 4분 또는 8마일
2. 대형(heavy) 뒤 소형(light) : 3분 또는 6마일

Ⅴ. 항공차트(Aeronautical Charts)

【문제】 1. ICAO Area chart에서 계기비행 항공기에 제공하는 정보가 아닌 것은?
① 항로에서 비행장으로 최종진입 시 전환절차
② 선회 시의 절차를 포함한 최저안전고도(MSA)
③ 이륙에서 항로로의 전환절차
④ 복합 ATS 항로 또는 공역을 통과하는 운항

〈해설〉 항공지도업무기관은 지역도(area chart)에 다음과 같은 계기비행단계를 용이하게 수행하기 위한 정보를 조종사에게 제공하여야 한다.
1. 비행의 순항단계와 비행장 접근단계 간의 전환
2. 이륙/실패접근단계와 순항단계 간의 전환
3. 복잡한 항공로 또는 공역의 통과비행

【문제】 2. ICAO Type B의 Aerodrome obstacle chart에서 제공되지 않는 정보는?
① 선회절차에 관한 최저안전고도를 포함한 최저안전고도/높이의 결정
② 장애물 회피 및 표지 기준의 적용
③ 이륙 또는 착륙 중 비상사태 발생 시 사용절차의 결정
④ 이륙 시 장애물을 회피하기 위한 항공기 최대 Gross weight

〈해설〉 비행장장애물도(aerodrome obstacle chart) - ICAO Type B는 항공지도 제작을 위한 기초자료로 제공하기 위해 다음과 같은 정보를 제공하여야 한다.
1. 선회절차에 관한 최저안전고도를 포함한 최저안전고도/높이의 결정
2. 이륙 또는 착륙 중 비상사태 발생 시 사용절차의 결정
3. 장애물 회피 및 표지 기준의 적용

【문제】 3. 고도 1,500 ft를 초과하는 군훈련경로(military training route)가 표기된 차트는?
① IFR 저고도 항공로 차트   ② IFR 고고도 항공로 차트
③ IFR 구역 차트   ④ IFR MTR 차트

정답 3. ② / 1. ② 2. ④ 3. ①

〈해설〉 군훈련경로(military training route)는 다음과 같이 차트에 표기된다.
1. IFR 저고도 항공로차트(IFR enroute low altitude chart) : 이 차트에는 1,500 ft AGL 초과 고도의 운항을 위한 모든 IFR 군훈련경로(IFR Military Training Routes; IR)와 모든 VFR 군훈련경로(VFR Military Training Routes; VR)를 표기한다.
2. VFR 구역 항공차트(VFR sectional aeronautical chart) : 이 차트에는 IR, VR, MOA, 제한구역, 경고구역 및 경계구역 정보와 같은 군훈련활동을 표기한다.

【문제】4. 북미와 알래스카 지역 Low altitude enroute chart의 운영 범위는?
① IFR/VFR 항공기, 고도 18,000 ft MSL 미만
② IFR/VFR 항공기, 고도 24,000 ft MSL 미만
③ IFR 항공기, 고도 18,000 ft MSL 미만
④ IFR 항공기, 고도 24,000 ft MSL 미만

〈해설〉 IFR 저고도항공로차트(IFR enroute low altitude chart-미국대륙 및 알래스카)는 IFR 상태에서 18,000 ft MSL 미만의 운항을 위한 항공정보를 제공한다.

【문제】5. SID 차트의 note section에 기재된 부호 ▼의 의미는?
① 표준 IFR 이륙최저치가 적용된다.   ② 비표준 IFR 이륙최저치가 적용된다.
③ 표준 IFR 대체최저치가 적용된다.   ④ 비표준 IFR 대체최저치가 적용된다.

〈해설〉 "T"를 포함하고 있는 삼각형(▼)이 계기접근절차 chart의 note section에 제시되는 경우, 이는 비표준 IFR 이륙최저치가 적용되는 공항이라는 것을 나타낸다. 조종사는 이륙최저치를 판단하기 위하여 TPP의 DP 절을 참조하여야 한다.

【문제】6. SID와 STAR chart에 사용되는 고도는?
① MSL   ② AGL   ③ MEA   ④ MORA

〈해설〉 달리 명시되지 않는 한, SID/DP 및 STAR chart에 제시되는 모든 고도는 MSL을 기준으로 하는 진고도이다. 진고도는 보통 평균해발고도(mean sea level; MSL)의 높이를 feet 단위로 나타낸다.

【문제】7. Area chart에서 부호 ◀── ─가 의미하는 것은?
① Arrival route   ② Departure route
③ Feeder route   ④ Transition route

【문제】8. Area chart에서 부호 ◀─────의 의미는?
① Arrival route   ② Departure route
③ RNAV route   ④ Arrival and departure on same route

〈해설〉 다음의 범례(legend)는 Area Chart에만 적용된다.
◀───── Departure route
◀── ─ Arrival route
───── Arrival & Departure on same route

정답 4. ③   5. ②   6. ①   7. ①   8. ②

【문제】9. Enroute chart에서 아래 그림과 같은 기호의 의미는?

① DME Distance
② MEA Change
③ Segment mileage
④ Changeover point

【문제】10. 아래 그림과 같은 chart의 기호가 의미하는 것은?

① 두 항법시설 사이의 항법 주파수 변경지점까지의 거리
② 인근 장애물과의 거리
③ 항로상의 필수보고지점
④ 항로에서 MEA가 변하는 표시

〈해설〉 두 station 간의 항법 주파수 변경지점(changeover point; COP)은 station으로부터 변경지점까지의 마일 수로 나타낸다. COP가 중간지점 또는 선회지점 일 경우에는 생략된다.

【문제】11. Enroute chart에서 아래 그림과 같은 symbol이 의미하는 것은?

① Denotes DME fix
② Change of MEA
③ Total mileage between navaids
④ Magnetic reference bearing

〈해설〉 Jeppesen Enroute chart에서 위의 그림과 같은 symbol은 항행안전무선시설 간의 총거리(total mileage between navaids)를 NM 단위로 나타내며 항공로 중심선을 따라 위치한다.

【문제】12. Enroute chart에서 시설박스(facility box) 안의 항법시설 주파수 옆에 표시되는 문자 "D"의 의미는?

① DME fix
② DME 능력이 있는 항법시설
③ 항법시설의 등급
④ 지향성 시설(Directional facility)

〈해설〉 Jeppesen Enroute chart에서 항행안전시설이 항공로나 비행로의 구성요소인 경우, 항행안전시설 식별부호(identification)가 주파수, 식별부호 및 모스부호(Morse Code)와 함께 shadow box에 제시된다. DME 기능(capability)은 VOR 주파수 앞에 작은 "D" 문자로 표시된다.

【문제】13. Mileage break point에 대한 설명으로 올바른 것은?

① 항법시설에서부터 fix까지의 전체 DME 거리
② 지정된 intersection으로 선회가 예상되는 지점
③ 비행로의 진행상태를 점검할 수 있는 수단을 제공하는 항공로 상의 지점
④ 항로의 방향이 바뀌는 항공로 상의 intersection이 지정되지 않은 지점

【문제】 14. Enroute chart에서 항로 상의 부호 "✕"의 의미는?
　　① Non-compulsory reporting point　　② Mileage break/Turning point
　　③ Track midpoint　　④ Termination point

〈해설〉 Enroute chart의 mileage break/turning point(✕)는 항로의 방향이 바뀌는 항공로 상의 지점을 나타내며, intersection으로 지정되지 않은 지점이다.

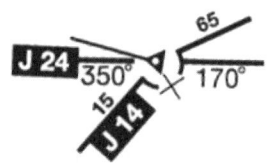

【문제】 15. Enroute chart에서 아래 그림의 symbol이 의미하는 것은?
　　① ADIZ, DEWIZ and CADIZ boundary
　　② FIR, UIR, ARTCC or OCA boundary
　　③ International boundary
　　④ Time zone boundary

【문제】 16. 다음 중 chart에서 ADIZ를 의미하는 기호는?
　　①　　　　　　　　　　　　　　　②
　　③　　　　　　　　　　　　　　　④

〈해설〉 Enroute chart에서 경계선(boundary)을 나타내는 부호(symbol)는 다음과 같다.

경계선(boundary)	부호(symbol)
ADIZ, DEWIZ and CADIZ	
FIR, UIR, ATRCC or OCA boundary	
International boundary	
Time zone boundary	
Air Defence Identification Zones(ADIZs)	

【문제】 17. SID/STAR chart에서 기호 "⌒⌒⌒⌒⌒⌒"가 의미하는 것은?
　　① Sector boundary　　② Time zone boundary
　　③ Sectional boundary　　④ Monitoring boundary

〈해설〉 SID/DP and STAR chart에서 위의 symbol은 Radio frequency sector boundary를 나타낸다.

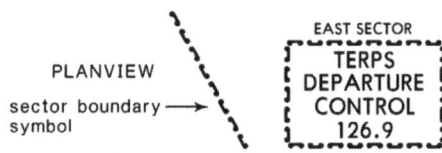

정답　14. ②　15. ②　16. ③　17. ①

【문제】18. Enroute chart에서 아래 그림의 symbol이 의미하는 것은?

① LOC back course
② ADF approach course
③ Magnetic reference course
④ LOC, LDA or SDF front course

〈해설〉 Enroute chart에서 localizer front course 및 back course를 나타내는 symbol은 다음과 같다.

항행안전시설(NAVAID)	부호(symbol)	항행안전시설(NAVAID)	부호(symbol)
LOC, LDA, or SDF Front Course		LOC Back Course	

【문제】19. 다음 중 공항의 ARP(airport reference point)를 나타내는 symbol은?

① ⊙   ② ◯   ③ ⌖   ④ ⊕

〈해설〉 ARP(Airport Reference point, 공항참조점)는 공식적인 공항 위치로 지정된 공항 상의 지점을 나타낸다.

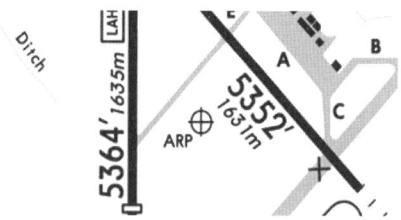

【문제】20. Approach chart에서 symbol "⋀"가 의미하는 것은?

① Unidentified artificial construction
② Artificial construction(tower, stack, building 등)
③ Unidentified natural terrain
④ Natural terrain(mountain, hill 등)

〈해설〉 Approach chart에서 위의 symbol은 Un-lighted unidentified man-made(artificial) construction을 나타낸다.

정답 18. ①   19. ④   20. ①

계기비행증명 (Instrument Rating)

PART 4

모의고사

- 계기비행증명 학과(필기)시험 제1회 모의고사
- 계기비행증명 학과(필기)시험 제2회 모의고사
- 계기비행증명 학과(필기)시험 제3회 모의고사
- 계기비행증명 학과(필기)시험 제4회 모의고사
- 계기비행증명 학과(필기)시험 제5회 모의고사
- 계기비행증명 학과(필기)시험 제6회 모의고사

모의고사는 실제시험같이, *실제시험은 모의고사같이!*

NOTICE	점수별 추천 방안

나의 점수	점수별 추천 방안
	합격 점수는 70점입니다. 따라서 28문제 이상을 맞추어야 합격입니다. 모든 분들의 합격을 진심으로 기원하며, 모의고사 점수별 추천 방안은 다음과 같습니다.
100점	축하합니~다. 축하합니~다. 당신의 합격을 축하합니다. ♪ 이제 누가 나를 막을 수 있겠는가! 두 손을 높이 들고 만세를 3번 외친 다음, 자기 자신에게 수고했다고 큰 소리로 박수를 쳐준다. 모든 책을 덮고 3박 4일 동안 푹 쉰다. (잊을 뻔했다!) 혹시 숨겨놓은 비상금이 있다면 복권을 산다.
80/90점 대	합격은 하긴 했는데 왠지 허전한 것은 무엇 때문일까? 만족하지 말고 100점을 목표로 삼고 다시 시작한다. 이왕 공부하는 것 100점도 한번 맞아 보자. ■틀린 문제 위주로 다시 한번 살펴본다.
70점 대	애초 목표는 합격(70점 이상)이었다. "70점이나 100점이나 어차피 똑같이 합격이다. 100점 맞는다고 증명(rating)을 2개 주는 것 아니다~"라고 위안을 하고, 80/90점 대를 목표로 다시 시작한다. ■기출문제 위주로 공부한다. 틀린 문제는 해설을 참고하여 관련 내용을 숙지한다.
60점 대	집중만이 살길이다. 대부분 한 두 문제 차이로 불합격한다는 것을 잊지 말자. 불합격과 합격의 차이는 조금 더 집중하느냐? 아니면 집중하지 않고, 이것인가 보다 하고 대충 지나가느냐에 따라 달라진다. 정말 종이 한 장 차이다. 한 두 문제 때문에 떨어져서 다시 시험을 봐야 하다니 수수료가 아깝지 않은가! 잊지 말자, 아까운 내 돈~~ ■출제예상문제부터 다시 시작한다. 특히 해설을 정독하여 관련 내용을 숙지한다.
50점 이하	포기할 것인가? 계속할 것인가? 심사숙고하여 결정한다. 선택은 당신의 몫이다. 포기하기에는 그 동안의 노력이 너무 아깝다. 나의 피가 끓는다. 계속 도전하기로 작정을 하였다면 각서를 쓰고 도장을 찍어서 책상 앞에 붙여 둔다. 다시 1일차이다. 마음을 다잡고 날밤을 새운다. 느슨해질 때마다 각서를 쳐다보고 큰 소리로 외친다. 나도 할 수 있다. **나도 (계기만 보고) 날 수 있다!** ■출제예상문제부터 다시 시작한다. 이해되지 않는 부분은 본문의 내용을 살펴보고, 관련 내용을 숙지한다.

자격종류	한정자격	한정구분	시험시간	문제수	수험번호	성 명
항공종사자 한정심사	조종사	계기비행증명	50분	40문항		

1. 조종사가 EFD의 시현정보를 보고 항공기 자세를 바꿀 때 4단계의 조작순서로 올바른 것은?
   ① Crosscheck - Trim - Established - Adjust
   ② Established - Trim - Crosscheck - Adjust
   ③ Crosscheck - Established - Trim - Adjust
   ④ Established - Trim - Adjust - Crosscheck

2. 090°에서 300°까지 표준율 좌선회를 실시할 때 걸리는 시간은?
   ① 40초   ② 50초
   ③ 1분   ④ 1분 10초

3. 항공기가 DME arc에서 0.5마일 벗어났을 경우 arc 유지를 위해 상대방위를 몇 도 변경하여야 하는가?
   ① 5°~10°   ② 10°~20°
   ③ 15°~25°   ④ 20°~30°

4. 북위 30° 지점에서 magnetic compass를 이용하여 bank angle 20°로 heading 090°에서 heading 360°로 좌선회 시, 몇 도에서 roll out을 하여야 하는가?
   ① 20°   ② 40°
   ③ 320°   ④ 340°

5. 정압공(static port)이 동결되어 막혔을 때 영향을 받지 않는 계기는?
   ① 속도계   ② 고도계
   ③ 승강계   ④ 선회경사계

6. Pitot tube ram air hole과 drain hole이 모두 막혔을 경우, 속도계의 지시는?
   ① 고도가 올라감에 따라 속도가 감소한다.
   ② 고도가 올라감에 따라 속도가 증가한다.
   ③ 속도는 변하지 않는다.
   ④ 속도는 "0"을 지시한다.

7. 항공기가 고도 10,000 ft에서 정압공이 막힌 후 8,000 ft로 강하하여 수평비행을 할 경우, 계기의 지시로 맞는 것은?
   ① 속도는 실제보다 높게 지시, 고도는 10,000 ft를 지시, VSI는 "0"을 지시
   ② 속도는 실제보다 낮게 지시, 고도는 10,000 ft를 지시, VSI는 상승을 지시
   ③ 속도는 실제보다 높게 지시, 고도는 8,000 ft를 지시, VSI는 "0"을 지시
   ④ 속도는 실제보다 낮게 지시, 고도는 8,000 ft를 지시, VSI는 상승을 지시

8. 항공기 cockpit 내부의 전자기기에 의해 발생하는 오차는?
   ① Dip error   ② Variation
   ③ Deviation   ④ Oscillation error

9. 북반구에서 magnetic compass의 움직임에 대한 설명 중 맞는 것은?
   ① 동쪽에서 서쪽으로 비행 중 감속하면 북쪽방향을 지시한다.
   ② 서쪽에서 동쪽으로 비행 중 직진 강하하면 남쪽방향을 지시한다.
   ③ 남쪽방향으로 비행 중 직진 강하하면 일정한 방향을 계속 지시한다.
   ④ 북쪽방향으로 비행 중 직진 상승하면 서쪽방향을 지시한다.

10. VORTAC까지의 ground distance와 DME indicator에 지시된 거리 간에 오차가 가장 큰 경우는?
    ① VORTAC에 가깝고 낮은 고도에 있을 때
    ② VORTAC에 가깝고 높은 고도에 있을 때
    ③ VORTAC에서 멀고 낮은 고도에 있을 때
    ④ VORTAC에서 멀고 높은 고도에 있을 때

11. 인간이 기계보다 우월한 점은?
① 반응 속도　　② 대량 정보처리
③ 창의성　　　④ 정확성

12. Checklist를 사용하여 비행을 수행할 때 발생할 수 있는 문제점이 아닌 것은?
① 업무부하 고조, 스트레스 발생 시 상태를 혼동하여 인지하는 경우가 발생할 수 있다.
② Checklist 항목을 천천히 수행 시 정확도가 저하된다.
③ 표준용어 미사용 시 정보전달에 문제가 발생할 수 있다.
④ 다양한 기종 운용 시 용어의 상이함으로 인하여 혼동을 일으킬 수 있다.

13. VOT를 이용하여 VOR 점검 시, 다음 중 정상범위에 있는 것은?
① 360° TO, 180° FROM
② 180° TO, 178° FROM
③ 003° TO, 005° FROM
④ 182° TO, 003° FROM

14. VOR/DME 두 시설이 한 쌍으로 구성되어 있는 경우, VOR 부분이 작동하지 않을 때 DME를 식별할 수 있는 신호는?
① 1,020 Hz의 20초 간격 식별부호
② 1,350 Hz의 20초 간격 식별부호
③ 1,020 Hz의 30초 간격 식별부호
④ 1,350 Hz의 30초 간격 식별부호

15. ILS 구성요소 중 두 자리 문자로 식별되고 거리 정보를 제공하는 요소는?
① Compass locator　② Inner marker
③ Middle marker　　④ Outer marker

16. (L) VOR 등급의 1,000 ft에서 18,000 ft 까지 service volume의 반경 범위는?
① 25 NM　　② 40 NM
③ 65 NM　　④ 80 NM

17. ILS inner marker에서 조종사가 수신할 수 있는 모스 부호와 색깔은?
① 초당 6회의 dash 음, 청색
② 초당 2회의 dash 음, 백색
③ 초당 6회의 dot 음, 백색
④ 초당 2회의 dot 음, 황색

18. CAT II ILS의 결심고도(DH) 및 활주로가시거리(RVR) 범위로 맞는 것은?
① DH: 30 m 이상 50 m 미만, RVR: 350 m 이상 500 m 미만
② DH: 30 m 이상 50 m 미만, RVR: 300 m 이상 550 m 미만
③ DH: 30 m 이상 60 m 미만, RVR: 350 m 이상 500 m 미만
④ DH: 30 m 이상 60 m 미만, RVR: 300 m 이상 550 m 미만

19. 착륙 후 runway centerline light의 적색등과 백색등이 교차되어 보일 경우 남은 활주로 길이는?
① 300 m　　② 600 m
③ 900 m　　④ 1,200 m

20. White arrow로 표시되는 runway marking은?
① Displaced relocation marking
② Displaced threshold marking
③ Aiming point marking
④ Temporarily closed marking

21. B등급 공역 내에서 10,000 ft 미만의 고도로 비행하는 항공기의 최대속도는?
① 200 KIAS　　② 230 KIAS
③ 250 KIAS　　④ 280 KIAS

22. ATIS에서 불러주는 활주로와 바람 방향의 기준은?
① 활주로와 바람 방향 둘 다 자북 방위이다.
② 활주로와 바람 방향 둘 다 진북 방위이다.

③ 활주로 방향은 자북, 바람 방향은 진북 방위이다.
④ 활주로 방향은 진북, 바람 방향은 자북 방위이다.

23. 관제탑에서 비행 중인 항공기에게 보내는 steady red light의 의미는?
① Give way to other aircraft and continue circling.
② Airport unsafe, do not land.
③ Cleared to land.
④ Exercise extreme caution.

24. 동일 활주로에서 이륙 후 곧 진로가 45도 이상 분기되는 다른 방향으로 비행하는 항공기 간에는 최저 몇 분 간격의 분리가 이루어져야 하는가?
① 1분　　　　　② 2분
③ 3분　　　　　④ 4분

25. 고도가 주어지고 관제사가 "Climb at pilot's discretion"이라고 했을 때 조종사가 취할 수 있는 행동으로 잘못된 것은?
① 조종사의 판단에 의해 원할 때는 언제라도 상승하거나 강하할 수 있다.
② 어떠한 상승률이나 강하율로도 상승하거나 강하할 수 있다.
③ 상승 또는 강하 중 어떠한 고도에서나 중간에서 level off를 할 수 있다.
④ 항공기가 고도를 떠난 다음에 필요한 경우 다시 그 고도로 돌아갈 수 있다.

26. 계기출발절차로 이륙 후 선회를 시작하기 전에 공항표고로부터 최소한 (　) 높은 고도까지 직상승하여야 한다. 15도 이상 선회하려면 공항표고보다 최소한 (　) 높은 고도에 도달한 후 선회하여야 한다. (　)에 맞는 것은?
① 200 ft, 200 ft　　　② 200 ft, 400 ft
③ 400 ft, 200 ft　　　④ 400 ft, 400 ft

27. FDC NOTAM은 언제 발행하는가?
① 발효기간이 일시적이며 단기간이거나 운영상 중요한 사항이 영구적으로 변경된 경우
② 항공차트의 수정이나 계기접근절차의 변경, 일시적인 비행제한 등에 관한 정보가 변경된 경우
③ 비행장 또는 활주로의 설치, 폐쇄 또는 운용상 중요한 변경이 있는 경우
④ 항행안전시설의 설치, 제거 또는 변경 등 항행에 영향을 미치는 사항이 변경된 경우

28. Controlled flight의 경우, 비행계획서 상의 출발예정시간보다 얼마 이상 지연되면 새로운 비행계획서를 제출해야 하는가? (ICAO 기준)
① 15분　　　　　② 30분
③ 1시간　　　　④ 2시간

29. ATC 용어 "Radar contact"의 의미는?
① 당신의 항공기는 식별되었고, 이 레이더 시설과 contact 하는 동안 모든 항공기로부터 분리될 것이다.
② 당신은 레이더 service 또는 레이더 식별이 종료될 때까지 교통조언을 받게 될 것이다.
③ 당신의 항공기는 레이더 상에 식별되었고, 레이더 식별이 종료될 때까지 flight following이 제공될 것이다.
④ 조종사는 지정된 보고지점 상공에서 위치를 보고하고, radar vector가 주어질 것에 대기하라.

30. ATC로부터 fix 이후에 대한 허가를 받지 못한 경우, fix 도착 몇 분 전부터 속도를 줄여야 하는가?
① 3분　　　　　② 5분
③ 7분　　　　　④ 10분

31. Holding 시 적합한 선회각도는?
① 초당 1.5°, 또는 25° 경사각 중 작은 것
② 초당 1.5°, 또는 30° 경사각 중 큰 것
③ 초당 3°, 또는 25° 경사각 중 큰 것
④ 초당 3°, 또는 30° 경사각 중 작은 것

32. Heading 055°, Course 060°로 Inbound 중 "…Hold East of the ABC VORTAC on the Zero Niner Zero Radial, Left Turns…"라는 ATC 지시를 받았다. Holding pattern에 진입하기 위한 권장절차는?
① Teardrop entry procedure
② Direct entry procedure
③ Parallel entry procedure
④ Teardrop 또는 Parallel entry procedure

33. 항로에서 항법신호의 수신과 장애물 회피를 보장하는 최저고도는?
① MEA ② MOCA
③ MRA ④ MCA

34. Visual Descent Point(VDP)에 대한 설명 중 틀린 것은?
① 접근차트의 측면도에 "V"로 표기된다.
② VOR 및 LOC 절차에서 VDP 위치는 보통 DME 로부터의 거리로 식별한다.
③ 비정밀 직진입접근의 최종경로 상에 지정된 하나의 지점이다.
④ LNAV 및 VNAV 접근절차에도 적용할 수 있다.

35. 29.91″Hg set 하여 비행 후 고도계 수정없이 비행장 표고 1,500 ft, QNH 30.08″Hg인 공항에 착륙하였을 시 계기고도는?
① 1,120 ft ② 1,330 ft
③ 1,480 ft ④ 1,670 ft

36. Circling approach 시 missed approach를 위한 MDA의 기준은?
① HAA ② HAT
③ TCH ④ TDZE

37. Decision height(DH)에 대한 설명 중 틀린 것은?
① TDZE 또는 공항표고로부터의 높이이다.
② Radio altimeter로 측정된다.
③ Missed approach가 시작되는 지점이다.
④ MSL을 기준으로 한다.

38. 시계비행 기상조건 하에서 계기비행 중 two way radio failure 시 대처요령으로 적합한 것은?
① 시계비행으로 비행을 계속하여 가능한 한 빨리 착륙한다.
② 시계비행으로 비행을 계속하여 해당 공항에 체공한다.
③ 시계비행으로 가장 가깝고 적당한 공항에 착륙한다.
④ 배정된 고도와 비행로로 비행을 계속하여 착륙 예정시간에 맞춰 해당 공항에 접근을 수행한다.

39. No-gyro approach 시 final controller와 교신 전까지 유지해야 할 선회율은?
① 최대 15° bank를 초과하지 않는 표준율 선회
② 최대 30° bank를 초과하지 않는 반표준율 선회
③ 표준율 선회
④ 반표준율 선회

40. 고도계 상으로 일정한 고도를 유지하며 저기압 지역에서 고기압 지역으로 비행 시 진고도는?
① 진고도는 계기고도보다 높게 된다.
② 진고도는 계기고도보다 낮게 된다.
③ 진고도는 계기고도와 같아진다.
④ 진고도는 계기고도보다 높아졌다 낮아진다.

제1회 정답 및 해설

문제	1	2	3	4	5
정답	❹	❷	❷	❷	❹
문제	6	7	8	9	10
정답	❷	❶	❸	❸	❷
문제	11	12	13	14	15
정답	❸	❷	❹	❹	❶
문제	16	17	18	19	20
정답	❷	❸	❹	❸	❷
문제	21	22	23	24	25
정답	❸	❶	❶	❶	❹
문제	26	27	28	29	30
정답	❹	❷	❷	❸	❶
문제	31	32	33	34	35
정답	❹	❸	❶	❹	❷
문제	36	37	38	39	40
정답	❶	❹	❶	❸	❶

1. ④

조종사가 조종계기와 성능계기를 이용하여 항공기 자세를 바꿀 때의 절차적 단계는 다음과 같다.
1. Establish : 원하는 성능을 얻기 위해 조종계기들에 자세와 동력을 맞춘다.
2. Trim : 조종간 압력이 중립이 되도록 trim을 사용한다.
3. Cross-check : 성능계기들을 cross-check 한다.
4. Adjust : 필요한 만큼 조종계기에서 자세와 동력 설정을 조정한다.

2. ②

표준선회율은 비행기가 3°/sec의 비율로 선회하는 것을 의미한다. 090°에서 300°로 좌선회하는 경우 선회각도는 전체 150° 이다. 따라서 표준선회율로 150°를 선회하려면 150÷3=50초가 걸린다.

3. ②

Arc로부터 벗어난 거리 0.5 mile 당 10°~20°의 상대방위를 변경하여 거리(range)를 수정함으로써 원하는 DME arc로 돌아갈 수 있다.

4. ②

동쪽에서 북쪽으로 선회 시에는 위도에 bank angle의 1/2을 더한 각도의 전방에서 roll out을 하여야 한다.
- roll out lead $= 30 + \left(20 \times \dfrac{1}{2}\right) = 40°$
∴ 0°(360°) + 40° = 40° 이므로, heading 40°에서 roll out을 하여야 한다.

5. ④

동정압관(pitot-static tube)은 정압을 수감하는 정압공과 전압을 수감하는 피토관으로 구성되어 있으며 일반적으로 고도계, 속도계 및 승강계가 장착된다. 정압공(static port)은 속도계, 고도계 및 승강계에 정압 또는 대기압을 제공한다. 따라서 정압공이 막히면 이 세 가지 계기가 모두 작동하지 않게 된다.

6. ②

Pitot tube ram air hole과 drain hole이 모두 막히고 static port가 막히지 않았다면 속도계는 고도계와 같은 작용을 한다. 따라서 비행기가 pitot 계통이 막힌 고도 이상으로 상승하면 속도계의 지시값은 증가하고, 강하하면 속도계의 지시값은 감소한다.

7. ①

Static port가 막혔더라도 pitot tube가 막히지 않았다면 속도계는 계속 작동하지만 이 속도 지시는 정확하지 않다. 이러한 상태에서 비행기가 강하하면 막힌 static 계통의 정압이 해당 고도의 정압보다 낮으므로 실제 속도보다 빠른 속도가 지시된다.
Static 계통이 막히면 고도계와 승강계도 영향을 받는다. Static 계통이 막혀서 정압이 변하지 않으면 고도계는 현재 고도를 지시한 채 변하지 않으며, 승강계는 계속 "0"을 지시한다.

8. ③

항공기 전기기기 및 전선, 기체 구조재 내의 자성체 등의 영향에 의해 생기는 나침반의 오차를 자차(deviation)라고 한다.

9. ③

　　동쪽이나 서쪽 방향으로 비행하면서 가속 시에는 북쪽 선회를 지시하며, 감속 시에는 남쪽 선회를 지시한다. 그러나 일정한 속도로 직진 상승하거나 강하하는 경우에는 자기 나침반 오차가 발생하지 않는다.

　　또한 북쪽이나 남쪽 방향을 유지한 상태에서는 강하, 상승하거나 속도가 변하여도 오차가 발생하지 않는다.

10. ②

　　DME 오차는 항공기 고도가 낮고 VORTAC ground station으로부터 멀수록 최소가 된다. 반대로 항공기가 VORTAC ground station 상공의 고고도에 있을 때 오차가 가장 커진다.

11. ③

　　기계와 인간의 차이점을 들면 다음과 같다.
　1. 기계가 인간보다 우월한 점
　　가. 반응의 속도
　　나. 정확한 반복
　　다. 대량의 저장된 정보를 신속히 찾아내어 처리할 수 있다.
　　라. 신속한 고장검색
　2. 인간이 기계보다 우월한 점
　　가. 예기치 않은, 또는 매우 희귀한 사태에 신속히 대처하는 능력
　　나. 어떤 상황의 발생원인을 추정하는 능력
　　다. 응용과 창조성

12. ②

　　점검표(checklist)의 문제점은 다음과 같다.
　1. 업무부하가 극도로 고조되고 스트레스를 받는 상황에서 운항승무원은 실제 상태와 운항승무원이 예상하는 상태를 혼동하여 인지하는 경우가 발생하게 된다.
　2. 운항승무원이 점검표의 각 항목을 빠른 속도로 수행하는 상황에서는 정확도가 저하된다.
　3. 표준용어를 사용하지 않았을 때 정보전달에 문제가 발생할 수 있다.

　4. 한 항공사에서 다양한 기종을 운영할 때 용어의 상이함으로 인해 운항승무원이 혼동을 일으킬 수 있다.

13. ④

　　VOR 수신기 점검(VOR Receiver check)
　1. VOR 수신기를 VOT 주파수에 맞춘다. Omni-bearing selector(OBS)를 0°(360°)에 맞추면 진로편차지시계(CDI)는 중앙으로 오고 TO/FROM 지시는 "FROM"을 나타내어야 하며, omni-bearing selector를 180°에 맞추면 TO/FROM 지시는 "TO"를 나타내어야 한다.
　2. 허용오차범위 지상점검(ground check)을 하여 오차를 ±4°를 초과하거나 공중점검(airborne check)을 하여 ±6°를 초과한다면, 먼저 오차의 원인을 수정하지 않고 계기비행방식(IFR)으로 비행을 해서는 안된다.

14. ④

　　항행안전시설의 식별방법은 다음과 같다.
　1. 시설의 VOR 또는 로컬라이저 부분은 1,020 Hz의 부호화된 변조음 또는 부호와 음성의 조합에 의해 식별된다. TACAN 또는 DME는 1,350 Hz의 부호화된 변조음에 의해 식별된다.
　2. VOR 또는 로컬라이저의 식별부호가 3회 또는 4회 송신될 때 DME 또는 TACAN 식별부호는 1회 송신된다. VOR 또는 DME 중 하나가 작동하지 않을 때 약 30초 간격으로 반복되는 단 하나의 식별부호는 DME가 작동하고 있다는 것을 나타낸다.

15. ①

　　무지향표지시설(NDB)을 계기착륙시설(ILS)의 marker로 사용할 때, 이를 컴퍼스 로케이터(compass locator)라고 한다. 컴퍼스 로케이터는 2자리 문자의 식별부호 group을 송신한다.

16. ②

　　VOR/DME/TACAN의 표준 서비스 범위는 다음과 같다.

등급	고도 및 거리범위
T (터미널)	1,000 ft AGL 초과 12,000 ft AGL 이하의 고도에서 25 NM까지의 반경거리
L (저고도)	1,000 ft AGL 초과 18,000 ft AGL 이하의 고도에서 40 NM까지의 반경거리
H (고고도)	1,000 ft AGL 초과 14,500 ft AGL 이하의 고도에서 40 NM까지의 반경거리 14,500 ft AGL 초과 60,000 ft 이하의 고도에서 100 NM까지의 반경거리 18,000 ft AGL 초과 45,000 ft AGL 이하의 고도에서 130 NM까지의 반경거리

17. ③

항공기가 Marker beacon 상공을 통과할 때 조종사는 다음과 같은 지시를 수신할 것이다.

마커 (Marker)	등화(Light)	음성신호 (Audio signal)
OM	청색(Blue)	초당 2회 dash
MM	황색(Amber)	분당 95회 dot/dash
IM	백색(White)	초당 6회 dot

18. ④

계기접근절차에 사용되는 정밀접근활주로는 결심고도와 시정 또는 활주로가시범위(RVR)에 따라 다음과 같이 구분한다.

종 류 (Category)	결심고도(DH)	시정 또는 활주로 가시거리(RVR)
I	60 m 이상 75 m 미만	시정 800 m 또는 RVR 550 m 이상
II	30 m 이상 60 m 미만	RVR 300 m 이상 550 m 미만
III	30 m 미만 또는 No DH	RVR 300 m 미만 또는 No RVR

19. ③

활주로중심선등(runway centerline lighting)의 불빛은 진입 방향에서 볼 때 다음과 같다.
1. 활주로 종단으로부터 활주로 방향으로 300 m (1,000 ft) 지점까지 : 적색
2. 활주로 종단으로부터 300 m에서 900 m 사이 : 적색과 가변백색등이 교차
3. 활주로 종단으로부터 900 m (3,000 ft) 이후 : 가변백색

20. ②

이설시단(displaced threshold)은 활주로의 지정된 시작지점 이외에 다른 활주로 상의 지점에 위치한 시단이다.

이설시단에는 폭 10 ft의 백색 시단선(threshold bar)이 활주로를 가로질러 설치된다. 백색 화살표는 활주로의 시작지점과 이설시단 사이의 구간에 활주로중심선을 따라 설치된다.

21. ③

B등급 공역 내에서 비행하는 모든 항공기는 평균 해면 10,000 ft 미만의 고도에서는 지시대기속도 250 kt 이하로 비행하여야 한다.

22. ①

ATIS 정보에는 최신 기상전문의 시간, 운고(ceiling), 시정, 시정장애, 기온, 이슬점(이용할 수 있는 경우), 풍향(자방위)과 풍속, 고도계수정치, 그 밖의 관련사항, 계기접근 및 사용활주로가 포함된다.

23. ①

무선통신 두절 시 비행 중인 항공기에 보내는 빛총신호(light gun signal)의 종류와 의미는 다음과 같다.

신호의 종류	의미(Meaning)
연속되는 녹색	착륙을 허가함
깜박이는 녹색	착륙을 준비할 것
연속되는 적색	다른 항공기에게 진로를 양보하고 계속 선회할 것
깜박이는 적색	비행장이 불안전하니 착륙하지 말 것
깜박이는 백색	착륙하여 계류장으로 갈 것

24. ①

동일 또는 인접공항에서 이륙 후, 45° 이상으로 분기되는 방향으로 비행하게 되는 항공기 간에는 다음 중 하나의 최저치를 적용하여 분리를 취한다.
1. 이륙 후 곧 진로가 분기될 때 : 진로가 분기될 때까지 1분 적용
2. 이륙 후 5분 이내에 진로가 분기될 때 : 진로가

분기될 때까지 2분 적용

25. ④

ATC 허가의 고도정보에 포함되는 용어 "조종사의 판단에 따라(at pilot's discretion)"는 조종사가 필요할 때 상승 또는 강하할 수 있는 선택권을 ATC가 조종사에게 제공한다는 의미이다.

필요한 경우 어떠한 상승률 또는 강하율로도 상승 또는 강하할 수 있으며, 어떠한 중간고도에서나 일시적으로 수평비행(level off)을 할 수 있도록 허가하는 것이다. 그러나 항공기가 고도를 떠났다면 그 고도로 다시 돌아갈 수 없다.

26. ④

계기비행 선회 출발절차로 이륙하는 항공기는 이륙 후 선회를 시작하기 전에 공항표고로부터 최소한 400 ft 높은 고도까지 직상승하여야 한다. 15° 이상 선회가 요구되는 경우, 공항표고보다 최소한 400 ft 높은 고도에 도달할 때까지는 직상승하여야 한다.

27. ②

규제적인 성격의 정보를 전파할 필요가 있는 경우에는 FDC NOTAM을 발행한다. FDC NOTAM은 발간된 IAP의 수정 및 그 밖에 현재 사용하는 항공차트의 수정과 같은 것을 포함한다. 또한 일시적비행제한(Temporary Flight Restrictions)을 공고하기 위하여 사용된다.

28. ②

제출된 비행계획이 controlled flight(관제항공기)/IFR 비행인 경우 이동개시 예정시간을 30분을 초과하여 지연되거나 또는 uncontrolled flight(비관제항공기)/VFR 비행인 경우 1시간 이상 지연될 때는 비행계획을 수정하거나 새로운 비행계획을 제출하고 기 제출된 비행계획은 취소하여야 한다.

29. ③

레이더포착(radar contact)은 항공교통관제기관에서 레이더 식별된 항공기에게 통보하는 용어이며, 레이더식별 종료 시 까지 레이더 비행추적(radar following)이 제공된다. 또한 레이더업무는 필요성과 성능범위 내에서 제공될 수 있다.

조종사가 "radar contact"을 통보받은 경우, 자동적으로 필수보고지점 상공에서의 보고는 중단한다.

30. ①

항공기가 허가한계점으로부터 3분 이내의 거리에 있고 fix 다음 구간에 대한 비행허가를 받지 못했을 경우, 조종사는 항공기가 처음부터 최대체공속도 이하로 fix를 통과하도록 속도를 줄이기 시작하여야 한다.

31. ④

진입 및 체공하는 동안 다음 각도로 선회한다. 이 세 가지 가운데 가장 적은 경사각(bank angle)이 요구되는 것을 사용한다.
1. 초당 3°, 또는
2. 30°의 경사각(bank angle), 또는
3. 비행지시장치(flight director system)를 이용할 경우, 25°의 경사각

32. ③

비표준 좌선회 시 heading 55°인 경우 entry pattern은 다음과 같다.

Airplane heading to Fix	Entry pattern
165°~345°	Direct Entry
55°~165°	Parallel Entry
345°~ 55°	Teardrop Entry

33. ①

최저항공로고도(Minimum En-Route Altitude, MEA)는 무선 fix 간 항행안전시설 신호를 수신할 수 있고, 이들 fix 간 장애물 회피요건을 충족하는 발간된 최저고도이다.

34. ④

시각강하지점(Visual Descent Point; VDP)은 비정밀접근절차에 포함되어 있다. VDP는 직

진입 비정밀접근절차의 최종접근진로 상에 정해진 지점으로, 이 지점에서 시각참조물을 확인하였다면 MDA로부터 활주로 접지지점까지 정상적인 강하를 시작할 수 있다.

35. ②
- 기압 차이; 29.92−30.08= −0.17 inHg
  따라서, 고도 차이; −0.17×1,000= −170 ft
- ∴ 계기고도 = 1,500−170
  = 1,330 ft

36. ①

최저강하고도(Minimum Descent Altitude; MDA)는 직진입접근의 경우 HAT를 기준으로 하고, 선회접근의 경우 공항표고 상공의 높이(HAA; height above airport)를 기준으로 한다.

37. ④

결심고도/결심높이(Decision altitude/Decision height)는 접근을 수행하는데 요구되는 시각참조물을 확인하지 못한 경우, 실패접근이 시작되는 정밀접근에서의 특정고도 또는 높이(A/H)이다.
결심고도(DA)는 평균해면고도(MSL)를 기준으로 표시하고, 결심높이(DH)는 활주로시단표고(AGL)를 기준으로 표시한다.

38. ①

VFR 상태에서 양방향무선통신이 두절되거나 두절된 이후에 VFR 상태가 된 경우, 조종사는 VFR로 비행을 계속하고 가능한 한 빨리 착륙해야 한다.

39. ③

자이로 고장시외 접근(No-gyro approach)은 레이더관제 하에서 방향자이로(directional gyro) 또는 그 밖의 안정화된 나침반(stabilized compass)이 작동하지 않거나 부정확한 상황에 처한 조종사에게 제공된다. 조종사는 모든 선회를 표준율(standard rate)로 하여야 하고, 지시를 받자마자 즉시 선회를 하여야 한다.

감시접근 또는 정밀접근을 하는 경우, 조종사는 항공기가 최종접근진로 상으로 선회를 완료한 후 반표준율(half standard rate)로 선회할 것을 지시받을 것이다.

40. ①

고기압 지역에서 저기압 지역으로 비행할 때 고도계를 재설정하지 않는다면 항공기는 고도계가 지시하는 고도보다 지표면에 더 근접해 있을 것이다. 반대로 저기압 지역에서 고기압 지역으로 비행할 때 더 높은 기압수정치로 고도계를 설정할 수 없다면 항공기의 진고도는 기압고도계의 지시보다 더 높을 것이다.

자격종류	한정자격	한정구분	시험시간	문제수	수험번호	성 명
항공종사자 한정심사	조종사	계기비행증명	50분	40문항		

계기비행증명 학과(필기)시험 제2회 모의고사

1. 정속상승 중일 때 pitch와 bank의 주계기는?
   ① 승강계, 자세계
   ② 승강계, 방향지시계
   ③ 속도계, 방향지시계
   ④ 속도계, 자세계

2. 일정한 경사각과 고도를 유지하며 선회 시 항공기의 power를 감소시키면 선회율과 선회반경은?
   ① 선회율은 감소하고 선회반경은 증가한다.
   ② 선회율과 선회반경 모두 감소한다.
   ③ 선회율은 증가하고 선회반경은 감소한다.
   ④ 선회율과 선회반경 모두 증가한다.

3. 비정상 자세에서 회복 시 자세계가 고장났다면 항공기 피치 자세를 참고하기 위한 계기는?
   ① 고도계, 선회경사계
   ② 고도계, 속도계
   ③ 고도계, 승강계
   ④ 승강계, 선회경사계

4. Nose down 비정상 자세의 일반적인 회복절차로 올바른 것은?
   ① PWR increase - Wing level - Pitch down
   ② PWR increase - Pitch down - Wing level
   ③ PWR decrease - Wing level - Pitch up
   ④ PWR decrease - Pitch up - Wing level

5. VOR로부터 30 NM 떨어진 거리에서 CDI가 half scale 벗어났다면, course에서 몇 마일 off 된 것인가?
   ① 1.5 NM   ② 2.0 NM
   ③ 2.5 NM   ④ 3.0 NM

6. 속도계에서 White arc의 하단속도는?
   ① V_{S0} ② V_{FE}
   ③ V_{LO} ④ V_{NO}

7. 고도 7,000 ft에서 pitot tube ram air hole과 drain hole이 모두 막힌 항공기가 9,000 ft로 상승 시 속도계의 지시로 맞는 것은?
   ① 고도가 올라감에 따라 속도는 감소한다.
   ② 고도가 올라감에 따라 속도는 증가한다.
   ③ 속도는 변화가 없다.
   ④ 속도는 "0"을 지시한다.

8. 360° 수평선회 시 어느 방향으로 비행할 때 자기나침반의 경차 오차가 최소가 되는가?
   ① 90°와 270° 방향
   ② 45°와 325° 방향
   ③ 135°와 225°의 방향
   ④ 180°와 0° 방향

9. Instrument Landing System의 기본 구성요소가 아닌 것은?
   ① Localizer
   ② Marker beacon
   ③ Glide slope
   ④ Compass locator

10. 착륙 중 실제 비행보다 낮은 고도에 있는 것 같은 착각을 유발하는 활주로는?
    ① Downslope, narrower than usual runway
    ② Downslope, wider than usual runway
    ③ Upslope, narrower than usual runway
    ④ Upslope, wider than usual runway

11. VOR 수신기 점검 시 허용 오차범위가 맞는 것은?
    ① 지상점검 시 ±4°
    ② 공중점검 시 ±4°
    ③ Dual VOR 점검 시 ±6°
    ④ VOT 점검 시 ±6°

12. 조종사가 약물을 복용했을 때 나타나는 증상이 아닌 것은?
    ① 경각심 증가   ② 저산소증 발생
    ③ 판단력 저하   ④ 주의력 저하

13. DME와 GPS의 거리 표시는?
    ① DME는 사선거리, GPS는 직선거리
    ② DME는 직선거리, GPS는 사선거리
    ③ DME는 사선거리, GPS는 수평거리
    ④ DME는 수평거리, GPS는 사선거리

14. 10,000 ft MSL로 VORTAC 상공을 지날 때 DME slant range error를 무시할 수 있는 거리는?
    ① 1.6 NM 이상   ② 3 NM 이상
    ③ 5 NM 이상   ④ 10 NM 이상

15. ILS Localizer 안테나로부터 반경 10마일 이내에서 localizer 신호의 유효각도는?
    ① 10°   ② 25°
    ③ 35°   ④ 40°

16. Compass locator의 출력과 통달거리는?
    ① 20 W 이하, 최소 10 NM
    ② 20 W 이하, 최소 15 NM
    ③ 25 W 이하, 최소 10 NM
    ④ 25 W 이하, 최소 15 NM

17. 계기비행 훈련 중 CAT Ⅲ ILS 접근 시 ILS critical area의 적용을 받지 않는 기상상태는?
    ① 운고 1,200 ft 미만, 시정 3 SM 미만
    ② 운고 1,200 ft 이상, 시정 3 SM 이상
    ③ 운고 800 ft 미만, 시정 2 SM 미만
    ④ 운고 800 ft 이상, 시정 2 SM 이상

18. Above glide path 시 tri-color VASI의 색깔은?
    ① Red   ② Amber
    ③ Green   ④ White

19. VASI의 장애물 안전고도 보장범위는?
    ① 활주로 중심으로부터 좌우 10°, 활주로 끝으로부터 4 NM
    ② 활주로 중심으로부터 좌우 20°, 활주로 끝으로부터 4 NM
    ③ 활주로 중심으로부터 좌우 10°, 활주로 끝으로부터 6 NM
    ④ 활주로 중심으로부터 좌우 20°, 활주로 끝으로부터 6 NM

20. Tower controller의 역할로 부적절한 것은?
    ① 항공기 착륙 우선순위 통제
    ② 이착륙 항공기 통제
    ③ 지상 항공기 이동 통제
    ④ 지상조업업무 차량 통제

21. FL410 이하의 동일 항로에서 IFR 비행 시 수직분리 최저치는?
    ① 500 ft   ② 1,000 ft
    ③ 2,000 ft   ④ 3,000 ft

22. 다음 중 ATIS를 수정해야 하는 경우는?
    ① 최신의 기상정보가 발표되고 활주로 제동상태 정보가 기존 상태보다 좋아질 때
    ② 최신의 기상정보가 발표되고 활주로 제동상태 정보가 기존 상태보다 나빠질 때
    ③ 최신의 기상정보가 발표되고 사용 활주로, 접근정보, 기압정보 등이 변경될 때
    ④ 수치가 변경되지 않더라도 최신의 기상정보가 발표되었을 때

23. 항로로 레이더 유도된 이후에 출발 관제사가 조종사에게 "Resume own navigation"이라고 지시하였다면, 이 관제용어의 의미는?
    ① 통상 보고지점에서 보고하라.
    ② 자체 항법장비를 이용하여 항로를 유지하라.
    ③ Radar service가 종료되었다.
    ④ ATC는 더 이상 조언을 하지 않을 것이다.

24. SMGCS(Surface Movement Guidance and Control System)에 관한 설명 중 옳지 않은 것은?
① 지상에서 이동하는 항공기뿐만 아니라 지상이동 차량들에게도 도움을 준다.
② 저시정상태에서 runway incursion을 방지하는 역할을 한다.
③ 저시정상태에서 taxiing capability를 증대시키기 위한 것이다.
④ 시정 800 m 이하에서 적용된다.

25. MEA 아래에서 VFR로 비행 중인 항공기가 관제사에게 IFR 허가를 요청하는 경우 올바르지 않은 것은?
① 먼저 장애물을 회피할 수 있도록 관제사가 임의의 방향으로 유도한다.
② 조종사에게 MEA 고도까지 상승 중 장애물 회피가 가능한지 물어본다.
③ MEA에 도달할 때까지 장애물 회피에 대한 책임은 조종사에게 있다.
④ 조종사가 상승 중 장애물 회피를 할 수 없는 경우 VFR을 유지하도록 한다.

26. 다음 중 ATC가 항공기에 속도조절을 지시할 수 있는 경우는?
① 체공장주 내에서 holding 중인 항공기
② IAF에 접근 중인 항공기
③ 39,000피트 이상의 고도에서 비행하는 항공기로서 조종사의 동의가 없는 경우
④ 고고도 계기접근절차를 수행 중인 항공기

27. NDB Holding 시 두 번째 outbound leg timing의 시작시점은?
① Holding fix abeam
② Holding fix abeam과 roll out 중 빠른 것
③ Holding fix abeam과 roll out 후 wind correction 중 빠른 것
④ Wind correction을 준 상태에서 roll out 하였을 때

28. SID를 선택할 때 반드시 고려해야 하는 사항이 아닌 것은?
① Minimum Enroute Altitude(MEA)
② ATC Radar 사용여부
③ 요구되는 최소 상승률
④ 필요한 항법장비

29. Single engine 항공기의 standard take-off minimum 시정은?
① 0.5 SM   ② 1 SM
③ 1.5 SM   ④ 2 SM

30. 계기비행 시 ATC에 보고하지 않아도 되는 최저 상승률은?
① 300 fpm   ② 500 fpm
③ 700 fpm   ④ 1,000 fpm

31. 인천공항에서 고도 14,000 ft 이하 체공장주에서 체공 시 maximum holding speed는?
① 200 kts   ② 210 kts
③ 230 kts   ④ 240 kts

32. Radar vector에 의해 ILS 접근 중 접근허가를 받지 않은 상태에서 final approach course에 진입한 경우, 조종사는 어떻게 하여야 하는가?
① Outbound로 선회하여 procedure turn을 수행한다.
② 주어진 고도를 그대로 유지하고 localizer를 따라 비행한다.
③ Localizer를 따라 접근을 시작하고 ATC에 보고한다.
④ 주어진 heading과 고도를 유지하고 ATC에 문의한다.

33. 동시평행종속접근(simultaneous parallel dependent approach)을 위한 활주로 중앙선 간의 최소간격은?
① 1,200 ft   ② 2,500 ft
③ 3,600 ft   ④ 4,300 ft

34. 긴급상황이 발생하여 강하 중 다른 항공기를 피하기 위해 항로에서 10 NM 정도 벗어난 상태이다. 장애물 회피를 위해 가장 먼저 고려해야 할 고도는?
① MEA ② MOCA
③ MORA ④ MSA

35. Missed approach segment의 Intermediate phase에서 일반적인 상승률은?
① 1.8% ② 2.5%
③ 3.3% ④ 4.2%

36. Visual approach에 대한 설명 중 틀린 것은?
① 조종사는 전방의 비행기 또는 활주로를 육안으로 확인해야 한다.
② 조종사 또는 관제사에 의해 요청될 수 있다.
③ 공항에 실패접근절차가 수립되어 있어야만 인가된다.
④ 조종사가 전방 항공기를 식별했다면 wake turbulence 회피에 대한 책임은 조종사에게 있다.

37. Contact approach를 하기 위한 최저지상시정은?
① 1 SM ② 1 NM
③ 3 SM ④ 3 NM

38. 군 항공기의 fuel dumping 시 비행로부터 몇 마일 이내에 있는 가장 높은 장애물로부터 최소한 몇 ft 이상의 고도를 배정하여야 하는가?
① 3마일, 2,000 ft ② 5마일, 2,000 ft
③ 3마일, 3,000 ft ④ 5마일, 3,000 ft

39. 수평비행 상태를 유지하며 저온 지역에서 고온 지역으로 진입 시 진고도는 어떻게 지시하는가?
① 진고도는 지시고도와 동일하게 지시한다.
② 진고도는 지시고도보다 높게 지시한다.
③ 진고도는 지시고도보다 낮게 지시한다.
④ 변화가 없다.

40. Area chart에서 부호 ← 의 의미는?
① Arrival route
② Arrival and departure on same route
③ RNAV route
④ Departure route

제2회 정답 및 해설

문제	1	2	3	4	5
정답	❸	❸	❷	❸	❸
문제	6	7	8	9	10
정답	❶	❷	❶	❹	❷
문제	11	12	13	14	15
정답	❶	❶	❸	❹	❸
문제	16	17	18	19	20
정답	❹	❹	❷	❶	❹
문제	21	22	23	24	25
정답	❷	❸	❷	❹	❶
문제	26	27	28	29	30
정답	❷	❶	❶	❷	❷
문제	31	32	33	34	35
정답	❸	❹	❷	❸	❷
문제	36	37	38	39	40
정답	❸	❶	❷	❷	❹

1. ③

비행기가 정속상승자세에서 안정된 다음, 속도계는 pitch control의 primary 계기가 되고 방향지시계는 bank control의 primary가 된다.

2. ③

선회율과 선회반경 두 가지 모두 비행속도에 따라 달라진다. Power를 증가시켜 비행속도가 빨라지면 선회반경은 커지고 선회율은 감소한다. 반대로 power를 감소시켜 비행속도가 느려지면 선회반경은 작아지고 선회율은 증가한다.

3. ②

자세계가 작동하지 않으면, nose-low나 nose-high 자세는 대기속도계와 고도계로 판단할 수 있다. Nose-high 고도의 경우 대기속도는 감소하고 고도는 증가하며, nose-low 고도의 경우는 반대이다.
승강계(VSI)도 유용하지만 난기류에서는 신뢰할 수 없으며, 선회지시계는 pitch 고도는 전혀 지시하지 않는다.

4. ③

비정상 자세의 회복절차는 다음과 같다.

Nose-high 자세의 경우	Nose-low 자세의 경우
1. 출력(power) 증가	1. 출력(power) 감소
2. 실속을 방지하기 위하여 기수 낮춤 - 피치 감소	2. 날개 수평(level wing) 유지
3. 날개 수평(level wing) 유지	3. 기수 올림 - 피치 증가
4. 원래의 고도와 heading 으로 돌아감	

5. ③

CDI가 1/2 scale(2.5 dot) 벗어난 것은 course에서 5°(1 dot=2°) 벗어났다는 것을 의미하므로

$$\therefore 벗어난\ 거리 = \frac{편위각 \times 비행한\ 거리}{60}$$
$$= \frac{5 \times 30}{60} = 2.5\ NM$$

6. ①

대기속도계에서 백색 호선(white arc)은 플랩 조작에 따른 항공기의 속도 범위를 나타내는 것으로서, 최대착륙중량 시의 실속속도(V_{S0})를 하한으로 하고 플랩을 내릴 수 있는 최대속도를 상한으로 한다.

7. ②

Pitot tube와 drain hole이 모두 막히고 static port가 막히지 않았다면 속도계는 고도계와 같은 작용을 한다. 따라서 비행기가 pitot 계통이 막힌 고도 이상으로 상승하면 속도계의 지시값은 증가하고 강하하면 속도계의 지시값은 감소한다.

8. ①

선회 오차는 극지방으로 갈수록 더 증가되는데, 이는 지구 자기장의 수직적 요소의 결과인 복각[magnetic dip, 경차(傾差)라고도 한다]이 극지방으로 갈수록 더욱 심화되기 때문이다.
자기 나침반의 선회 오차는 선회 때 어느 방위에서도 나타나지만 북진하다가 동 또는 서로 선회할 때 오차가 가장 크므로 북선 오차라고 한다. 동쪽 방향(90° 방향)이나 서쪽 방향(180° 방향)으로 비행을 하다 수평선회를 할 때는 선회 오차가

발생하지 않는다.

9. ④

ILS 시스템은 기능에 따라 세 부분으로 구분할 수 있다.
1. 유도정보(guidance information); 로컬라이저(localizer), 글라이드 슬롭(glide slope)
2. 거리정보(range information); 마커비콘(marker beacon), DME
3. 시각정보(visual information); 진입등, 접지구역등 및 중심선등, 활주로등

10. ②

착륙 시 활주로 폭과 경사로 인한 착각
1. 일반적인 활주로보다 폭이 좁은 활주로(narrower than usual runway)는 항공기가 실제보다 더 높은 고도에 있는 것 같은 착각을 유발시킬 수 있으며, 일반적인 활주로보다 폭이 넓은 활주로(wider than usual runway)는 정반대의 영향을 미칠 수 있다.
2. 위로 경사진 활주로(upsloping runway)는 항공기가 실제보다 더 높은 고도에 있는 것 같은 착각을 유발시킬 수 있으며, 아래로 경사진 활주로(downsloping runway)는 정반대의 영향을 미칠 수 있다.

11. ①

VOR 수신기 점검(VOR Receiver check) 허용오차 범위
1. 지상점검(ground check)을 하여 오차가 ±4°를 초과하거나 공중점검(airborne check)을 하여 ±6°를 초과한다면, 먼저 오차의 원인을 수정하지 않고 계기비행방식(IFR)으로 비행을 해서는 안 된다.
2. 이중 시스템(dual system) VOR을 항공기에 장착하고 있는 경우, 두 지시방위 간의 최대허용편차는 4° 이다.

12. ①

조종사의 수행능력은 처방된 약이나 상용의약품 모두에 의해서도 심각하게 저하될 수 있다. 여러 의약품들이 주로 판단력, 기억력, 주의력, 협응력, 시력 및 계산능력을 저하시키는 효과를 나타낸다. 진정제, 신경안정제 또는 항히스타민제와 같이 신경계통을 저하시키는 의약품은 조종사를 저산소증(hypoxia)에 보다 더 잘 걸리게 할 수 있다.

13. ③

DME 장비로부터 수신되는 거리정보는 경사거리(사선거리, slant range distance)이며 실제 수평거리는 아니다.

14. ④

항공기가 지상시설 표고상공 고도 1,000 ft 당 시설로부터 1 mile 이상 떨어져 있다면 경사거리 오차(slant range error)는 무시할 수 있다.

15. ③

로컬라이저(localizer)는 다음과 같은 운용서비스범위의 구역에 적절한 진로이탈(off-course) 지시가 제공된다.
1. 안테나로부터 반경 18 NM 이내에서 진로(course)의 양쪽 측면 10° 까지
2. 반경 10 NM 이내에서 진로(course)의 양쪽 측면 10°부터 35° 까지

16. ④

Compass locator transmitter(컴퍼스 로케이터 송신기)는 25 watt 이하의 출력과 최소 15 mile의 통달범위를 가진다.

17. ④

기상상태가 운고(ceiling) 800 ft 이상 또는 시정 2 mile 이상인 경우 ILS 보호구역을 보호하기 위한 조치가 취해지지 않는다. 운고(ceiling) 800 ft 미만 또는 시정 2 mile 미만인 경우, ILS 신호의 안정성(integrity)을 확보하기 위하여 ILS 보호구역(critical area)으로 접근하는 항공기와 차량을 통제하여야 한다.

18. ②

Tri-color VASI에서 낮은 활공로(below glide path) 지시는 적색, 높은 활공로(above glide path) 지시는 황색(amber)이며 적정한 활공로(on glide path) 지시는 녹색이다. 항공기가 녹색에서 적색으로 강하할 때, 조종사는 녹색에서 적색으로 변화되는 동안 짙은 황색(dark amber)을 볼 수도 있다.

19. ①

VASI의 시각적인 활공로(glide path)는 활주로중심선의 연장선 ±10° 이내에서 활주로시단으로부터 4 NM까지 안전한 장애물 회피를 제공한다.

20. ④

관제탑에 근무하는 관제사는 항공기와 차량의 충돌방지 및 공항·비행장 주변의 안전하고 신속한 항공교통흐름을 유지하기 위하여 적절한 지시와 정보를 제공하여야 한다.

21. ②

계기비행(IFR) 항공기에게 다음과 같은 수직분리 최저치를 적용한다.
1. FL410 이하 : 1,000 ft
2. FL290 이상 RVSM 적용을 받지 않는 항공기와 다른 항공기 간 : 2,000 ft
3. FL410 초과 : 2,000 ft

22. ④

다음과 같은 경우 ATIS 방송을 새로 녹음한다.
1. 수치의 변동에 관계없이 새로운 공식 기상정보를 접수했을 때
2. 활주로 제동상태보고가 현재 ATIS에 포함된 수치상태보다 좋지 않을 때
3. 사용 활주로, 계기접근절차, NOTAM/PIREP/HIWAS 사항 등의 변동이 있을 때

23. ②

Resume own navigation은 ATC가 조종사에게 조종사의 책임하에 자체항법으로 전환하라고 조언할 때 사용한다. 레이더 유도를 완료한 이후 또는 항공기를 레이더 유도하는 동안 레이더 포착을 상실한 경우에 발부한다.

24. ④

지상이동안내 및 통제시스템(SMGCS)은 1,200 ft 활주로가시거리(RVR) 미만의 시정상태에서 이착륙 운항을 하는 공항의 저시정 지상활주계획의 적절한 예시를 기술하고 있다.

SMGCS는 이동지역 내에서 조종사 및 차량운전자가 적절한 이동경로를 찾을 수 있도록 시설, 정보, 조언을 제공하고 상호 간의 충돌방지 및 교통흐름을 원활히 하기 위한 것이다.

25. ①

계기비행(IFR) 운항 최저고도 이하에서 시계비행 운항 중인 항공기가 계기비행 허가를 요구하고, 조종사가 시계비행(VFR) 상태로 계기비행최저고도까지 상승할 수 없다는 것을 관제사가 인지한 경우, 다음과 같이 조치한다.
1. 허가를 발부하기 전에 조종사가 최저계기비행고도(MIA)까지 상승 중 산악 및 장애물 회피가 가능한지를 문의하여야 한다.
   • 주(Note) - 조종사는 최저계기비행고도(MIA) 또는 최저항공로고도(MEA)에 도달할 때까지 산악 및 장애물 회피에 대한 책임이 있으므로, MIA 또는 MEA의 미만에서 운항하는 특정 진로지시를 하여서는 안된다.
2. 조종사가 산악 및 장애물 분리를 유지할 수 있는 경우, 적절한 허가를 발부한다.
3. 조종사가 산악 및 장애물 분리를 유지할 수 없는 경우, 시계비행(VFR)을 유지하도록 하고 조종사 의도를 파악한다.

26. ②

다음 항공기에게는 속도조절을 지시하여서는 안된다.
1. FL390 이상의 고도에서 조종사 동의가 없는 경우

2. 발간된 고고도 계기접근절차를 수행 중인 항공기
3. 체공장주에 있는 항공기
4. 최종접근 진로상의 최종접근픽스 또는 활주로로부터 5마일 되는 지점 중 활주로로부터 가까운 지점에 있는 항공기

27. ①

Outbound leg 시간측정은 fix 상공 또는 abeam 위치 가운데 나중에 나타나는 곳에서부터 시작한다. Abeam 위치를 판단할 수 없다면 outbound로 선회를 완료했을 때부터 시간을 측정한다.

28. ①

비행계획 시에 하여야 할 또 다른 중요한 고려사항은 차트의 출발절차에 따라 비행할 수 있는지의 여부이다. 절차상의 요건을 제시하는 note는 출발절차의 그래픽 부분(graphic portion)에 수록되며, 사실상 의무적이다. 의무적인 procedural note에 포함되는 사항은 다음과 같다.
1. Aircraft equipment 요건 (DME, ADF, etc.)
2. 운용 중인 ATC equipment (radar)
3. 최소 상승률(minimum climb) 요건
4. 특정 항공기 기종에 대한 제한사항 (turbojet only)
5. 측정 목적지까지 사용 제한

29. ②

2개 이하의 엔진을 장착한 항공기의 표준이륙최저(standard takeoff minima) 시정은 1 SM 이고, 2개를 초과하는 엔진을 장착한 항공기의 경우에는 1/2 SM 이다.

30. ②

조종사가 최소한 500 fpm의 비율로 상승 또는 강하할 수 없을 때는 언제든지 ATC에 통보하여야 한다.

31. ③

모든 항공기는 다음과 같은 고도 및 최대체공속도(maximum holding airspeed)로 체공하여야 한다. 인천/김포/양양/여수 공항에는 ICAO Doc 8168 table이 적용된다.

ICAO (Doc 8168, Table II-6-2-1)	
고도(Level)	대기속도(KIAS)
34,000 ft 초과	Mach 0.83
20,000 ft~34,000 ft	265 kts
14,000 ft~20,000 ft	240 kts
14,000 ft 이하	230 kts 170 kts*

*CAT A와 B 항공기로서 제한되는 체공의 경우

32. ④

항공기가 이미 최종접근진로로 진입한 경우, 항공기가 최종접근픽스에 도달하기 전에 접근허가가 발부될 것이다. 최종접근진로에 진입하였을 때 레이더분리는 유지되며, 조종사는 허가에 주요 항법수단으로 지정된 접근보조시설(ILS, RNAV, GLS, VOR, radio beacon 등)을 이용하여 접근을 완료하여야 한다.

따라서 조종사는 일단 최종접근진로로 진입했다면 ATC로부터 달리 허가를 받지 않는 한 최종 발부받은 heading과 고도를 유지하여야 한다.

33. ②

동시종속접근은 활주로중심선 간의 간격이 최소 2,500 ft에서 9,000 ft까지 분리된 평행활주로를 가진 공항에 대해 접근을 허가하는 ATC 절차이다.

34. ③

Minimum Off-Route Altitude(MORA)는 Jeppesen chart에서 사용되는 고도이다.

MORA는 비행로 중심선 10 NM 이내에서 알려진 장애물 회피(obstacle clearance)를 제공한다.

35. ②

실패접근 중간단계(intermediate phase)는 50 m(164 ft) 장애물 회피가 취해지고 지속적으로 유지될 수 있는 첫 번째 지점까지 안정된 속도

로 상승이 계속되는 단계이다. 중간단계에서의 실패접근표면의 공칭 상승률은 2.5% 이다.

36. ③

계기접근을 위하여 레이더유도 중인 항공기인 경우라도, 관제사 제안 또는 조종사 요구를 근거로 조종사가 공항 또는 활주로 육안확인을 보고한 경우 시각접근(visual approach)을 할 수 있다.
1. 시각접근은 IFR 비행계획에 의해 수행되며, 조종사가 구름으로부터 벗어난 상태에서 공항까지 육안으로 비행하는 것을 허가한다. 조종사는 공항 또는 식별된 선행 항공기를 시야에 두어야 한다. 이 접근은 적절한 항공교통관제기관에 의해 허가되고 관제가 이루어져야 한다. 공항의 보고된 기상은 1,000 ft 이상의 운고(ceiling) 및 3 mile 이상의 시정을 가져야 한다.
2. 시각접근은 계기접근절차(IAP)가 아니며, 따라서 실패접근구간이 없다.
3. 조종사가 공항은 육안으로 확인하였으나 선행 항공기를 육안으로 확인할 수 없는 경우에도 ATC는 항공기에게 시각접근을 허가할 수 있지만, 항공기 간의 분리 및 항적난기류(wake vortex) 분리에 대한 책임은 ATC에 있다. 시각접근 허가를 받고 선행 항공기를 육안으로 보면서 뒤따를 경우, 안전한 접근간격 및 적절한 항적난기류 분리를 유지하여야 할 책임은 조종사에게 있다.

37. ①

관제사는 다음과 같은 경우 contact 접근을 허가할 수 있다.
1. Contact 접근이 분명히 조종사에 의해 요구되었다. ATC는 이 접근을 제안할 수 없다.
2. 목적지공항의 보고된 지상시정이 최소 1 SM 이다.
3. Contact 접근은 표준계기접근절차 또는 특별계기접근절차가 수립되어 있는 공항에서 이루어질 수 있다.

38. ②

연료투하(fuel dumping) 항공기의 고도를 다음과 같이 배정한다.
1. 〔민 적용〕 6,000 ft 이상의 고도를 배정한다.
2. 〔군 적용〕 계기비행(IFR) 조건하에서 연료투하를 한다면, 비행로나 비행장주로부터 5마일 이내에 있는 가장 높은 장애물로부터 최소한 2,000 ft 이상의 고도를 배정한다.

39. ②

대기온도가 표준온도보다 더 따뜻하면 고도계가 지시하는 것보다 더 높이 있는 것이다. 또한 대기가 표준보다 더 춥다면 지시하는 것보다 더 낮게 있는 것이다.

40. ④

다음의 범례(legend)는 Area chart에만 적용된다.

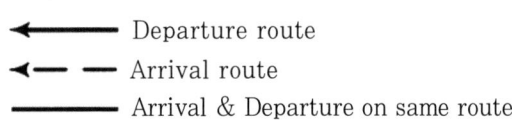

자격종류	한정자격	한정구분	시험시간	문제수	수험번호	성 명
항공종사자 한정심사	조종사	계기비행증명	50분	40문항		

계기비행증명 학과(필기)시험 제3회 모의고사

1. 자세계기비행의 3가지 기본기술은?
   ① 계기 판독, Trim application, 항공기 조종
   ② Cross-check, Emphasis, 항공기 조종
   ③ Cross-check, 계기 판독, 항공기 조종
   ④ Cross-check, Trim application, 항공기 조종

2. Half standard rate turn으로 180°를 선회하는데 걸리는 시간은?
   ① 1분 30초   ② 2분
   ③ 2분 30초   ④ 3분

3. 항공기가 우측으로 slipping turn 할 때 양력성분, 원심력과 부하계수에 대한 관계로 맞는 것은?
   ① 양력의 수평성분은 원심력보다 크고, 부하계수는 감소한다.
   ② 양력의 수평성분은 원심력보다 크고, 부하계수는 증가한다.
   ③ 양력의 수평성분은 원심력보다 작고, 부하계수는 감소한다.
   ④ 양력의 수평성분은 원심력보다 작고, 부하계수는 증가한다.

4. VOR radial 15°를 변경하는데 3분이 걸렸다면 station까지 걸리는 시간은?
   ① 8분   ② 12분
   ③ 15분   ④ 20분

5. Pitot tube ram air input hole과 drain hole이 모두 막혔을 때 항공기 상승 시 나타나는 현상으로 맞는 것은?
   ① 속도계가 고도계처럼 작동한다.
   ② 속도계는 실제 속도보다 낮게 지시한다.
   ③ 속도계의 지시는 변하지 않는다.
   ④ 속도계는 "0"을 지시한다.

6. 다음 중 static port와 관련이 없는 계기는?
   ① Airspeed indicator
   ② Turn coordinator
   ③ VSI
   ④ Altimeter

7. 항공기 강하 중 static port가 막혔을 때 승강계(VSI)의 지시로 맞는 것은?
   ① 막히기 이전 상태를 그대로 지시한다.
   ② 처음에는 순간적으로 상승을 지시한 후 강하를 지시한다.
   ③ 실제보다 적은 강하를 지시한다.
   ④ "0"을 지시한다.

8. NDB 송신소를 향한 항공기 기수방위(MH)가 120°이고 상대방위각(RB)이 030° 일 때, 송신소를 향한 자방위(MB)는 얼마인가?
   ① 90°   ② 150°
   ③ 210°   ④ 330°

9. 다음 중 gyro를 이용한 계기가 아닌 것은?
   ① Vertical speed indicator
   ② Horizontal situation indicator
   ③ Heading indicator
   ④ Attitude indicator

10. 항공기 경고표시장치의 형태가 아닌 것은?
    ① 참고(Note)   ② 주의(Caution)
    ③ 경고(Warning)   ④ 충고(Advisory)

11. 에너지의 과소모, 의욕감퇴와 행동의 억제가 나타나는 생리적 단계는?
    ① 방어단계   ② 공황단계
    ③ 피로단계   ④ 파탄단계

12. VOR 수신기의 airborne check 시 허용오차 범위는?
   ① ±5°
   ② ±6°
   ③ ±7°
   ④ ±8°

13. VOR 직상공에서 10,000 ft로 비행 중인 항공기의 DME slant error는 얼마인가?
   ① 0.8 NM
   ② 1.6 NM
   ③ 2.2 NM
   ④ 2.8 NM

14. PCL(pilot controlled lighting)은 작동시간으로부터 얼마 동안 운용되는가?
   ① 7분
   ② 15분
   ③ 20분
   ④ 30분

15. ILS coverage에 대한 설명으로 옳지 않은 것은?
   ① Localizer는 안테나로부터 10 NM까지 중심선에서 양쪽으로 35°의 신호를 제공한다.
   ② Localizer는 안테나로부터 18 NM까지 중심선에서 양쪽으로 10°의 신호를 제공한다.
   ③ Localizer는 antenna site 표고 상공 4,500 ft까지 신호를 제공한다.
   ④ Glide slope는 12 NM까지 신호를 제공한다.

16. Runway displaced threshold 전에 표시된 노란색 갈매기 모양(yellow chevron)의 marking이 나타내는 것은?
   ① Takeoff hold area
   ② Blast pad/Stopway area
   ③ Runway turn pad area
   ④ Landing roll-out area

17. ILS 식별부호가 "ISEL" 일 때, "I" 다음의 첫 두 자리 문자가 식별하는 것은 무엇인가?
   ① Inner marker
   ② Middle marker
   ③ Outer marker
   ④ Compass locator

18. 조종사가 VASI를 갖춘 활주로에 ILS 접근 중 OM을 통과한 후 glide slope out을 인지하였다. VASI를 확인한 경우 조종사의 조치사항으로 올바른 것은?
   ① ATC에 통보하고 즉시 로컬라이저 접근을 실시하여 MDA까지 강하한 후에 접근을 수행한다.
   ② Glide slope 대신에 VASI를 보고 계속 접근을 수행한다.
   ③ ATC에 LOC 접근을 요청하고, 조종사의 판단에 따라 VASI 아래로 강하할 수 있다.
   ④ 즉시 해당 공항의 발간된 실패접근절차에 따른다.

19. VOR "H" Service volume의 최대 통달거리는?
   ① 100 NM
   ② 120 NM
   ③ 130 NM
   ④ 150 NM

20. ILS Marker의 모스 부호와 색깔로 맞는 것은?
   ① IM : White, ••••
   ② MM: Blue, ----
   ③ OM: Amber, •-•-
   ④ BC : Amber, ----

21. C등급 공역에서 제공하는 항공교통업무가 아닌 것은?
   ① 주 공항(primary airport)의 모든 항공기 순서배정
   ② 계기비행 항공기에 대한 표준 계기비행 업무
   ③ 계기비행 항공기와 시계비행 항공기 간의 분리, 교통정보 조언 및 안전경고 업무
   ④ 시계비행 항공기 간의 시계분리 및 교통정보 조언 업무

22. ATIS에서 시정(visibility)과 운고(ceiling)가 생략되는 경우는?
   ① 시정 5 mile 이상인 경우
   ② 운고 5,000 ft 이상인 경우
   ③ 시정 3 mile 이상, 운고 3,000 ft 이상인 경우
   ④ 시정 5 mile 이상, 운고 5,000 ft 이상인 경우

23. 공중에서 비행 중인 항공기가 관제탑에서 보내는 flashing red light를 보았다면 이는 무엇을 의미하는가?
① 다른 항공기에게 진로를 양보할 것
② 비행장이 불안전하니 착륙하지 말 것
③ 극히 주의할 것
④ 계속 선회하고 추후 지시를 기다릴 것

24. IFR 비행 후 착륙해서 taxiway에 들어선 후 조종사의 조치로 맞는 것은?
① 관제탑에 IFR 비행계획의 종결을 요청한다.
② 지상활주를 위해 즉시 ground control과 교신을 시도한다.
③ 주파수 변경 지시가 있을 때까지 관제탑 주파수를 유지한다.
④ 비상주파수를 감청하며 계속 해당 계류장으로 지상활주한다.

25. 10,000 ft 미만의 고도로 공항에 접근하는 터보제트 항공기에게 ATC가 속도조절을 지시할 수 있는 최저속도는? (공항으로부터 20 NM 이상 밖에 있는 경우)
① 150 kts   ② 170 kts
③ 210 kts   ④ 230 kts

26. 관제권 이양조건 중 틀린 것은?
① 지정된 위치, 시간, 픽스 또는 고도
② 분리책임이 있는 다른 항공기와 충돌요인 제거 후
③ 레이더 이양 및 주파수 변경이 완료된 시간
④ 인수관제사의 관할구역으로 진입한 후

27. IFR 비행 중 IFR 비행계획을 취소할 수 있는 경우는?
① Positive controlled airspace 외부에서 VFR 기상상태일 때
② 비상상황이 발생한 경우
③ ATC의 허가를 받은 경우
④ 언제든지 가능하다.

28. IFR 비행 중 속도가 변화된 경우 ATC에 보고해야 하는 것은?
① 평균 진대기속도의 5%, 10 kts 중 큰 것
② 평균 진대기속도의 5%, 10 kts 중 작은 것
③ 평균 대지속도의 5%, 10 kts 중 큰 것
④ 평균 대지속도의 5%, 10 kts 중 작은 것

29. 비행 중 공중에서 비행계획서를 제출해야 할 경우, 관제구역 진입예상지점 도착 몇 분 전까지 제출하여야 하는가?
① 3분   ② 10분
③ 30분   ④ 60분

30. Holding instruction 시 제공되지 않는 것은?
① Fix로부터의 holding 방향
② Fix의 명칭, 입항경로, Leg 길이
③ 선회방향, 허가예상시간(EFC)
④ 변경된 도착예정시간(ETA)

31. Heading 150°로 비행 중 다음과 같은 체공지시를 받은 경우 진입방법으로 맞는 것은?
"…Cleared to the ABC VORTAC, Hold South on the 180 Radial…"
① Teardrop entry procedure
② Parallel entry procedure
③ Direct entry procedure
④ Direct 또는 Parallel entry procedure

32. STAR(Standard Terminal Arrival) 절차의 최대 강하율은?
① 200 ft/NM   ② 330 ft/NM
③ 450 ft/NM   ④ 500 ft/NM

33. Visual approach를 수행하기 위한 최저 기상조건은?
① Visibility 2 SM 이상, Ceiling 1,000 ft 이상
② Visibility 3 SM 이상, Ceiling 1,000 ft 이상
③ Visibility 2 SM 이상, Ceiling 1,200 ft 이상
④ Visibility 3 SM 이상, Ceiling 1,200 ft 이상

34. MSA에 대한 설명 중 틀린 것은?
① 항법시설을 중심으로 25 NM 반경 내에서 장애물 회피를 제공한다.
② 긴급한 비상상황 시에만 사용한다.
③ 최대 5개 이하의 구역(sector)으로 설정되어 있다.
④ 구역 내에 있는 가장 높은 장애물로부터 최소 1,000 ft의 간격을 둔 안전고도이다.

35. 다음 중 무선주파수 신호를 수신할 수 있는 최고 고도는?
① MEA ② MCA
③ MRA ④ MAA

36. 정밀접근에서 DH는 (   )를 기준으로 하고, circling approach 시 MDA는 (   )를 기준으로 한다. (   ) 안에 맞는 것은?
① HAT, HAA ② HAA, HAT
③ HAT, TDZE ④ HAA, TDZE

37. 31.00 inHg 이상의 대기압을 정확히 측정할 수 없는 공항의 기상보고 및 항공기 운항에 대한 설명으로 틀린 것은?
① 대기압은 "Missing"으로 보고된다.
② 대기압은 "In excessive of 31.00 inHg"로 보고된다.
③ 이륙은 계기출발하는 항공기만 가능하다.
④ Mode C를 운용 중인 비행기의 경우, radar scope 상에 실제와 상이한 고도정보가 표시된다.

38. Enroute chart에서 아래 그림의 symbol이 의미하는 것은?

① LOC back course
② MLS course
③ Magnetic reference course
④ LOC, LDA or SDF front course

39. FL240으로 항로 비행 후 목적지 공항의 local altimeter 39.32 inHg로 맞추지 않고 그대로 착륙하였다. 공항의 표고가 940 ft라면 기압고도계에 나타나는 고도는 얼마인가?
① Zero ② 120 ft
③ 50 ft ④ -50 ft

40. 우박의 직경이 5 mm 이상일 때 이를 나타내는 부호는?
① SG ② GS
③ GR ④ SN

제3회 정답 및 해설

문제	1	2	3	4	5
정답	❸	❷	❶	❷	❶
문제	6	7	8	9	10
정답	❷	❹	❷	❶	❶
문제	11	12	13	14	15
정답	❸	❷	❷	❷	❹
문제	16	17	18	19	20
정답	❷	❸	❷	❸	❶
문제	21	22	23	24	25
정답	❹	❹	❷	❸	❸
문제	26	27	28	29	30
정답	❹	❹	❶	❷	❹
문제	31	32	33	34	35
정답	❶	❷	❷	❸	❹
문제	36	37	38	39	40
정답	❶	❸	❹	❶	❸

1. ③

모든 자세계기비행의 3가지 기본기술을 사용하는 올바른 순서는 다음과 같다.
1. 크로스체크(Cross-check) : 고도 및 성능정보에 대한 계기의 지속적이고 논리적인 관찰
2. 계기 판독(Instrument interpretation)
3. 항공기 조종(Aaircraft control)

2. ②

반표준선회율(half standard rate turn)는 비행기가 1.5°/sec의 비율로 선회하는 것을 의미한다. 반표준선회율로 180° 선회하려면 180÷1.5=120초, 즉 2분이 걸린다.

3. ①

외활(skid)과 내활(slip) 선회 시 원심력, 양력 성분과 부하계수에 대한 관계는 다음과 같다.

구 분	외활(skid)	내활(slip)
원심력	원심력>양력의 수평 성분	원심력<양력의 수평 성분
부하계수 (하중계수)	원심력이 정상보다 크기 때문에 하중계수는 증가한다.	원심력이 정상보다 작기 때문에 하중계수는 감소한다.

4. ②

$$\therefore \text{Station까지의 시간} = \frac{\text{변경 소요시간} \times 60}{\text{변경 각도}(°)}$$
$$= \frac{3 \times 60}{15} = 12\text{분}$$

5. ①

Pitot tube ram air input hole과 drain hole이 모두 막히고 static port가 막히지 않았다면 속도계는 고도계와 같은 작용을 한다. 따라서 비행기가 pitot 계통이 막힌 고도 이상으로 상승하면 속도계의 지시값은 증가하고, 강하하면 속도계의 지시값은 감소한다.

6. ②

동정압관(pitot-static tube)은 정압을 수감하는 정압공과 전압을 수감하는 피토관으로 구성되어 있으며 일반적으로 고도계, 속도계 및 승강계가 장착된다. 정압공(static port)은 속도계, 고도계 및 승강계에 정압 또는 대기압을 제공한다.

7. ④

Static 계통이 막히면 고도계와 승강계도 영향을 받는다. Static 계통이 막혀서 정압이 변하지 않으면 고도계는 현재 고도를 지시한 채 변하지 않으며, 승강계는 계속 "0"을 지시한다.

8. ②

MB=MH+RB
=120°+030°=150°

9. ①

자이로 계기는 자이로(gyro)의 강직성과 섭동성을 이용하여 항공기의 기수 방위, 항공기의 분당 선회량 및 항공기의 자세를 나타내는 계기이다.

이러한 자이로의 특성을 이용하는 계기에는 자세계(attitude indicator), 방향지시계(heading indicator), 수평자세지시계(horizontal situation indicator), 그리고 선회지시계(turn indicator)인 turn and slip indicator와 turn coordinator 등이 있다.

10. ①

경고표시장치(ACW System: advisory, caution and warning system)는 경고(warning), 주의(caution) 및 충고(advisory) 정보를 제공하며 다음과 같은 특성을 가져야 한다.

11. ③

긴급사태에 대한 인간 반응의 생리적 단계를 분류하면 다음과 같다.
1. 방어단계 : 자신에게 그 사태에 대한 처리능력이 있고 긴급상황과 싸우고 있는 상태이다.
2. 피로단계 : 에너지의 과소모, 의욕감퇴와 행동의 억제가 나타난다.
3. 파탄단계 : 심신의 소모가 극도에 달하고 행동은 정지하며 방심(放心) 상태가 된다.

12. ②

허용오차범위 지상점검(ground check)을 하여 오차가 ±4°를 초과하거나 공중점검(airborne check)을 하여 ±6°를 초과한다면, 먼저 오차의 원인을 수정하지 않고 계기비행방식(IFR)으로 비행을 해서는 안된다.

13. ②

1 NM은 약 6,000 ft에 해당하므로 항공기가 station 직상공 10,000 ft를 지날 때 DME는 1.6 NM을 지시할 것이다.

14. ②

PCL(Pilot Control of airport Lighting)의 모든 등화는 가장 최근의 작동시간부터 15분 동안 점등되고, 15분이 경과되기 전에는 소등되지 않는다.

15. ④

로컬라이저(localizer), 활공각(glide slope)
1. 로컬라이저는 안테나로부터 18 NM의 거리에서부터 활주로시단까지의 진로 상에서 가장 높은 지역의 상공 1,000 ft의 고도와 안테나 site 표고 상공 4,500 ft 사이의 강하경로(descent path) 전체에 대하여 진로유도를 제공한다. 다음과 같은 운용서비스범위의 구역에 적절한 진로이탈(off-course) 지시가 제공된다.
  가. 안테나로부터 반경 18 NM 이내에서 진로의 양쪽 측면 10° 까지
  나. 반경 10 NM 이내에서 진로의 양쪽 측면 10°부터 35° 까지
2. 일반적으로 glide slope는 10 NM의 거리까지 사용할 수 있다.

16. ②

경계선(Demarcation bar)
1. 경계선(demarcation bar) : 경계선은 이설시단이 있는 활주로를 활주로 앞쪽에 있는 제트 분사대(blast pad), 정지로(stopway) 또는 유도로와 구분한다. 경계선의 폭은 3 ft(1 m)이며, 활주로 상에 위치하고 있지 않기 때문에 황색이다.
2. 갈매기형(chevron) 표지 : 이 표지는 착륙, 이륙과 지상활주에 사용할 수 없는 활주로와 일직선인 포장구역을 나타내기 위하여 사용된다. 갈매기형 표지는 황색이다.

17. ③

컴퍼스 로케이터는 2자리 문자의 식별부호 group을 송신한다. 외측 로케이터(LOM; outer marker compass locator)는 로케이터 식별부호 group의 첫 2자리 문자를 송신하고, 중간 로케이터(LMM; middle marker compass locator)는 로케이터 식별부호 group의 마지막 2자리 문자를 송신한다.

18. ②

ILS 접근 중 필요한 시각참조물(visual reference)을 육안으로 확인하였다면 조종사는 VASI를 사용하여 접근을 계속할 수 있다.

19. ③

VOR/DME/TACAN의 표준 서비스 범위는 다음과 같다.

등급	고도 및 거리범위
T (터미널)	1,000 ft AGL 초과 12,000 ft AGL 이하의 고도에서 25 NM까지의 반경거리
L (저고도)	1,000 ft AGL 초과 18,000 ft AGL 이하의 고도에서 40 NM까지의 반경거리
H (고고도)	1,000 ft AGL 초과 14,500 ft AGL 이하의 고도에서 40 NM까지의 반경거리 14,500 ft AGL 초과 60,000 ft 이하의 고도에서 100 NM까지의 반경거리 18,000 ft AGL 초과 45,000 ft AGL 이하의 고도에서 130 NM까지의 반경거리

20. ①

항공기가 marker beacon 상공을 통과할 때 조종사는 다음과 같은 지시를 수신할 것이다.

마커(Marker)	등화(Light)	부호(Code)
OM	청색(Blue)	― ― ― ―
MM	황색(Amber)	• ― • ―
IM	백색(White)	• • • • •
BC	백색(White)	• • • • •

21. ④

C등급 공역 내에서 비행하는 항공기에게 제공되는 업무는 다음과 같다.
1. 주 공항(primary airport)의 모든 항공기 순서 배정
2. 계기비행(IFR) 항공기에 대한 표준 계기비행(IFR) 업무
3. 계기비행(IFR) 항공기와 시계비행(VFR) 항공기 간의 분리, 교통정보 조언 및 안전경고
4. 시계비행(VFR) 항공기 간 교통정보 조언 및 안전경고

22. ④

운고(ceiling)가 5,000 ft를 초과하고, 시정이 5 mile을 초과하면 운고/하늘상태, 시정 및 시정장애는 ATIS 방송에서 생략할 수 있다.

23. ②

무선통신 두절 시 비행 중인 항공기에 보내는 빛 총신호(light gun signal)의 종류와 의미는 다음과 같다.

신호의 종류	의미(Meaning)
연속되는 녹색	착륙을 허가함
깜박이는 녹색	착륙을 준비할 것
연속되는 적색	다른 항공기에게 진로를 양보하고 계속 선회할 것
깜박이는 적색	비행장이 불안전하니 착륙하지 말 것
깜박이는 백색	착륙하여 계류장으로 갈 것

24. ③

착륙 후 ATC 지시가 없을 경우, 조종사는 착륙활주로와 관련된 활주로정지위치표지 이후까지 지상활주하여 착륙활주로를 벗어나야 한다.

항공기의 모든 부분이 활주로정지위치표지를 통과하면 조종사는 ATC의 추가지시를 부여받지 않은 한 대기하여야 한다. 관제탑으로부터 지시를 받은 경우 즉시 지상관제주파수로 변경하고, 지상활주허가를 받아야 한다.

25. ③

도착하는 터보제트 항공기가 10,000 ft 미만의 고도에서 운항하는 경우, ATC는 다음의 권고 최저치에 의거 속도조절을 지시하여야 한다.
1. 210 knot를 최저속도로 한다.
2. 단, 착륙하고자 하는 공항으로부터 비행거리 20 mile 이내에서는 170 knot를 최저속도로 한다.

26. ④

다음의 조건에 따라 관제를 이양한다.
1. 지정된 또는 합의된 위치, 시간, 픽스, 고도
2. 인수관제사에 대한 레이더 이양 및 주파수 변경이 완료된 시간 또는 이양되는 관제의 형태 및 범위에 관하여 별도 합의서 또는 운영내규에 정한 시간
3. 분리책임이 있는 다른 항공기와 충돌요인 제거 후
4. 별도의 협의 또는 합의서·운영내규에 명시하지 않은 한, 항공기의 무선통신 인수와 함께 관제책임도 인수하여야 한다. 사전 협의, 합의서, 운영내규에 명시된 경우를 제외하고는 항공기가 인수관제사의 관할구역으로 진입하기 전에 무선통신

을 이양하여야 한다.
5. 인수관제기관의 동의없이 항공기의 관제책임을 다른 항공교통관제기관으로 이양해서는 안된다.

27. ④

IFR 비행계획의 취소(Canceling IFR flight plan)
1. VFR 기상상태에서 A등급 공역 외부에서 운항 중인 비행의 경우에는 언제든지 조종사가 교신 중인 관제사 또는 공지기지국에 "Cancel my IFR flight plan"이라고 말함으로써 IFR 비행계획을 취소할 수 있다.
2. 관제탑이 운영되는 공항으로의 IFR 비행계획에 의한 운항이라면 비행계획은 착륙과 동시에 자동으로 종료된다.

28. ①

비행계획서에 제출한 진대기속도보다 순항고도에서의 평균 진대기속도가 5% 또는 10 knot의 변화(어느 것이든 큰 것)가 있을 때는 ATC 또는 FSS 시설에 보고하여야 한다.

29. ②

해당 ATC 기관에 의하여 달리 규정되지 않는 한, 항공교통업무 또는 항공교통조언업무를 제공받기 위하여 비행계획서는 최소한 출발 60분 전에 제출하여야 한다. 비행 중에 제출할 경우 항공기가 관제구역 또는 조언구역 진입예상지점에 도착하기 10분 전까지 비행계획서를 제출하여야 한다.

30. ④

장주가 차트화되어 있지 않은 fix에 체공을 요구한 항공기의 ATC 허가에는 다음 정보가 포함된다. 체공지시에 새로운 고도가 달리 포함되어 있지 않는 한, 조종사는 최종적으로 배정받은 고도를 유지하여야 한다.
1. 나침반의 주요 8방위 지점의 용어로 나타낸 fix로부터의 체공방향
2. 체공 fix (최초교신 시 허가한계점에 포함되어 있었다면 fix는 생략할 수 있다.)
3. 항공기가 체공할 radial, 진로(course), 방위(bearing), 항공로 또는 비행로
4. DME 또는 지역항법(RNAV)이 이용되는 경우, mile 단위의 장주길이(leg length)
5. 좌선회(left turn)를 하여야 하거나, 조종사 요구 또는 관제사가 필요하다고 판단할 때 선회방향
6. 허가예상시간(EFC) 및 관련 추가 지연정보

31. ①

표준 우선회(체공지시에 선회방향이 생략되어 있으므로 표준장주인 우선회이다) 시 heading 150°인 경우 entry pattern은 다음과 같다.

Airplane heading to Fix	Entry pattern
220°~ 40°	Direct Entry
40°~150°	Parallel Entry
150°~220°	Teardrop Entry

32. ②

표준터미널도착절차(STAR)에서 허용되는 최대 강하율은 10,000 ft MSL 미만의 고도에서는 318 ft/NM(약 3.0°) 이고, 10,000 ft MSL 이상의 고도에서는 330 ft/NM(약 3.11°) 이다.

33. ②

시각접근(visual approach)을 하기 위해 공항의 보고된 기상은 1,000 ft 이상의 운고(ceiling) 및 3 mile 이상의 시정을 가져야 한다.

34. ③

최저안전고도(MSA; Minimum Safe/Sector Altitudes)
1. MSA는 긴급한 경우에 사용하기 위하여 IAP 또는 출발절차 그래픽 차트에 게재된다. MSA는 모든 장애물로부터 상공 1,000 ft의 회피를 제공하지만 허용 항법신호통달범위를 반드시 보장하지는 않는다.
2. 기존 항법시스템에서 MSA는 일반적으로 IAP에 입각한 일차전방향성시설을 기반으로 하지만, 이용할 수 있는 적합한 시설이 없다면 공항표점을 기반으로 할 수 있다. RNAV 접근에서 MSA는 RNAV waypoint를 기반으로 한다.

3. MSA는 보통 반경 25 NM이지만 기존 항법시스템의 경우 공항의 착륙구역을 포함하기 위하여 필요하면 30 NM까지 반경을 확장할 수 있다. 일반적으로 하나의 안전고도가 설정되지만, MSA가 시설을 기반으로 하고 장애물 회피를 위하여 필요한 경우 4개 구역까지 MSA를 설정할 수 있다.

35. ④

최대인가고도(Maximum Authorized Altitude ; MAA)는 공역 구조 또는 비행로 구간에서 사용 가능한 최대고도 또는 비행고도를 나타내기 위해 발간된 고도이다. 항행안전시설 신호의 적절한 수신이 보장되는 MEA가 지정된 연방항공로, 제트비행로, 저/고고도 지역항법 비행로 또는 그 밖의 직선비행로 상의 최대고도이다. 일반적으로 MAA는 동일한 주파수를 가진 2개의 VOR이 상호 통달범위 내에 있을 경우에 설정된다.

36. ①

최저접근고도(minimum approach altitude)를 기술하기 위해 사용하는 용어는 정밀접근과 비정밀접근 간에 다르다. 정밀접근은 시단표고 상공의 높이(height above threshold elevation; HAT)를 기준으로 하는 DH를 사용하고, 비정밀접근은 "feet MSL"을 기준으로 하는 MDA(최저강하고도, Minimum Descent Altitude)를 사용한다.

또한 MDA는 직진입접근의 경우 HAT를 기준으로 하고, 선회접근의 경우 공항표고 상공의 높이(height above airport; HAA)를 기준으로 한다.

37. ③

기압계의 압력이 31.00 inHg를 초과하는 경우, 31.00 inHg를 초과하는 대기압을 정확하게 측정할 수 없는 공항은 대기압을 "missing" 또는 "in excess of 31.00 inches of Hg"로 보고한다. 이러한 공항의 항공기 입출항은 VFR 기상상태로 제한된다.

38. ④

Enroute chart에서 localizer front course 및 back course를 나타내는 symbol은 다음과 같다.

항행안전시설(NAVAID)	부호(symbol)
LOC, LDA, or SDF Front Course	
LOC Back Course	

39. ①

해면고도 18,000 ft 이상으로 비행하는 항공기는 고도계수정치를 29.92 inHg(표준기압치)로 설정하여야 한다.

- 기압 차이는 29.92−39.32= −9.4 inHg
  고도 차이는 −9.4×1,000= −940 ft
  ∴ 따라서, 계기고도는 940−940=0 ft 이다.

40. ③

우박(hail)이란 투명하거나 부분 또는 전부가 불투명한 일반적으로 5~50 mm 이내의 직경을 갖는 얼음 조각을 말한다.

최대 우박의 직경이 5 mm(FAA; 1/4 in) 이상일 때는 약어 GR을 사용하며, 직경이 5 mm 미만일 때는 약어 GS를 사용한다.

계기비행증명 학과(필기)시험 제4회 모의고사

자격종류	한정자격	한정구분	시험시간	문제수	수험번호	성 명
항공종사자 한정심사	조종사	계기비행증명	50분	40문항		

1. 정률강하 시 pitch 및 bank에 대한 primary 계기는?
   ① 승강계, 방향지시계
   ② 승강계, 자세계
   ③ 고도계, 자세계
   ④ 고도계, 방향지시계

2. 표준율 선회(standard rate turn) 시 선회율은?
   ① 1.5°/sec   ② 2°/sec
   ③ 2.5°/sec   ④ 3°/sec

3. FSS가 제공하는 지역공항 조언을 얻기 위해서는 공항으로부터 최소 몇 마일 전에 교신하여야 하는가?
   ① 5마일   ② 10마일
   ③ 15마일   ④ 20마일

4. 자세계가 고장 난 상태에서 비정상 자세 회복 시, 수평자세에 도달했다는 것을 알 수 있는 적절한 방법은?
   ① 고도계, 속도계와 승강계 모두 안정될 때
   ② 승강계는 안정되고, 속도계와 고도계가 반전을 지시할 때
   ③ 고도계는 안정되고, 속도계와 승강계가 반전을 지시할 때
   ④ 고도계와 속도계는 안정되고, 승강계가 반전을 지시할 때

5. 북위 30° 지점에서 magnetic compass를 이용하여 bank angle 20°로 heading 270°에서 heading 180°로 좌선회 시, 몇 도에서 roll out을 하여야 하는가?
   ① 200°   ② 160°
   ③ 140°   ④ 220°

6. 120 kts의 ground speed로 1 NM 당 250 ft씩 상승하기 위해 필요한 상승률은?
   ① 200 fpm   ② 300 fpm
   ③ 500 fpm   ④ 600 fpm

7. 고도 7,000 ft에서 정압공이 막힌 후 동일한 power와 동일한 조건으로 9,000 ft로 상승한 경우, 속도계(ASI)와 승강계(VSI)는?
   ① ASI는 정상보다 낮게 지시, VSI는 "0"을 지시
   ② ASI는 정상보다 높게 지시, VSI는 positive(상승)를 지시
   ③ ASI는 정상보다 낮게 지시, VSI는 negative(강하)를 지시
   ④ ASI는 정상보다 높게 지시, VSI는 "0"을 지시

8. 북반구에서 북쪽으로 침로를 유지하던 중 270° 방향으로 좌선회 시 자기나침의(magnetic compass)는 어떻게 지시하는가?
   ① 처음에는 우측으로 선회하는 것처럼 지시하다 뒤늦게 원래대로 지시한다.
   ② 처음에는 270° 방위를 지시하다 뒤늦게 자방위를 지시한다.
   ③ 처음부터 대략적으로 자방위를 맞게 지시한다.
   ④ 처음에 좌측으로 더 빨리 선회하는 것처럼 지시한다.

9. 다음 중 hyperventilation의 증상으로 맞는 것은?
   ① 근육경련   ② 호흡속도의 감소
   ③ 시야의 협소   ④ 불안 및 초조함

10. Dual system VOR 점검 시 두 지시방위 간의 최대허용편차는?
    ① 2°   ② 4°
    ③ 6°   ④ 8°

11. 무지향표지시설(NDB)의 운용 주파수 범위는?
① 108~117 kHz ② 108~250 kHz
③ 190~459 kHz ④ 190~535 kHz

12. EFD의 자세계에 red chevron이 시현되는 조건은?
① 상승 30°, 강하 15° 이상
② 상승 30°, 강하 25° 이상
③ 상승 40°, 강하 30° 이상
④ 상승 40°, 강하 25° 이상

13. 10,000 ft MSL로 DME 통과 시 station으로부터 거리가 최소 얼마 이상이어야 DME slant range error를 무시할 수 있는가?
① 5 NM ② 10 NM
③ 15 NM ④ 20 NM

14. VOR 시설을 정비 중일 때, 이를 공중에서 식별할 수 있는 방법은?
① 음성채널의 경보신호
② 문자 M으로 시작되는 식별부호
③ 식별부호 다음의 연속되는 dash 음
④ 코드 또는 식별부호의 제거

15. Glide slope centerline과 교차되는 middle marker 상공의 높이는?
① 100 ft ② 150 ft
③ 200 ft ④ 250 ft

16. ALS(Approach light system)이 설치되어 있는 활주로에서 ILS CAT I 의 RVR은?
① 1,600 ft 이상 ② 1,800 ft 이상
③ 2,000 ft 이상 ④ 2,200 ft 이상

17. ILS Localizer와 유사하나 활주로 방향과 일치하지는 않으며, localizer보다 넓은 방위각을 가지는 장비는?
① LDA ② MLS
③ SDF ④ TLS

18. VASI가 설치된 활주로에 접근 시, MDA에 도달하기 이전에 모든 VASI light 들이 빨간색으로 보였을 때의 행동으로 적절한 것은?
① On glide를 위해 상승한다.
② On glide를 위해 잠시 level off 한다.
③ 활주로 insight를 위해 강하한다.
④ 활주로가 보이면 동일한 강하율로 계속 접근한다.

19. 착륙 후 runway centerline light의 적색등과 백색등이 교대로 보인다면, 이것은 무엇을 의미하는가?
① 활주로가 3,000 ft 남았다.
② 활주로가 2,000 ft 남았다.
③ 활주로가 1,000 ft 남았다.
④ 활주로의 절반이 남았다.

20. 항공교통관제업무의 우선순위에 대한 설명 중 틀린 것은?
① IFR 항공기는 SVFR 항공기보다 우선권을 가진다.
② 비상상황 하에 있는 항공기에게 다른 모든 항공기보다 우선권을 부여하여야 한다.
③ 민간환자 이송 항공기에게 우선권을 부여하여야 한다.
④ 수색구조업무를 수행하는 항공기가 최우선권을 갖도록 배려할 수 한다.

21. 활주로의 braking action을 볼 수 있는 NOTAM은?
① NOTAM D ② NOTAM L
③ FICON NOTAM ④ FDC NOTAM

22. IFR slots의 목적은?
① IFR 접근 항공기와 VFR 접근 항공기 간의 분리
② IFR 하의 항공교통흐름 촉진
③ 출항절차의 간소화
④ 조종사와 출항 관제소 간의 운항 협조

23. TRSA(terminal radar service area) 업무에 대한 설명으로 맞는 것은?
① 모든 IFR 항공기에게만 간격분리를 제공한다.
② VFR 항공기에게만 간격분리를 제공한다.
③ 모든 IFR, VFR 항공기에게 제한된 radar vector를 제공한다.
④ 모든 IFR 항공기 및 참여하는 모든 VFR 항공기 간에 간격분리를 제공한다.

24. Ground에서 사용하는 taxi clearance 관련용어가 아닌 것은?
① "Request Taxi"
② "Request Detailed Taxi Instructions"
③ "Cleared to Taxi Runway Two Seven"
④ "Taxi via Runway Three"

25. ATC로부터 배정받은 고도까지 상승지시를 받았을 경우 적합한 상승절차는?
① 지정된 고도의 500 ft 전까지 최적상승률로 상승, 500 ft 이후에는 500~1,500 fpm으로 상승한 후 level off 한다.
② 지정된 고도의 1,000 ft 전까지 최적상승률로 상승, 1,000 ft 이후에는 500~1,500 fpm으로 상승한 후 level off 한다.
③ 지정된 고도의 500 ft 전까지 최적상승률로 상승, 500 ft 이후에는 500~1,000 fpm으로 상승한 후 level off 한다.
④ 지정된 고도의 1,000 ft 전까지 최적상승률로 상승, 1,000 ft 이후에는 500~1,000 fpm으로 상승한 후 level off 한다.

26. Radar 관제제공 유무에 관계없이 반드시 보고해야 할 사항이 아닌 것은?
① VFR-on-top 비행 중 고도변경을 할 때
② 지정받은 holding fix를 떠날 때
③ 최소한 분당 500 ft의 비율로 상승할 수 없을 때
④ 최종접근구간에서 최종접근픽스(FAF) 또는 outer marker를 지날 때

27. 항공기가 TCAS RA로 인하여 관제에서 벗어나 RA에 따라 회피기동 시, 표준분리에 대한 관제사의 책임이 다시 시작되는 경우가 아닌 것은?
① 회피한 항공기가 원래의 방위와 속도로 돌아온 경우
② 조종사가 회피기동 완료를 통보하고 관제사가 표준분리가 회복된 것을 확인한 경우
③ 회피한 항공기가 원래의 고도로 돌아왔을 때
④ 회피한 항공기가 대체허가를 수행하였고 관제사가 표준분리가 회복된 것을 확인한 경우

28. 표준계기출발절차로 이륙한 항공기가 유지해야 할 최소 상승률과 선회할 수 있는 최저고도는?
① 200 ft/NM, 300 ft
② 200 ft/NM, 400 ft
③ 300 ft/NM, 300 ft
④ 300 ft/NM, 400 ft

29. VOR station 상공을 통과하는 시점을 측정하는 기준은?
① VOR bearing pointer가 90° 부근에 위치하고 TO-FROM 지시기가 "TO"를 지시할 때
② TO-FROM 지시기가 "TO"를 지시할 때
③ TO-FROM 지시기의 "TO/FROM"이 완전히 바뀌었을 때
④ VOR bearing pointer가 180° 부근에 위치할 때

30. Holding pattern 기본구역에서 보장되는 장애물로부터 최소한의 고도는?
① 500 ft   ② 800 ft
③ 1,000 ft   ④ 1,400 ft

31. 평행활주로 중앙선 간의 간격이 3,600 ft 이상 8,300 ft 미만인 활주로에 parallel ILS 접근 시, 인접 최종접근진로로 접근하는 항공기와 대각선으로 분리간격은?
① 1 NM   ② 1.5 NM
③ 2 NM   ④ 2.5 NM

32. 관제사가 "Abeam a fix"라고 했을 때의 의미는?
① 항공기가 fix 90° 옆에 있을 때
② 항공기가 fix를 통과하였을 때
③ 항공기가 fix에 거의 다 왔을 때
④ 항공기가 fix 직상공에 있을 때

33. 다음 중 장애물 회피를 보장하는 가장 낮은 고도는?
① MVA　　　② MEA
③ MOCA　　④ MSA

34. Missed approach segment의 Intermediate missed approach segment에 대한 설명 중 틀린 것은?
① 일반적으로 intermediate phase에서는 2.5%의 상승률을 기준으로 한다.
② Start of climb(SOC)에서 시작하여 50 m(164 ft)의 장애물 회피가 보장되는 지점까지이다.
③ Track은 Initial missed approach segment의 track으로부터 최대 15°까지 변경 가능하다.
④ Holding fix가 시작되는 지점까지 장애물 회피를 보장한다.

35. 계기접근절차에 절차선회(procedure turn)가 포함되어 있을 때 넘지 말아야 할 속도는?
① 180 KTS　　② 200 KTS
③ 230 KTS　　④ 240 KTS

36. 조종사가 관제사에게 "Minimum fuel"이라고 했다면 어떤 의미인가?
① 연료잔량이 비상상황은 아니나, 비행지연이 발생하면 비상상황으로 발전할 수 있다.
② 연료잔량이 부족하여 현재 비상상황을 야기할 수 있는 상태이다.
③ 연료잔량이 목적지공항까지 갈 수 없는 비상상황이다.
④ 연료잔량의 부족으로 인한 비상상황이다.

37. Tower에서 불러주는 바람정보는 지상 몇 m 높이에서 측정한 것인가?
① 3 m　　② 5 m
③ 7 m　　④ 10 m

38. 다음 중 밀도고도가 증가하는 경우는?
① 온도 하강, 기압 하강, 습도 상승
② 온도 하강, 기압 상승, 습도 하강
③ 온도 상승, 기압 하강, 습도 상승
④ 온도 상승, 기압 상승, 습도 상승

39. 어떤 조건에서 기압고도와 밀도고도가 같아지는가?
① 고도계를 29.92″로 설정했을 때
② 표준대기온도일 때
③ 항공기가 해수면 위에 있을 때
④ 지시고도와 기압고도가 동일할 때

40. SID와 STAR chart에 사용되는 고도는?
① MSL　　② AGL
③ MEA　　④ MORA

제4회 정답 및 해설

문제	1	2	3	4	5
정답	❶	❹	❷	❹	❷
문제	6	7	8	9	10
정답	❸	❶	❶	❶	❷
문제	11	12	13	14	15
정답	❹	❶	❷	❹	❸
문제	16	17	18	19	20
정답	❷	❸	❷	❶	❹
문제	21	22	23	24	25
정답	❸	❷	❹	❸	❷
문제	26	27	28	29	30
정답	❹	❶	❷	❸	❸
문제	31	32	33	34	35
정답	❷	❶	❶	❹	❷
문제	36	37	38	39	40
정답	❶	❹	❸	❷	❶

1. ①

정률직진상승 및 강하 시 승강계는 pitch control에 대한 primary가 되고, 방향지시계(heading indicator)는 bank control의 primary가 된다.

2. ④

표준선회율(standard rate turn)은 비행기가 3°/sec의 비율로 선회하는 것을 의미하며, 반표준선회율(half standard rate turn)은 비행기가 1.5°/sec의 비율로 선회하는 것을 의미한다.

3. ②

입항 항공기는 공항으로부터 약 10 mile 전에서 교신을 시도하여 항공기 식별부호 및 기종, 고도, 공항과 관련된 위치, 의도(착륙 또는 상공 통과), 자동기상정보의 수신여부를 보고하고 공항조언업무나 공항정보업무를 요청하여야 한다.

4. ④

고도계와 대기속도계의 바늘의 움직임 비율이 감소할 때, 자세는 접근수평비행이다.

고도계와 대기속도계의 움직이는 방향이 반전되기 전에 멈추고 승강계가 반전의 경향을 나타낼 때 수평비행자세에 도달한 것이다.

5. ②

서쪽에서 남쪽으로 선회 시에는 위도에서 bank angle의 1/2을 뺀 각도를 지나서 roll out을 하여야 한다.

- roll out lead = $30 - \left(20 \times \dfrac{1}{2}\right) = 20°$
- $\therefore 180 - 20 = 160°$ 이므로, heading 160°에서 roll out을 하여야 한다.

6. ③

$\therefore$ 상승률(fpm) = NM 당 상승거리 × $\dfrac{대지속도}{60}$

$= 250 \times \dfrac{120}{60} = 500$ fpm

7. ①

Static port가 막힌 상태에서 비행기가 상승하면, 대기압이 감소하여 막힌 static 계통의 정압이 해당 고도의 정압보다 높으므로 실제 속도보다 느린 속도가 지시된다. 반대로 비행기가 강하하면 막힌 static 계통의 정압이 해당 고도의 정압보다 낮으므로 실제 속도보다 빠른 속도가 지시된다.

Static 계통이 막혀서 정압이 변하지 않으면 고도계는 현재 고도를 지시한 채 변하지 않으며, 승강계는 계속 "0"을 지시한다.

8. ①

북반구에서 북쪽 방향으로 비행을 하다 좌측이나 우측으로 선회를 하면 나침반 카드(compass card)는 초기에 잠깐 항공기가 선회하는 반대방향을 지시하다가, 점차적으로 실제 선회하는 방향으로 회전한다. 결과적으로 선회 중에 항공기의 실제 선회율보다 느리게 지시하는 지시지연(lag)이 발생한다.

9. ①

과호흡증은 신체를 통해 이산화탄소가 과다하게 "배출"되기 때문이며 조종사는 어지러움, 질식,

졸음, 손발 저림 및 오한 그리고 이것들과 반응하여 한층 더 심한 과호흡증을 겪을 수 있다. 협동운동 장애, 방향감각 상실 및 고통스러운 근육경련은 언젠가는 무기력 상태로 이어질 수 있다.

10. ②

VOR 수신기 점검 시 허용오차 범위
1. 지상점검(ground check)을 하여 오차가 ±4°를 초과하거나 공중점검(airborne check)을 하여 ±6°를 초과한다면, 먼저 오차의 원인을 수정하지 않고 계기비행방식(IFR)으로 비행을 해서는 안 된다.
2. 이중 시스템(dual system) VOR을 항공기에 장착하고 있는 경우, 두 지시방위 간의 최대허용편차는 4° 이다.

11. ④

무지향표지시설(Nondirectional Radio Beacon; NDB)은 일반적으로 190~535 kHz의 주파수대에서 운용된다.

12. ①

항공기가 비정상 피치 자세(unusual pitch attitude)인 경우, EFD(electronic flight display) 자세계의 horizon line 상에 적색 chevron이 나타난다.

적색 chevron은 nose-high 자세인 경우 피치가 30°의 nose-up을 초과하면 나타나며, nose-low 자세인 경우 15° nose-down을 초과할 때 나타난다.

13. ②

항공기가 DME 지상시설표고 상공고도 1,000 ft 당 시설로부터 1 mile 이상 떨어져 있다면 경사거리 오차(slant range error)는 무시할 수 있다.

14. ④

일상적인 정비나 긴급정비를 하는 동안에는 특정 NAVAID에서 식별부호(또는 해당되는 경우, 부호 및 음성)가 제거된다. 정비기간 중에 VOR은 T-E-S-T 부호(— • ••• —)를 송출할 수도 있다.

15. ③

Glide path 투사각(projection angle)은 활주로표고 상부 약 200 ft에서 middle marker와 교차하고 약 1,400 ft에서 outer marker와 교차한다.

16. ②

계기접근절차에 사용되는 정밀접근활주로는 결심고도와 시정 또는 활주로가시범위(RVR)에 따라 다음과 같이 구분한다.

종 류 (Category)	결심고도(DH)	시정 또는 활주로 가시거리(RVR)
I	60 m 이상 75 m 미만	시정 800 m 또는 RVR 550 m 이상
II	30 m 이상 60 m 미만	RVR 300 m 이상 550 m 미만
III	30 m 미만 또는 No DH	RVR 300 m 미만 또는 No RVR

17. ③

단순지향성표지시설(Simplified Directional Facility; SDF) 계기접근에 사용되는 접근기법 및 절차는 SDF 진로가 활주로와 일직선이 아니며, 진로가 ILS 로컬라이저보다 더 넓기 때문에 정밀도가 더 낮다는 점 외에는 표준 로컬라이저 접근 수행 시에 사용하는 접근기법 및 절차와 근본적으로 동일하다.

18. ②

활주로에 접근하는 동안 모든 VASI light들이 적색(red)으로 보인다면, 활공로가 정상보다 낮은 것이므로 적절한 접근경로에 진입할 때까지 수평비행을 유지해야 한다.

19. ①

활주로중심선등(runway centerline lighting)의 불빛은 진입 방향에서 볼 때 다음과 같다.
1. 활주로 종단으로부터 활주로 방향으로 300 m (1,000 ft) 지점까지 : 적색
2. 활주로 종단으로부터 300 m에서 900 m 사이 : 적색과 가변백색등이 교차

3. 활주로 종단으로부터 900 m(3,000 ft) 이후 : 가변백색

20. ④
운영상 우선순위(Operational priority)
1. 조난항공기는 다른 모든 항공기보다 통행 우선권을 갖는다.
2. 민간항공구급비행(호출부호 "MEDEVAC")에게 우선권을 부여하여야 한다.
3. 수색구조업무를 수행하는 항공기에게 최대한 편의를 제공하여야 한다.
4. 교통상황과 통신시설이 허락하는 한 관련된 통제전문에 의거 대통령 탑승기 및 경호기와 구조지원 항공기에 우선권을 부여한다.
5. 비행점검 항공기의 신속한 업무수행을 위하여 특별취급을 하여야 한다.
6. 실제 방공 요격항공기의 신속한 기동은 미식별 항공기를 식별할 때까지 최대한 지원을 하여야 한다.
7. 미식별항공기가 식별될 때까지 실제 방공임무를 수행하는 요격기의 운항에 최대한 협조하여야 한다.
8. 계기비행(IFR) 항공기는 특별시계비행(SVFR) 항공기보다 우선권을 가진다.

21. ③
FICON NOTAM은 포장된 활주로의 오염 측정값을 제공하지만, FICON NOTAM에서 제동상태(braking action)는 비포장 활주로 표면, 유도로 및 계류장(apron)에만 적용된다.

22. ②
슬롯(slot) 조정이란 국내 각 공항에 이륙·착륙하는 항공사 또는 항공기 운용자가 신청한 슬롯을 배분하기 위하여 항공기 운항시간을 조정하는 업무를 말한다. 공항에 이착륙하는 항공기의 항공기 운항시각(slot) 조정은 항공교통의 원활한 흐름과 효율적인 공항운영 및 관련 업무처리의 공정성·투명성을 확보하는데 있다.

23. ④
TRSA(terminal radar service area) 업무의 목적은 터미널레이더업무구역(TRSA)으로 정의된 공역 내에서 운항하는 모든 IFR 항공기 및 참여하는 모든 VFR 항공기 간에 분리를 제공하는 것이다. 조종사의 참여를 권고하지만 의무사항은 아니다.

24. ③
ATC는 항공기의 지상활주(taxing) 허가와 관련하여 무선교신 상의 오해를 배제하기 위하여 용어 "cleared"를 사용하지 않는다.

25. ②
ATC가 용어 "조종사의 판단에 따라(at pilot's discretion)"를 사용하지 않고 상승이나 강하의 제한사항도 발부하지 않은 경우, 조종사는 허가에 응답한 즉시 상승 또는 강하를 시작하여야 한다. 배정고도의 1,000 ft 전까지는 항공기의 운용특성에 맞는 최적비율로 상승 또는 강하하고, 그 다음에는 배정고도에 도달할 때까지 500~1,500 fpm의 비율로 상승하거나 강하하여야 한다.

26. ④
다음의 경우에는 radar 관제제공 유무에 관계없이 ATC 또는 FSS 시설에 보고하여야 한다.
1. 새로 배정받은 고도 또는 비행고도로 비행하기 위하여 이전에 배정된 고도 또는 비행고도를 떠날 때
2. VFR-on-top 허가를 받고 운항중이라면, 고도 변경을 할 때
3. 최소한 분당 500 ft의 비율로 상승/강하할 수 없을 때
4. 접근에 실패하였을 때
5. 비행계획서에 제출한 진대기속도보다 순항고도에서의 평균 진대기속도가 5% 또는 10 knot의 변화(어느 것이든 큰 것)가 있을 때
6. 허가받은 체공 fix 또는 체공지점에 도착한 경우, 시간 및 고도 또는 비행고도
7. 지정받은 체공 fix 또는 체공지점을 떠날 때

8. 관제공역에서 VOR, TACAN, ADF, 저주파수 항법수신기의 기능상실, 장착된 IFR-인가 GPS/GNSS 수신기를 사용하는 동안 GPS의 이상현상(anomaly), ILS 수신기 전체 또는 부분적인 기능상실이나 공지통신 기능의 장애
9. 비행안전과 관련된 모든 정보

27. ①

항공기가 TCAS RA 경고에 대한 대응절차를 시작한 경우, 관제사는 동 항공기와 다른 항공기, 공역, 지형지물 또는 장애물 간 표준분리를 취하여야 할 책임이 없다. 표준분리에 대한 책임은 다음 상황 중 하나와 일치할 때 재개된다.
1. 회피기동하는 항공기가 배정된 고도로 다시 복귀한 경우
2. 운항승무원이 TCAS 기동을 완료하였음을 관제사에게 통보하고 관제사가 표준분리가 다시 취해진 것을 확인한 경우
3. 회피기동하는 항공기가 대체허가를 수행하였고 관제사가 표준분리가 다시 취해진 것을 확인한 경우

28. ②

표준계기출발절차(SID)
1. 모든 출발 시에 필요한 장애물 회피를 위해 조종사는 이륙활주로종단을 최소한 이륙활주로종단 표고보다 35 ft 이상의 높이로 통과하여야 하며, 통과제한에 의해 고도이탈(level off)이 필요하지 않는 경우 최저 IFR 고도까지 NM 당 최소 200 ft의 상승률(FPNM)을 유지하는 것을 기반으로 한다.
2. 계기비행 선회 출발절차로 이륙하는 항공기는 이륙 후 선회를 시작하기 전에 공항표고로부터 최소한 400 ft 높은 고도까지 직상승하여야 한다. 15° 이상 선회가 요구되는 경우, 공항표고보다 최소한 400 ft 높은 고도에 도달할 때까지는 직상승하여야 한다.

29. ③

VOR station을 통과할 때의 위치보고 시간은 "TO/FROM" 지시기가 처음으로 완전히 바뀌었을 때의 시간이어야 한다.

항공기가 station에 접근하면 "TO/FROM" 지시기가 흔들리다가 station을 통과할 때 "TO/FROM" 지시기는 FROM으로 바뀐다. 이때가 항공기가 송신소를 통과하는 시간이라고 할 수 있다.

30. ③

수평체공장주의 경우 기본구역(primary area) 전체에서 최소 1,000 ft의 장애물 회피가 제공된다. 이차구역(secondary area)에서는 내부 가장자리(inner edge)에서 500 ft의 장애물 회피가 제공되며, 외부 가장자리(outer edge)로 갈수록 0 ft로 점점 감소한다.

31. ②

동시종속접근 시 활주로중심선 간의 간격에 따라 인접 최종접근진로로 접근하는 항공기 간의 분리 최저치는 다음과 같다.
1. 최소 2,500 ft 이상 3,600 ft 미만일 경우 : 대각선으로 최소 1.0 NM의 레이더분리 필요
2. 3,600 ft 이상 8,300 ft 미만일 경우 : 대각선으로 최소 1.5 NM의 레이더분리 필요
3. 8,300 ft 이상 9,000 ft 미만일 경우 : 대각선으로 최소 2 NM의 레이더분리 필요

32. ①

Fix, 지점(point) 또는 목표물(object)이 항공기 항적(track)의 대략 좌측 또는 우측 90° 정도에 위치할 때 항공기는 fix, 지점(point) 또는 목표물과 "abeam" 위치가 된다. Abeam은 정확한 지점이라기보다는 대략적인 위치를 나타낸다.

33. ①

최저레이더유도고도(Minimum Vectoring Altitude, MVA)는 레이더항공교통관제가 행해질 때 ATC가 사용할 수 있도록 설정된다.

MVA를 고려해야 할 대상구역의 다양성, 이러한 구역에 적용되는 서로 다른 최저고도, 그리고

특정 장애물을 격리할 수 있는 기능으로 인하여 일부 MVA는 비레이더 최저항공로고도(MEA), 최저장애물회피고도(Minimum Obstruction Clearance Altitudes; MOCA) 또는 주어진 장소의 차트에 표기된 다른 최저고도보다 낮을 수도 있다.

34. ④

상승개시점(SOC)에서 시작하는 실패접근구간의 중간단계(intermediate phase)는 50 m(164 ft) 장애물 회피가 취해지고 지속적으로 유지될 수 있는 첫 번째 지점까지 안정된 속도로 상승이 계속되는 단계이다. 중간단계에서의 실패접근표면의 공칭 상승률은 2.5% 이다.

중간단계를 비행하는 동안에 실패접근진로는 최초단계의 진로부터 최대 15°까지 변경될 수 있다.

35. ②

접근절차에 절차선회가 포함될 때, 절차선회기동 시에 장애물 회피구역 내에 있도록 하기 위하여 첫 번째 course reversal IAF 상공에서부터 200 knot(IAS) 미만의 최대속도를 준수하여야 한다.

36. ①

목적지에 도착할 때의 연료공급량이 어떤 과도한 지연도 받아들일 수 없는 상태에 도달한 경우, 최소연료(minimum fuel) 상태를 ATC에 통보한다. 이것은 비상상황은 아니며, 단지 어떤 과도한 지연이 발생하면 비상상황이 될 수 있다는 것을 나타내는 조언이라는 점을 인식하여야 한다.

37. ④

지상풍은 지면 위 10±1 m(30±3 ft) 높이에서 관측한다.

38. ③

밀도고도는 공기밀도의 정도를 나타낸다. 고도가 증가하면 공기밀도는 감소하고 공기밀도가 감소함에 따라 밀도고도는 증가한다. 높은 온도와 높은 습도의 추가적인 영향은 누적되고 높은 밀도고도가 더욱 높아지는 결과를 가져온다.

39. ②

기압고도계(pressure altimeter)는 표준대기(standard atmosphere) 조건 하에서 밀도고도(density altitude)를 지시한다.

40. ①

달리 명시되지 않는 한, SID/DP 및 STAR chart에 제시되는 모든 고도는 MSL을 기준으로 하는 진고도이다. 진고도(true altitude)란 해면고도 상부 비행기의 수직거리로 실제고도이며, 보통 평균해발고도(mean sea level; MSL)의 높이를 feet 단위로 나타낸다.

계기비행증명 학과(필기)시험 제5회 모의고사

자격종류	한정자격	한정구분	시험시간	문제수	수험번호	성 명
항공종사자 한정심사	조종사	계기비행증명	50분	40문항		

1. 직진수평비행 시 primary 계기가 아닌 것은?
   ① Altimeter
   ② Heading indicator
   ③ Attitude indicator
   ④ Airspeed indicator

2. 110 kts의 TAS로 표준율 선회를 하기 위해 필요한 bank angle은?
   ① 12°   ② 14°
   ③ 16°   ④ 20°

3. Timed turn 시 bank가 이루어진 상태에서 pitch, bank 및 power에 대한 primary 계기는?
   ① 고도계, 선회경사계, 속도계
   ② 고도계, 속도계, 선회경사계
   ③ 속도계, 고도계, 선회경사계
   ④ 선회경사계, 고도계, 속도계

4. CDI가 한쪽으로 full deflection 되었을 경우, VOR course의 centerline으로부터 몇 도 이상 off 된 것인가?
   ① 4°   ② 5°
   ③ 8°   ④ 10°

5. Magnetic compass에서 가감속 error의 원인은?
   ① 원심력(centrifugal force)
   ② 자차(deviation)
   ③ 경차(magnetic dip)
   ④ 편차(variation)

6. Pitot tube ram air hole과 static port가 모두 막혔을 때 계기에 나타나는 현상으로 맞는 것은?
   ① 고도계는 실제 고도보다 높게 지시한다.
   ② 속도계는 점점 "0"으로 감소한다.
   ③ 고도가 변하여도 속도계는 변하지 않는다.
   ④ 승강계는 "0"으로 고정된다.

7. 비행 중 pitot tube가 막혔을 때 영향을 받는 계기는?
   ① Altimeter
   ② Vertical speed indicator
   ③ Airspeed indicator
   ④ Altimeter, Airspeed indicator, Vertical speed indicator

8. 비여압 항공기가 비행 중일 때 정압공이 막혀서 대체 정압공을 사용 시 나타나는 현상으로 맞는 것은?
   ① 실제속도보다 지시속도가 낮게 지시한다.
   ② 승강계는 순간적으로 상승을 지시한다.
   ③ 실제고도보다 지시고도가 낮게 지시한다.
   ④ 승강계는 순간적으로 강하 후 정상을 지시한다.

9. 다음 중 공식적인 절차변경의 사유가 아닌 것은?
   ① 새로운 규칙의 적용
   ② 새로운 장비의 도입
   ③ 운항책임자의 정책변화
   ④ 새로운 ATC 절차

10. 활주로 접근 시 비행착각에 대한 설명 중 옳은 것은?
    ① Up slope runway 접근 시 고도가 낮게 느껴진다.
    ② 평소보다 좁은 활주로 접근 시 고도가 낮게 보인다.
    ③ 활주로 주변에 장애물이 없는 활주로가 장애물이 있는 활주로보다 낮게 보인다.
    ④ 접근 중 안개 속으로 침투하면 기수가 들린다는 착각이 든다.

11. VOT를 이용하여 VOR 수신기 점검 시 점검 지역에서의 허용오차로 틀린 것은?
  ① 지상점검 시 ±6° 이내
  ② 공중점검 시 ±6° 이내
  ③ Dual VOR 점검 시 ±4° 이내
  ④ VOT 점검 시 ±4° 이내

12. 거리측정장비(DME)로 199 NM까지의 거리에서 신호 수신 시 정확도는?
  ① 0.5 NM 또는 거리의 6% 중 큰 것 이내
  ② 0.5 NM 또는 거리의 3% 중 큰 것 이내
  ③ 1 NM 또는 거리의 6% 중 큰 것 이내
  ④ 1 NM 또는 거리의 3% 중 큰 것 이내

13. VORTAC coded identifier 신호가 30초에 1회 송신되는 경우 VORTAC의 운용상태는?
  ① VOR, DME 모두 정상
  ② VOR 정상, DME 고장
  ③ VOR 고장, DME 정상
  ④ VOR, DME 모두 점검 중

14. ILS Outer marker의 식별 신호 및 색깔은?
  ① - - - -, Blue
  ② • • • •, White
  ③ - - - -, White
  ④ • • • •, Blue

15. Localizer의 운용 주파수 범위는?
  ① 108.0~117.95 MHz
  ② 108.10~111.95 MHz
  ③ 190~535 kHz
  ④ 329.15~335.0 MHz

16. REIL의 주 목적으로 맞는 것은?
  ① 시정이 나쁠 때 활주로 식별
  ② 우세한 타 등화로 둘러싸여 있는 활주로 식별
  ③ 주변지형과 대조가 잘 되지 않는 활주로 식별
  ④ 진입방향의 특정 활주로 끝을 신속히 확실하게 식별

17. 활주로 끝단으로부터 outer marker까지의 거리는?
  ① 2~5 NM   ② 4~7 NM
  ③ 5~8 NM   ④ 8~10 NM

18. 위성항법장치(GPS) 오차의 주요인은?
  ① 전리층 굴절   ② 성층권 온도 체감
  ③ 열권 에너지   ④ 이온층 에너지 전도

19. Non-precision instrument runway에 없어도 되는 runway marking은?
  ① Aiming point, Touchdown zone
  ② Touchdown zone, Threshold marking
  ③ Side stripes, Touchdown zone
  ④ Side stripes, Aiming point

20. 항공기가 위치한 유도로나 활주로를 식별하기 위하여 사용되는 location sign의 표지 모양은?
  ① 황색바탕, 검정내용, 검정 테두리
  ② 황색바탕, 검정내용, 황색 테두리
  ③ 검정바탕, 황색내용, 황색 테두리
  ④ 검정바탕, 황색내용, 백색 테두리

21. 항공교통관제시설의 호출방법으로 잘못된 것은?
  ① 공항 관제탑은 시설명칭 뒤에 "TOWER"를 붙인다. 예) "Seoul tower"
  ② 항공교통센터는 시설명칭 뒤에 "CONTROL"을 붙인다. 예) "Seoul control"
  ③ 비행정보센터는 시설명칭 뒤에 "INFORMATION"을 붙인다. 예) "Seoul information"
  ④ 터미널(terminal) 내의 시설은 시설명칭 다음에 기능명칭을 붙인다. 예) "Seoul departure"

22. ATC로부터 속도조절을 지시받은 경우 유지해야 하는 속도범위는?
  ① 지시받은 속도의 ±5 kts, Mach ±0.01
  ② 지시받은 속도의 ±5 kts, Mach ±0.02
  ③ 지시받은 속도의 ±10 kts, Mach ±0.01
  ④ 지시받은 속도의 ±10 kts, Mach ±0.02

23. 관제탑에서 지상에 있는 항공기에게 보내는 flashing red light signal은 무엇을 의미하는가?
① Stop.
② Taxi clear of the runway in use.
③ Return to starting point on airport.
④ Give way to other aircraft and continue circling.

24. VFR on top 지시를 받았을 경우 유지해야 하는 고도는?
① VFR 기상조건에서 MEA 이상의 적절한 VFR 고도
② VFR 기상조건에서 MEA 이상의 적절한 IFR 고도
③ VFR 기상조건에서 구름 이상의 적절한 VFR 고도
④ VFR 기상조건에서 구름 이상의 적절한 IFR 고도

25. Wake turbulence category 중 Category H (heavy)인 항공기의 기준은?
① 최대이륙중량 98,000 kg 이상
② 최대이륙중량 136,000 kg 이상
③ 최대이륙중량 155,000 kg 이상
④ 최대이륙중량 224,000 kg 이상

26. 허가에 어떤 시간의 명시가 필요한 경우, ATC는 조종사에게 출발유보 해제시간(release time)을 발부하는가?
① 항공기가 출발 가능한 가장 빠른 시간
② 항공기가 출발 가능한 가장 늦은 시간
③ 항공기가 출발 가능한 가장 빠른 시간과 늦은 시간
④ 항공기 출발 허가 예정시간

27. 비 Radar 관제 시 ETA보다 몇 분 이상 늦을 것이 예상되는 경우 ATC에 보고해야 하는가?
① 2분　　　　② 5분
③ 7분　　　　④ 10분

28. Runway 폭이 외부로 연장된 곳으로 rejected take-oof 시 항공기의 구조적 손상을 방지하기 위한 구역은?
① Over runway　　② Runway strip
③ Clearway　　　④ Stopway

29. 접근 fix와 동일하지 않은 fix에서 체공장주에 진입했고 1530의 EFC 시간을 받았다. 1520에 양방향 무선교신이 두절되었다면 착륙접근을 실시하기 위해서 어떤 절차를 따라야 하는가?
① 가능한 한 EFC 가까운 시간대에 접근 fix에 도달하기 위해서 holding fix를 출발하여 접근을 종료한다.
② 계속 체공을 하면서 EFC 시간에 holding fix를 출발하여 접근을 종료한다.
③ EFC 시간, 또는 계획된 ETA가 EFC 전이라면 조기에 holding fix를 출발한다.
④ 즉시 holding fix를 출발하여 정상적으로 접근을 종료한다.

30. No-gyro 정밀접근 시 final approach course에 establish 후 유지해야 할 선회율은?
① 표준율 선회
② 반표준율 선회
③ 최대 30° bank를 초과하지 않는 표준율 선회
④ 최대 25° bank를 초과하지 않는 반표준율 선회

31. Terminal Radar Approach Control의 관제범위는?
① 25 NM, 15,000 ft
② 50 NM, 17,000 ft
③ 100 NM, 18,000 ft
④ 130 NM, 20,000 ft

32. 현재 MEA보다 높게 설정된 항공로로 비행하는 항공기가 특정 지점에서 통과해야 할 최저고도는?
① MSA　　　　② MRA
③ MAA　　　　④ MCA

33. Holding pattern 내에서 첫 번째 outbound leg timing의 시작시점은?
 ① Holding fix 상공이나 abeam 위치 중 먼저 도달하는 곳
 ② Holding fix 상공이나 abeam 위치 중 나중에 도달하는 곳
 ③ Holding fix abeam 위치나 항공기의 자세가 수평이 되는 지점 중 먼저 도달하는 곳
 ④ 항공기가 선회를 완료하고 자세가 수평이 되는 지점

34. 실패접근지점(MAP)에 도달하기 전에 실패접근을 해야 할 경우 올바른 절차는?
 ① 실패접근진로 우측 또는 좌측으로 180° 선회하여 반대방향으로 실패접근을 실시한다.
 ② MDA 또는 DH 이상의 고도로 MAP를 지난 다음 ATC의 지시를 받고 실패접근을 실시한다.
 ③ 실패접근을 결심한 즉시 바로 실패접근을 실시한다.
 ④ 선회하기 전에 MDA 또는 DH 이상의 고도로 MAP까지 비행 후 실패접근을 실시한다.

35. Contact approach와 Visual approach에 대한 설명 중 옳은 것은?
 ① Visual approach는 조종사가 요구한다.
 ② Contact approach는 표준/특수 계기접근절차가 있는 공항에서 시정이 1 SM 이상이어야 한다.
 ③ Visual approach는 공항기상이 시정 5 SM, 운고 3,000 ft 이상이어야 한다.
 ④ Contact approach 시 장애물 회피에 대한 책임은 관제사에게 있다.

36. ICAO Type B의 aerodrome obstacle chart에서 제공되지 않는 정보는?
 ① 최저안전고도, 높이의 결정
 ② 장애물 회피 및 표지 기준
 ③ 비상사태 발생 시 사용절차의 결정
 ④ 이륙 시 최대허용중량 결정

37. ILS approach 시 head wind가 증가하는 경우, glide slope를 유지하기 위한 방법으로 적합한 것은?
 ① Groundspeed가 감소하므로 강하율을 감소시켜야 한다.
 ② Groundspeed가 감소하므로 강하율을 증가시켜야 한다.
 ③ True airspeed가 증가하므로 강하율을 감소시켜야 한다.
 ④ True airspeed가 감소하므로 강하율을 증가시켜야 한다.

38. 고도계는 이륙 전에 해당 공항의 표고와 국지 QNH로부터 얻어진 계기고도와의 편차가 몇 ft 이내이어야 계기비행에 사용할 수 있는가?
 ① ±25 ft ② ±50 ft
 ③ ±75 ft ④ ±100 ft

39. Altimeter setting 31.17 inHg인 항공기의 고도가 9,400 ft 일 때 기압고도는?
 ① 7,800 ft ② 8,150 ft
 ③ 8,420 ft ④ 8,640 ft

40. SID/STAR chart에서 기호 "╼╾╼╾╼╾"가 의미하는 것은?
 ① Sector boundary
 ② Time zone boundary
 ③ Sectional boundary
 ④ Monitoring boundary

제5회 정답 및 해설

문제	1	2	3	4	5
정답	❸	❸	❶	❹	❸
문제	6	7	8	9	10
정답	❹	❸	❷	❸	❹
문제	11	12	13	14	15
정답	❶	❷	❸	❶	❷
문제	16	17	18	19	20
정답	❹	❷	❶	❸	❸
문제	21	22	23	24	25
정답	❸	❹	❷	❶	❷
문제	26	27	28	29	30
정답	❶	❶	❹	❷	❷
문제	31	32	33	34	35
정답	❷	❹	❷	❹	❷
문제	36	37	38	39	40
정답	❹	❷	❸	❷	❶

1. ③

직진수평비행 시 pitch control에 대한 primary 계기는 고도계이며, bank control에 대한 primary 계기는 방향지시계이다. 그리고 power에 대한 primary 계기는 속도계이다.

2. ③

표준율 선회에 필요한 대략적인 선회경사각을 구하기 위해 대기속도를 10으로 나눈 다음, 여기에 값의 1/2을 더한다.

$$\therefore 선회경사각 = \frac{110}{10} + \left(\frac{1}{2} \times \frac{110}{10}\right)$$
$$= 16.5°$$

3. ①

Timed turn 시 primary pitch 계기는 고도계이다. 그리고 primary bank 계기는 선회경사계이며 속도계가 primary power 계기가 된다.

4. ④

VOR indicator의 CDI(course deviation indicator)는 조종사가 선택한 course에서 벗어난 정도를 지시한다. VOR indicator 중앙에 좌우로 각 다섯 개의 조금만 점(dot)이 있으며 한 개의 점은 2°를 나타낸다. CDI needle이 중간 위치에서 한쪽으로 완전히 치우쳤다면 항공기는 course에서 10° 이상을 벗어난 것이다.

[참조] Instrument Flying Handbook(FAA-H-8083-15B)에 수록되어 있는 위의 내용은 "CDI needle이 중간 위치에서 한쪽으로 완전히 치우쳤다면 항공기는 course에서 12° 이상을 벗어난 것이다."로 변경되었다.

5. ③

가속도 오차(acceleration error)는 가감속 오차라고도 한다. 가속도 오차는 항공기가 동서 항로로 가속 비행을 하면 관성으로 인한 복각 [magnetic dip, 경차(傾差)라고도 한다]으로 인해 발생하는 오차이다. 이러한 가감속 오차는 복각이 원인이지만, 복각은 관성으로 인해 발생하므로 관성도 주요 원인이라고 할 수 있다.

6. ④

Pitot tube ram air hole과 static 계통이 막혀서 정압이 변하지 않으면 고도계는 현재 고도를 지시한 채 변하지 않으며, 승강계는 계속 "0"을 지시한다.

7. ③

동정압관(pitot-static tube)은 정압을 수감하는 정압공(static port)과 전압을 수감하는 피토관(pitot tube)으로 구성되어 있다. 고도계와 승강계는 정압공에서 측정된 공기의 정압을 이용하고, 속도계는 정압공에서 측정된 정압과 피토관에서 측정되는 공기의 전압(동압+정압)을 이용하여 속도를 측정한다.

따라서 피토관(pitot tube)이 막히면 속도계(airspeed indicator)는 비정상적으로 작동한다.

8. ②

비여압 항공기의 동정압 계통의 정압공(static port)이 막힌 경우, 예비 정압공이 열려서 조종실로 흘러 들어오는 외기의 벤투리 효과(venturi effect)로 인해 조종실의 정압은 일반적으로 외부 대기압(정압)보다 낮아진다. 따라서 대기속도계는 실제 대기속도보다 더 빠르게 지시한다. 승강계는 순간적으로 상승을 지시하며, 고도계는 실제 고도보다 더 높게 지시한다.

9. ③

절차변경의 주요사유는 다음과 같다.
1. 새로운 장비의 도입 (예, TCAS 도입)
2. 새로운 규칙의 적용 (예, 객실에서의 금연)
3. 예기치 못한 경험 (예, 고도 강하율 위반)
4. 새로운 항로의 개설 (예, 쌍발 항공기의 운항 연장)
5. 새로운 경영관리 (예, 인수 합병)
6. 새로운 ATC 절차 (예, 샌프란시스코 국제공항의 LDA 접근절차)
7. 운항환경의 변화 (예, 산악지방으로의 취항)

10. ④

착륙실수를 유발하는 착각
1. 일반적인 활주로보다 폭이 좁은 활주로는 항공기가 실제보다 더 높은 고도에 있는 것 같은 착각을 유발시킬 수 있다. 일반적인 활주로보다 폭이 넓은 활주로는 정반대의 영향을 미칠 수 있다.
2. 위로 경사진 활주로(upsloping runway)인 경우 항공기가 실제보다 더 높은 고도에 있는 것 같은 착각을 유발시킬 수 있다. 아래로 경사진 활주로(downsloping runway)는 정반대의 영향을 미칠 수 있다.
3. 수면, 어두운 지역, 그리고 눈으로 덮여 특색이 없어진 지형 위에 착륙할 때와 같이 지표면의 특색이 없는 경우, 항공기가 실제보다 더 높은 고도에 있는 것 같은 착각을 유발시킬 수 있다.
4. Windscreen 상의 빗물은 더 높은 고도에 있는 것 같은 착각을 유발시키고, 대기의 연무(haze)는 활주로로부터 더 먼 거리에 있는 것 같은 착각을 유발시킬 수 있다. 안개 속으로 비행하다 보면 기수가 들리는 것(pitch up) 같은 착각이 유발될 수 있다.

11. ①

VOR 수신기 점검 시 허용오차 범위
1. 지상점검(ground check)을 하여 오차가 ±4°를 초과하거나 공중점검(airborne check)을 하여 ±6°를 초과한다면, 먼저 오차의 원인을 수정하지 않고 계기비행방식(IFR)으로 비행을 해서는 안 된다.
2. 이중 시스템(dual system) VOR을 항공기에 장착하고 있는 경우, 두 지시방위 간의 최대허용편차는 4° 이다.

12. ②

거리측정시설(DME)은 가시고도(line-of-sight altitude) 199 NM까지의 거리에서 1/2 mile 또는 거리의 3% 가운데 더 큰 수치 이내의 정확성을 가진 신뢰할 수 있는 신호를 수신할 수 있다.

13. ③

VOR 또는 로컬라이저의 식별부호가 3회 또는 4회 송신될 때 DME 또는 TACAN 식별부호는 1회 송신된다. VOR 또는 DME 중 하나가 작동하지 않을 때 약 30초 간격으로 반복되는 단 하나의 식별부호는 DME가 작동하고 있다는 것을 나타낸다.

14. ①

항공기가 Marker beacon 상공을 통과할 때 조종사는 다음과 같은 지시를 수신할 것이다.

마커(Marker)	등화(Light)	부호(Code)
OM	청색(Blue)	─ ─ ─ ─
MM	황색(Amber)	● ─ ● ─
IM	백색(White)	● ● ● ●

15. ②

로컬라이저 송신기(localizer transmitter)는 108.10~111.95 MHz 주파수 범위 내에서 40개의 ILS 채널 중 하나로 운용된다.

16. ④

활주로종단식별등(REIL)은 특정 접근활주로

종단의 신속하고 확실한 식별을 위해 대부분의 비행장에 설치된다.

17. ②

보통 외측마커(OM)는 glide slope가 수직 ±50 ft의 절차선회(최저체공) 고도를 교차하는 지점인 활주로종단(runway end)으로부터 4~7 mile에 위치한다.

18. ①

위성항법장치(GPS)는 기상의 영향을 받지 않고 비교적 정확한 정보를 제공하는 반면, 전리층에 의한 지연이나 위성과 수신기에 있는 원자시계의 불일치 등으로 인해 오차가 발생할 수 있다.

19. ③

활주로 표지(Runway marking)

표지 구성요소	비정밀 계기활주로	정밀 계기활주로
명칭(designation)	X	X
중심선(centerline)	X	X
시단(threshold)	X	X
목표점(aiming point)	X	X
접지구역(touchdown zone)		X
옆선(side stripe)		X

20. ③

위치표지판(Location signs)
1. 유도로 위치표지판. 이 표지판은 황색 테두리의 흑색바탕에 황색문자로 되어 있다.
2. 활주로 위치표지판. 이 표지판은 황색 테두리의 흑색바탕에 황색숫자로 되어 있다.

21. ③

항공교통관제기관 명칭(Facility identification)
1. 공항 관제탑 : 시설명칭 다음에 "Tower"를 사용한다.
   예 : "Gimpo tower", "Suwon tower", "Jeju tower"
2. 지역관제소 : 시설명칭 다음에 "Control"을 사용한다.
3. RAPCON을 포함한 접근관제시설 : 시설명칭 다음에 "Approach"를 사용한다.
   예 : "Seoul approach", "Gimhae approach", "Daegu approach"
4. 터미널(terminal) 시설 내의 기능 : 시설명칭 다음에 기능명칭을 사용한다.
   예 : "Gimhae departure", "Gimpo clearance delivery", "Gimpo ground"
5. 음성통신제어시스템(VSCS : Voice Switching Control System) 장비가 없는 두 시설 간 인터폰 호출 또는 응신 시, 시설명칭을 생략할 수 있다.
   예 : "Seoul, handoff"
6. ASR 또는 PAR를 갖고 있으나 접근관제업무를 수행치 않는 레이더시설 : 시설명칭 다음에 "GCA"를 사용한다.
   예 : "Suwon GCA", "Cheongju GCA"
7. [FAA] 비행정보소(Flight service station)는 시설명칭 다음에 "Radio"를 사용한다.
   예 : "Chicago radio"

22. ④

속도조절지시를 실행하는 조종사는 지시받은 속도의 ±10 knot, 또는 마하수 ±0.02 이내의 속도를 유지하여야 한다.

23. ②

무선통신 두절 시 지상에 있는 항공기에 보내는 빛총신호(light gun signal)의 종류와 의미는 다음과 같다.

신호의 종류	의미(Meaning)
연속되는 녹색	이륙을 허가함
깜박이는 녹색	지상활주(taxi)를 허가함
연속되는 적색	정지할 것
깜박이는 적색	사용 중인 활주로에서 벗어나 지상활주할 것
깜박이는 백색	공항의 출발지점으로 돌아갈 것

24. ①

VFR 상태로 운항할 때, "maintain VFR-on-top/maintain VFR conditions"의 ATC 허가를 받은 IFR 비행계획의 조종사는
1. 해당 VFR 고도로 비행하여야 한다.

2. VFR 시정 및 구름으로부터의 거리기준을 준수하여야 한다.
3. 이 비행에 적용할 수 있는 계기비행방식, 즉 최저 IFR 고도, 위치보고, 무선교신, 비행경로, ATC 허가준수 등에 따라야 한다.

25. ②
항적난기류 분리를 목적으로 항공기 category를 다음과 같이 분류한다.
1. J - Super(초대형); ICAO Doc 8643에 명시된 유형의 항공기(A380-800)
2. H - Heavy(대형); 최대이륙중량이 136,000 kg(300,000 lbs) 이상인 항공기
3. M - Medium(중형); 최대이륙중량이 136,000 kg(300,000 lbs) 미만, 7,000 kg(15,000 lbs) 초과 항공기
4. L - Light(소형); 최대이륙중량이 7,000 kg(15,000 lbs) 이하인 항공기

26. ①
"출발유보 해제시간(release time)"은 항공기가 출발할 수 있는 가장 빠른 시간을 명시할 필요가 있는 경우, ATC가 조종사에게 발부하는 출발제한이다.

27. ①
레이더에 포착되지 않았을 때 ATC에 보고해야 하는 경우는 다음과 같다.
1. 최종접근진로 상의 inbound 최종접근픽스(비정밀접근)를 떠날 때, 또는 최종접근진로 상에서 외측마커나 inbound 외측마커 대신 사용되는 픽스(정밀접근)를 떠날 때
2. 이전에 통보한 예정시간과 2분 이상 차이가 날 것이 확실할 때는 언제라도 수정된 예정시간을 통보하여야 한다.

28. ④
연장된 활주로중심선 상에 중심을 두는 정지로(stopway)는 이륙을 포기하는 경우에 항공기의 감속에 이용하기 위하여 공항운영자가 지정한 이륙활주로 이후의 구역이다. 정지로의 폭은 최소한 활주로의 폭과 같아야 하며, 이륙포기 시 항공기의 구조적인 손상을 초래하지 않고 지지할 수 있어야 한다.

29. ②
모든 체공지시에는 허가예상시간(EFC)이 포함되어 있다는 것에 주목하라. 조종사가 양방향 무선통신이 두절된 경우, EFC는 지정된 시간에 체공픽스(holding fix)를 출발할 수 있도록 한다.

30. ②
자이로 고장 시의 접근(No-gyro approach)
1. 레이더관제 하에서 방향자이로(directional gyro) 또는 그 밖의 안정화된 나침반(stabilized compass)이 작동하지 않거나 부정확한 상황이 발생한 경우, 조종사는 ATC에 이를 통보하고 자이로 고장시(No-gyro)의 레이더유도 또는 접근을 요청하여야 한다. 조종사는 No-gyro 접근 동안 최종관제사에게 이양되기 전까지 모든 선회를 표준율(standard rate)로 하여야 하고, 지시를 받자마자 즉시 선회를 하여야 한다.
2. 최종접근관제사에게 이양되고 항공기가 최종접근진로 상으로 선회를 완료한 후 approach gate 도착 전에는 모든 선회를 반표준율(half standard rate)로 하여야 한다.

31. ②
레이더스코프(radarscope)를 이용한 터미널 레이더 접근관제소(TRACON) 관제사의 업무범위는 일반적으로 반경 50 mile 이내, 고도 17,000 ft까지의 공역구역이다.

32. ④
최저통과고도(Minimum Crossing Altitude, MCA)는 최저항공로고도(MEA)가 현재 MEA 보다 높게 설정된 항공로로 비행하는 항공기가 특정 픽스에서 통과해야 할 최저고도이다.
MCA는 MEA가 바뀌는 지점을 통과 후 정상적인 상승을 하여서는 장애물 안전고도를 유지할 수

없는 경우에 설정한다.

33. ②

　Holding pattern 내에서 outbound leg 시간 측정은 fix 상공 또는 abeam 위치 가운데 나중에 나타나는 곳에서부터 시작한다.

34. ④

　조기실패접근을 할 경우, 조종사는 ATC에 의해 달리 허가되지 않은 한 선회조작을 하기 전에 MAP 또는 DH 이상의 고도를 유지하여 실패접근 지점까지 접근 plate의 지정된 계기접근절차에 따라 비행하여야 한다.

35. ②

　Contact approach와 Visual approach
1 관제사는 다음과 같은 경우 contact 접근을 허가할 수 있으며, contact 접근을 할 때 장애물 회피에 대한 책임은 조종사에게 있다.
　가. Contact 접근이 분명히 조종사에 의해 요구되었다. ATC는 이 접근을 제안할 수 없다.
　나. 목적지공항의 보고된 지상시정이 최소 1 SM 이다.
　다. Contact 접근은 표준계기접근절차 또는 특별계기접근절차가 수립되어 있는 공항에서 이루어질 수 있다.
2. 계기접근을 위하여 레이더유도 중인 항공기인 경우라도, 관제사 제안 또는 조종사 요구를 근거로 조종사가 공항 또는 활주로 육안확인을 보고한 경우 시각접근(visual approach)을 할 수 있다. 공항의 보고된 기상은 1,000 ft 이상의 운고(ceiling) 및 3 mile 이상의 시정을 가져야 한다.

36. ④

　항공지도업무기관은 ICAO Type B 비행장장애물도(aerodrome obstacle chart)에 다음과 같은 기능을 충족시키는 정보를 제공하여야 한다.
1. 선회절차에 관한 최저안전고도를 포함한 최저안전고도/높이의 결정
2. 이륙 또는 착륙 중 비상사태 발생 시 사용절차의 결정
3. 장애물 회피 및 표지 기준의 적용
4. 항공지도 제작을 위한 기초자료로 제공

37. ②

　Head wind/Tail wind에 따라 ILS glide slope를 유지하기 위해서는 강하율의 조절이 필요하다. 착륙하기 위해 접근 중에 wind shear가 발생하여 tail wind가 head wind로 변하면 대지속도가 감소하여 강하율이 감소하므로, PWR를 줄이고 강하율을 증가시켜야 한다. 반대로 head wind가 tail wind로 변하면 대지속도(ground speed)가 증가하여 강하율이 증가하므로, PWR를 증가시키고 강하율을 감소시켜야 한다.

38. ③

　고도계는 이륙 전에 해당 공항의 표고와 국지 QNH로부터 얻어진 계기고도와의 편차가 ±75 ft 이내이어야 계기비행에 사용할 수 있다.

39. ②

　기압고도(pressure altitude)는 altimeter를 29.92 inHg로 setting 하였을 때 지시하는 고도이다.
- 기압 차이; 29.92−31.17= −1.25 inHg
  따라서, 고도 차이; −1.25×1,000= −1,250 ft
  ∴ 기압고도 = 9,400−1,250
  　　　　　 = 8,150 ft

40. ①

　문제의 symbol은 Radio frequency sector boundary를 나타낸다.

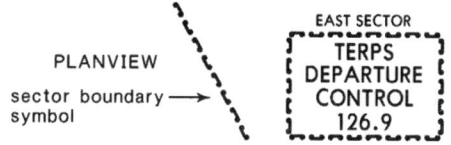

계기비행증명 학과(필기)시험 제6회 모의고사

자격종류	한정자격	한정구분	시험시간	문제수	수험번호	성 명
항공종사자 한정심사	조종사	계기비행증명	50분	40문항		

1. 특정 고도로 상승 후 level-off 시 lead point는?
   ① VSI의 5%
   ② VSI의 10%
   ③ VSI의 15%
   ④ VSI의 20%

2. 표준선회율로 090°에서 270°까지 우측 선회 시 소요시간은?
   ① 50초
   ② 60초
   ③ 70초
   ④ 80초

3. 60° bank, 20° pitch의 비정상 자세로 상승 중인 항공기의 속도가 감소하고 있을 때 회복절차로 올바른 것은?
   ① Power 증가, Pitch 낮춤, Wing level
   ② Pitch 낮춤, Power 증가, Wing level
   ③ Pitch 낮춤, Wing level, Power 증가
   ④ Power 증가, Wing level, Pitch 낮춤

4. VOR로부터 30 NM 떨어진 거리에서 course deviation indicator(CDI)가 2 dot 벗어났다면, course에서 몇 마일 off 된 것인가?
   ① 1 NM
   ② 2 NM
   ③ 3 NM
   ④ 4 NM

5. Ground speed 140 kts로 1 NM 당 300 ft 상승하기 위해 필요한 상승률은?
   ① 200 fpm
   ② 400 fpm
   ③ 700 fpm
   ④ 900 fpm

6. 항공기가 고도 7,000 ft에서 정압공이 막힌 후 9,000 ft까지 상승하여 수평비행 시 속도계와 고도계는?
   ① 속도계는 실제보다 높게 지시하고 고도계는 9,000 ft를 지시한다.
   ② 속도계는 실제보다 낮게 지시하고 고도계는 9,000 ft를 지시한다.
   ③ 속도계는 실제보다 높게 지시하고 고도계는 7,000 ft를 지시한다.
   ④ 속도계는 실제보다 낮게 지시하고 고도계는 7,000 ft를 지시한다.

7. 속도계의 색표지(color marking)에 대한 설명 중 틀린 것은?
   ① White arc에서 landing gear를 내릴 수 있다.
   ② Yellow arc는 경계와 경고 범위를 나타낸다.
   ③ Green arc는 안전 운용 범위로서 계속 운전 범위를 나타낸다.
   ④ 항공기 속도가 red radiation을 넘지 않도록 해야 한다.

8. 북반구에서 남쪽으로 기수방위를 유지하며 비행 중인 항공기가 우측으로 표준율 선회를 했을 때 자기 나침반은 어떻게 지시하는가?
   ① 초기에 나침반은 좌선회를 지시한다.
   ② 잠시 남쪽 방위에 머물러 있다가 점차 항공기의 기수방위를 지시한다.
   ③ 실제 선회하고 있는 방향보다 더 적게 지시한다.
   ④ 실제보다 더 빠른 선회율로 우선회를 지시한다.

9. 과호흡증(hyperventilation)이 나타날 경우 조치방법으로 적합한 것은?
   ① 산소 비율을 높이기 위해 환기를 시킨다.
   ② 침을 삼키거나 발살바(valsalva) 호흡을 한다.
   ③ 긴장을 풀고 숨을 크게 내쉰다.
   ④ 마음을 안정시키고 호흡을 늦춘다.

10. Terminal VOR의 운용구역은?
    ① 고도 1,000 ft~12,000 ft, 반경 20 NM
    ② 고도 1,000 ft~12,000 ft, 반경 25 NM
    ③ 고도 1,000 ft~14,000 ft, 반경 20 NM
    ④ 고도 1,000 ft~14,000 ft, 반경 25 NM

11. 비행착각을 예방하거나 극복하기 위한 최선의 방법은?
   ① 머리와 눈의 움직임을 가능한 범위까지 줄인다.
   ② 육체적 감각에 의존한다.
   ③ 비행계기의 지시를 믿는다.
   ④ 우선 호흡속도를 줄인다.

12. VOR 수신기를 지상점검할 때 수신기의 오차는 얼마 이내이어야 하는가?
   ① ±2°   ② ±4°
   ③ ±6°   ④ ±8°

13. 항공기가 6,000 ft AGL로 VORTAC 직상공을 통과할 때 DME 지시는?
   ① 0   ② 1
   ③ 2   ④ 3

14. Localizer 신호의 runway threshold에서의 폭은?
   ① 400 ft   ② 500 ft
   ③ 600 ft   ④ 700 ft

15. Glide slope와 교차되는 outer marker 상공의 높이는?
   ① 1,000 ft   ② 1,400 ft
   ③ 2,000 ft   ④ 2,300 ft

16. 김포공항 RWY 14L ILS 접근차트에서 localizer 식별부호 "ISEL"의 마지막 두 자리 문자가 의미하는 것은 무엇인가?
   ① Compass locator   ② Middle marker
   ③ Inner marker   ④ Outer marker

17. 활주로의 끝에 숫자 "36"이 표시되어 있는 경우, 이 활주로 번호의 의미는?
   ① 활주로의 진방위(true direction) 36°
   ② 활주로의 진방위(true direction) 360°
   ③ 활주로의 자방위(magnetic direction) 36°
   ④ 활주로의 자방위(magnetic direction) 360°

18. Glide slope이 정상보다 아주 낮은 2.5° 미만일 때 PAPI의 색깔은? (여기에서 ○;White, ●;Red)
   ① ●●●●   ② ○●●●
   ③ ○○○●   ④ ○○○○

19. B등급 공역에서 VFR 항공기와 다른 VFR/IFR 항공기 간의 수직분리 간격은?
   ① 300 ft   ② 500 ft
   ③ 1,000 ft   ④ 1,200 ft

20. C등급 공역에서 제공되는 분리업무가 아닌 것은?
   ① IFR 항공기 간의 분리업무
   ② IFR 항공기와 VFR 항공기 간의 분리업무
   ③ VFR 항공기 간의 분리업무
   ④ VFR 항공기와 IFR 항공기 간의 분리업무

21. ATIS에서 시정(visibility)과 운고(ceiling)가 생략되는 경우는?
   ① 시정 5 mile 이상인 경우
   ② 운고 5,000 ft 이상인 경우
   ③ 시정 3 mile 이상, 운고 3,000 ft 이상인 경우
   ④ 시정 5 mile 이상, 운고 5,000 ft 이상인 경우

22. 무선주파수에 관한 설명 중 틀린 것은?
   ① 하나의 주파수는 한 가지의 기능만 수행할 수 있다.
   ② 특수 목적으로 배정된 주파수를 사용하여야 한다.
   ③ ATIS에 교신할 주파수를 포함할 수 있다.
   ④ 지상관제 주파수를 비행 중인 항공기와 교신용으로 사용해서는 안된다.

23. Holding pattern entry procedure를 정할 때 기준이 되는 것은?
   ① True Course
   ② Magnetic Course
   ③ True Heading
   ④ Magnetic Heading

24. 긴급 이행(expeditious compliance) 지시에 대한 다음 설명 중 틀린 것은?
① "Immediately" 용어는 긴박한 상황의 회피가 필요하며 신속한 이행이 요구되는 경우에 사용한다.
② "Expedite" 용어는 긴박한 상황으로 진전됨을 회피하기 위하여 즉각 이행이 요구되는 경우에 사용한다.
③ ATC가 신속한 상승 또는 강하 허가를 발부하였고, 이어서 신속(expedite)이란 용어를 사용하지 않고 고도를 변경하였거나 재발부 하였다면 신속 지시는 취소된 것이다.
④ "Immediately" 또는 "Expedite" 지시를 발부할 때는 항상 이유를 설명하여야 한다.

25. Radar contact이 되지 않은 상황에서 조종사가 ATC에 보고하여야 할 경우가 아닌 것은?
① 모든 접근 시 최초접근픽스(IAF)를 떠날 때
② 비정밀접근 시 FAF(최종접근픽스)를 떠날 때
③ 정밀접근 시 outer marker를 떠날 때
④ 이전에 통보한 도착예정시간(ETA)과 2분 이상 차이가 있을 것이 예상될 때

26. 다음 중 ATC가 항공기에 속도조절을 지시할 수 있는 경우는?
① 체공장주 내에서 holding 중인 항공기
② 고고도 계기접근절차를 수행 중인 항공기
③ 39,000피트 이상의 고도에서 비행하는 항공기로서 조종사의 동의가 없는 경우
④ IAF에 있는 항공기

27. RWY 36에서 이륙 후 tower에서 "Maintain runway heading" 이라고 지시했을 때 조종사의 조치로 올바른 것은?
① 진북 360°로 비행한다.
② 자북 360°로 비행한다.
③ RWR 36 연장선 방향을 유지하며 비행한다.
④ RWR 36 연장선과 일치하는 자방위를 유지하며 비행한다.

28. ATC로부터 "Radar service terminated"를 통보받았다. 이는 무엇을 뜻하는가?
① 조종사는 지정된 보고지점 상공에서 위치보고를 하지 않아도 된다.
② 조종사는 현재 위치를 통보하라.
③ 당신의 항공기가 식별되었다.
④ 조종사는 이후에 정상적인 위치보고를 재개하라.

29. 공항을 이륙하여 출발하는 터보제트 항공기에 ATC가 지시할 수 있는 최저속도는?
① 200 kts   ② 210 kts
③ 230 kts   ④ 250 kts

30. NDB Holding 시 두 번째 outbound leg timing의 시작시점은?
① Holding fix abeam
② Outbound heading 완전 선회 후 wing level 또는 fix abeam 중 빠른 것
③ Outbound heading 완전 선회 후 wing level 후 측풍수정각을 주었을 때
④ Inbound leg가 끝났을 때

31. Chart에 표기된 Mandatory altitude 2400'의 의미는?
① 2,400 ft 이하의 고도로 내려가면 안된다.
② 2,400 ft 이상의 고도로 올라가면 안된다.
③ 2,400 ft의 고도를 유지하여야 한다.
④ 2,400 ft의 고도로 비행할 것을 권고한다.

32. VOR 항로 상에서 radio fix 간에 장애물 회피를 보장하도록 발간된 최저고도를 의미하는 것은?
① MOCA   ② MAA
③ MSA   ④ MEA

33. 대형항공기 다음에 소형항공기가 뒤따라 착륙하는 경우 항적난기류 분리를 위한 분리간격은?
① 3분   ② 4분
③ 5분   ④ 6분

34. Timed approach 시행조건에 대한 설명 중 잘못된 것은?
① 관제탑이 운영되어야 한다.
② 관제탑에 이양될 때까지 조종사와 접근관제사 또는 센터와 직접교신이 유지되고 있어야 한다.
③ 보고된 실링(ceiling)과 시정은 IAP에 대한 선회 최저값보다 높아야 한다.
④ 하나 이상의 접근실패절차를 이용할 수 있다면 course reversal을 할 수 있다.

35. ATC radar service가 제공되지 않는 계기접근 시, 착륙하기 위해 circling approach를 하는 동안 시각참조물을 잃어버렸다면 올바른 조치사항은?
① 직진 상승 후 holding fix로 진입한다.
② 착륙 활주로 쪽으로 MDA/DH 고도를 유지하여 선회 후 다음 missed approach 경로까지 계속 선회한다.
③ 착륙 활주로 쪽으로 상승 선회 후 missed approach 경로 상으로 진입할 때까지 계속 선회한다.
④ 직진 상승 후 final approach fix로 재진입한다.

36. Visual approach 시 radar service 종료시점은 언제인가?
① 활주로 insight 시
② 관제사가 tower로 관제 이양 시
③ Visual approach를 인가받았을 때
④ 관제사가 "Resume own navigation, radar service terminated."라고 통보한 경우

37. 뇌우가 포함된 난류지역의 통과방법으로 적합한 것은?
① 가능한 최소속도를 유지한다.
② 난류 통과속도로 출력을 set하고 일정한 고도를 유지한다.
③ 난류 통과속도로 출력을 set하고 수평비행자세를 유지한다.
④ 기동속도로 감속하고 일정한 고도를 유지한다.

38. 대기압이 31.00 inHg 이상인 공항의 기상보고 및 항공기 운항에 대한 설명으로 틀린 것은?
① 31.00 inHg 이상의 대기압을 정확히 측정할 수 없을 경우, "Missing"으로 표기한다.
② 31.00 inHg 이상의 대기압을 정확히 측정할 수 없을 경우, "In excessive of 31.00 inHg"로 표기한다.
③ 입출항 시 계기비행방식으로만 비행하여야 한다.
④ Mode C를 운용 중인 비행기의 경우, radar scope 상에 실제와 상이한 고도정보가 표시된다.

39. 일정한 power로 동일한 고도를 유지하며 비행 중 외기온도가 상승하면?
① 진고도와 진대기속도는 감소한다.
② 진고도와 진대기속도는 증가한다.
③ 진고도는 감소하고, 진대기속도는 증가한다.
④ 진고도는 증가하고, 진대기속도는 감소한다.

40. Enroute chart에서 아래 그림의 symbol이 의미하는 것은?

① ADIZ, DEWIZ and CADIZ boundary
② FIR, UIR, ARTCC or OCA boundary
③ International boundary
④ Time zone boundary

제6회 정답 및 해설

문제	1	2	3	4	5
정답	❷	❷	❶	❷	❸
문제	6	7	8	9	10
정답	❹	❶	❹	❹	❷
문제	11	12	13	14	15
정답	❸	❷	❷	❹	❷
문제	16	17	18	19	20
정답	❷	❹	❶	❷	❸
문제	21	22	23	24	25
정답	❹	❶	❹	❹	❶
문제	26	27	28	29	30
정답	❹	❸	❹	❸	❶
문제	31	32	33	34	35
정답	❸	❶	❶	❹	❸
문제	36	37	38	39	40
정답	❷	❸	❸	❷	❷

1. ②

상승이나 강하 시 level off를 실시할 시기를 결정하는 하나의 방법은 원하는 고도 이전에 상승률(vertical speed rate)의 10%에서 level off 하는 것이다. 예를 들어 500 ft/min으로 상승 중이라면 원하는 고도의 50 ft 이전에 level off 한다.

2. ②

표준선회율은 비행기가 3°/sec의 비율로 선회하는 것을 의미한다. 표준선회율로 180°를 선회하려면 180÷3=60초가 걸린다.

3. ①

비정상 자세의 회복절차는 다음과 같다.

Nose-high 자세의 경우	Nose-low 자세의 경우
1. 출력(power) 증가 2. 실속을 방지하기 위하여 기수 낮춤 - 피치 감소 3. 날개 수평(level wing) 유지 4. 원래의 고도와 heading으로 돌아감	1. 출력(power) 감소 2. 날개 수평(level wing) 유지 3. 기수 올림 - 피치 증가

4. ②

CDI가 2 dot 벗어난 것은 course에서 4°(1 dot=2°) 벗어났다는 것을 의미하므로,

$$\therefore \text{벗어난 거리} = \frac{\text{편위각} \times \text{비행한 거리}}{60}$$
$$= \frac{4 \times 60}{60} = 4 \text{ NM}$$

5. ③

$$\therefore \text{상승률(fpm)} = \text{NM 당 상승거리} \times \frac{\text{대지속도}}{60}$$
$$= 300 \times \frac{140}{60} = 700 \text{ fpm}$$

6. ④

Static port가 막혔더라도 pitot tube가 막히지 않았다면 속도계는 계속 작동하지만 이 속도지시는 정확하지 않다. 이러한 상태에서 비행기가 상승하면 막힌 static 계통의 정압이 해당 고도의 정압보다 높으므로 실제 속도보다 낮은 속도가 지시된다.

Static 계통이 막히면 고도계와 승강계도 영향을 받는다. Static 계통이 막혀서 정압이 변하지 않으면 고도계는 현재 고도를 지시한 채 변하지 않으며, 승강계는 계속 "0"을 지시한다.

7. ①

대기속도계에서 백색 호선(white arc)은 플랩 조작에 따른 항공기의 속도 범위를 나타내는 것으로서, 최대착륙중량 시의 실속속도(VSO)를 하한으로 하고 플랩을 내릴 수 있는 최대속도를 상한으로 한다.

8. ④

선회 오차, 북선 오차(Northern turning error)
1. 북반구에서 북쪽 방향으로 비행을 하다 좌측이나 우측으로 선회를 하면 나침반 카드는 초기에 잠깐 항공기가 선회하는 반대방향을 지시하다가, 점차적으로 실제 선회하는 방향으로 회전한다. 결과적으로 선회 중에 항공기의 실제 선회율보다 느리게 지시하는 지시지연(lag)이 발생한다.
2. 북반구에서 남쪽 방향으로 비행하다가 좌측이나 우측으로 선회를 하면 나침반 카드는 처음부터 올바른 방향을 지시하지만 실제 선회보다 앞서 회

전한다. 결과적으로 선회 중에 항공기의 실제 선회율보다 빠르게 지시하는 지시선도(lead)가 발생한다.

9. ④

비행 중 과호흡증(과다호흡증, Hyperventilation in Flight)
1. 과호흡증은 신체를 통해 이산화탄소가 과다하게 "배출"되기 때문이며, 조종사는 어지러움, 질식, 졸음, 손발 저림 및 오한 그리고 이것들과 반응하여 한층 더 심한 과호흡증을 겪을 수 있다.
2. 과다호흡증이 나타날 경우 먼저 마음을 안정시키고, 두 번째로 호흡률을 정상 속도(분당 12~20회)로 늦추어야 한다.

10. ②

VOR/DME/TACAN의 표준 서비스 범위는 다음과 같다.

등급	고도 및 거리범위
T (터미널)	1,000 ft AGL 초과 12,000 ft AGL 이하의 고도에서 25 NM까지의 반경거리
L (저고도)	1,000 ft AGL 초과 18,000 ft AGL 이하의 고도에서 40 NM까지의 반경거리
H (고고도)	1,000 ft AGL 초과 14,500 ft AGL 이하의 고도에서 40 NM까지의 반경거리 14,500 ft AGL 초과 60,000 ft 이하의 고도에서 100 NM까지의 반경거리 18,000 ft AGL 초과 45,000 ft AGL 이하의 고도에서 130 NM까지의 반경거리

11. ③

계기비행을 하는 동안 공간상 방향상실을 피하고 극복하기 위해서는 잘못된 신체 감각을 무시하고, 비행계기를 믿어야 한다.

12. ②

VOR 수신기 점검(VOR Receiver check) 허용오차 범위
1. 지상점검(ground check)을 하여 오차가 ±4°를 초과하거나 공중점검(airborne check)을 하여 ±6°를 초과한다면, 먼저 오차의 원인을 수정하지 않고 계기비행방식(IFR)으로 비행을 해서는 안 된다.
2. 이중 시스템(dual system) VOR을 항공기에 장착하고 있는 경우, 두 지시방위 간의 최대허용편차는 4°이다.

13. ②

1 NM은 약 6,000 ft에 해당하므로 항공기가 station 직상공 6,000 ft를 지날 때 DME는 1 NM을 지시할 것이다.

14. ④

Localizer 신호는 활주로의 반대편 끝단에서 송신된다. 활주로시단에서 700 ft(좌측 최대비행범위에서 우측 최대비행범위까지)의 진로 폭이 되도록 조절된다.

15. ②

Glide path 투사각(projection angle)은 보통 수평선 상부 3°로 조정되어 있으며, 활주로표고 상부 약 200 ft에서 middle marker와 교차하고 약 1,400 ft에서 outer marker와 교차한다.

16. ②

컴퍼스 로케이터는 2자리 문자의 식별부호 group을 송신한다. 외측 로케이터(LOM; outer marker compass locator)는 로케이터 식별부호 group의 첫 2자리 문자를 송신하고, 중간 로케이터(LMM; middle marker compass locator)는 로케이터 식별부호 group의 마지막 2자리 문자를 송신한다.

17. ④

활주로 명칭표지(runway designator marking)는 두 자리 숫자로 되어 있으며, 이 활주로 번호는 진입방향에 의해 정해진다. 활주로 번호는 자북에서부터 시계방향으로 측정한 활주로중심선 자방위(magnetic azimuth)의 10분의 1에 가장 가까운 정수이다.

예를 들어 자방위가 183°인 곳의 활주로 명칭은 18이 되고, 자방위 87°와 같이 1자리 정수로 표기되는 경우에는 "0"을 숫자 앞에 붙여 활주로

명칭은 09가 된다.

18. ①

진입각에 따른 정밀진입각지시등(Precision Approach Path Indicator; PAPI)의 색상은 다음과 같다.

진입각	색 상
High (3.5° 초과)	○ ○ ○ ○
Slightly high (3.2°)	○ ○ ○ ●
On glide path (3°)	○ ○ ● ●
Slightly low (2.8°)	○ ● ● ●
Low (2.5° 미만)	● ● ● ●

19. ②

B등급 공역에서 VFR 항공기는 무게 19,000 lbs 이하의 모든 VFR/IFR 항공기와 500 ft의 수직분리 최저치를 적용하여야 분리하여야 한다.

20. ③

C등급 공역 내에서 비행하는 항공기에게 제공되는 업무는 다음과 같다.
1. 주 공항(primary airport)의 모든 항공기 순서 배정
2. 계기비행(IFR) 항공기에 대한 표준 계기비행(IFR) 업무
3. 계기비행(IFR) 항공기와 시계비행(VFR) 항공기 간의 분리, 교통정보 조언 및 안전경고
4. 시계비행(VFR) 항공기 간 교통정보 조언 및 안전경고

21. ④

ATIS에 하늘상태나 운고(ceiling) 또는 시정이 포함되어 있지 않다는 것은 하늘상태 또는 운고가 5,000 ft 이상이고, 시정이 5 mile 이상이라는 것을 나타낸다.

22. ①

무선통신(Radio communications)
1. 특수한 목적으로 배정된 무선주파수를 사용하여야 한다. 단일 주파수가 한 가지 기능 이상의 목적으로 사용될 수 있다.
2. 관제탑에 배당된 지상관제용 주파수의 수가 제한되어 있으므로, 지상관제 주파수를 이용하여 비행 중인 항공기와 교신할 때 다른 관제탑과 혼선이 발생하거나 관제사가 관제하는 항공기와 다른 관제탑 간에도 혼선이 발생할 수 있다. 이러한 기능을 통합할 때 터미널(terminal) 관제 주파수로 통합하는 것이 바람직하다. ATIS에 교신할 주파수를 명시할 수 있다.

23. ④

Holding pattern의 entry procedure는 fix에 도착했을 때 진입구역(entry sector)에 대한 magnetic heading에 좌우된다.

24. ④

긴급 이행(Expeditious compliance)
1. "Immediately"라는 용어는 긴박한 상황의 회피가 필요하며 신속한 이행이 요구되는 경우에만 사용한다.
2. "Expedite"라는 용어는 긴박한 상황으로 진전됨을 회피하기 위하여 즉각 이행이 요구되는 경우에만 사용한다. 항공교통관제기관에 의하여 신속한 상승 또는 강하 허가가 발부되었고, 이어서 "expedite" 라는 용어를 사용하지 않고 고도가 변경되었거나 재발부 되었다면 "expedite" 지시는 취소된 것이다
3. 위의 "1", "2"에 의한 지시를 발부할 때, 시간이 허용되는 범위 내에서 이유를 설명하여야 한다.

25. ①

레이더에 포착되지 않았을 때, 조종사가 ATC에 보고해야 하는 경우는 다음과 같다.
1. 최종접근진로 상의 inbound 최종접근픽스(비정밀접근)를 떠날 때, 또는 최종접근진로 상에서 외측마커나 inbound 외측마커 대신 사용되는 픽스(정밀접근)를 떠날 때
2. 이전에 통보한 예정시간과 2분 이상 차이가 날 것이 확실할 때는 언제라도 수정된 예정시간을 통보하여야 한다.

26. ④

다음 항공기에게는 속도조절을 지시하여서는 안된다.
1. FL390 이상의 고도에서 조종사 동의가 없는 경우
2. 발간된 고고도 계기접근절차를 수행 중인 항공기
3. 체공장주에 있는 항공기
4. 최종접근 진로상의 최종접근픽스 또는 활주로로부터 5마일 되는 지점 중 활주로로부터 가까운 지점에 있는 항공기

27. ③

"Fly 또는 maintain runway heading" 이라고 허가받은 경우, 조종사는 출발활주로의 연장된 활주로중심선에 해당하는 기수방향으로 비행하거나 기수방향을 유지하여야 한다. 편류수정은 적용되지 않는다. 예를 들어 Runway 4 활주로중심선의 실제 자방향이 044 라면, 044로 비행하여야 한다.

28. ④

조종사는 ATC로부터 항공기가 "Radar contact" 되었다는 통보를 받은 경우에는 지정된 보고지점 상공에서 위치보고를 하지 않아도 된다.
ATC가 "Radar contact lost" 또는 "Radar service terminated"라고 통보한 경우에는 다시 정상적인 위치보고를 하여야 한다.

29. ③

ATC가 출발하는 항공기에게 속도조절을 지시할 때는 다음의 권고 최저치(recommended minima)에 의거하여야 한다.
1. 터보제트 항공기는 230 knot를 최저속도로 한다.
2. 왕복엔진 항공기는 150 knot를 최저속도로 한다.

30. ①

Outbound leg 시간측정은 fix 상공 또는 abeam 위치 가운데 나중에 나타나는 곳에서부터 시작한다. Abeam 위치를 판단할 수 없다면 outbound로 선회를 완료했을 때부터 시간을 측정한다.

31. ③

규정된 고도는 계기접근절차차트에 최저, 최대, 의무 및 권고고도의 네 가지 다른 형태로 표기될 수 있다.
1. 최저고도(minimum altitude)는 고도치(altitude value)에 밑줄을 그어 표기한다. 항공기는 표기된 값 이상의 고도를 유지하여야 한다. 〔예; 3000〕
2. 최대고도(maximum altitude)는 고도치에 윗줄을 그어 표기한다. 항공기는 표기된 값 이하의 고도를 유지하여야 한다. 〔예; 4000〕
3. 의무고도(mandatory altitude)는 고도치에 밑줄 및 윗줄 모두를 그어 표기한다. 항공기는 표기된 값의 고도를 유지하여야 한다. 〔예; 5000〕
4. 권고고도(recommended altitude)는 밑줄이나 윗줄이 없는 채로 표기한다. 〔예; 6000〕

32. ①

최저장애물회피고도(Minimum Obstruction Clearance Altitude, MOCA)는 전체 비행로구간에 대하여 장애물 회피요건을 충족하고, VOR의 25 SM(22 NM) 이내에서만 항행안전시설 신호를 수신할 수 있는 최저고도이다.

33. ①

연속적인 접근 항공기간 항적난기류 분리는 다음과 같이 시간 또는 레이더 분리기준을 적용한다.
1. 초대형(super) 뒤
  가. 대형(heavy) : 3분 또는 6마일
  나. 중형(medium) : 3분 또는 7마일
  다. 소형(light) : 4분 또는 8마일
2. 대형(heavy) 뒤 소형(light) : 3분 또는 6마일

34. ④

시차접근(timed approach)은 다음과 같은 조건이 충족되었을 때 수행할 수 있다.
1. 접근이 이루어지는 공항에 관제탑이 운영되고 있다.

2. 조종사가 관제탑과 교신하도록 지시를 받을 때까지 조종사와 관제센터 또는 접근관제소와 직접 교신이 유지된다.
3. 둘 이상의 실패접근절차를 이용할 수 있는 경우, 어느 절차도 진로를 역으로 전환할 필요가 없다.
4. 하나의 실패접근절차만을 이용할 수 있다면, 다음과 같은 조건을 충족하여야 한다.
   가. 진로(course)를 역으로 전환할 필요가 없어야 하며,
   나. 보고된 운고(ceiling) 및 시정이 IAP에 명시된 가장 큰 선회최저치와 같거나 더 커야 한다.
5. 접근이 허가된 경우, 조종사는 절차선회(procedure turn)를 해서는 안된다.

35. ③

계기접근을 하여 선회착륙(circling-to-land)을 하는 동안 시각참조물을 잃어 버렸다면, 해당 특정절차에 지정된 실패접근절차에 따라야 한다. 설정된 실패접근진로로 진입하기 위하여 조종사는 착륙활주로 쪽으로 먼저 상승선회를 한 다음 실패접근진로로 진입할 때까지 계속 선회하여야 한다.

36. ②

시각접근(visual approach) 시 조종사가 조언주파수로 변경할 것을 지시받은 경우, ATC의 통보없이 레이더업무는 자동으로 종료된다.

37. ③

뇌우비행(Thunderstorm flying)
1. 권장하는 난기류 통과속도로 동력설정을 유지하고, 동력설정을 변경하지 마라.
2. 일정한 자세를 유지하라. 고도 및 속도가 변동될 수 있도록 놓아두라.
3. 번개로 인한 일시적인 시력상실(blindness)을 줄이기 위하여 조종실 조명을 가장 높은 광도로 조절한다.
4. 가장 위험한 착빙을 피하기 위하여 결빙고도 미만이나 -15℃ 고도 이상의 통과고도로 비행한다.

38. ③

기압계의 압력이 31.00 inHg를 초과하는 경우, 31.00 inHg를 초과하는 대기압을 정확하게 측정할 수 없는 공항은 대기압을 "missing" 또는 "in excess of 31.00 inches of Hg"로 보고한다. 이러한 공항의 항공기 입출항은 VFR 기상상태로 제한된다.

39. ②

고도 및 속도에 대한 온도의 영향
1. 대기온도가 표준온도보다 더 따뜻하면 고도계가 지시하는 것보다 더 높이 있는 것이다. 또한 대기가 표준보다 더 춥다면 지시하는 것보다 더 낮게 있는 것이다. 일정한 지시고도를 유지하면서 더 차가운 기단으로 비행할 경우 진고도(true altitude)는 낮아지게 된다.
2. 온도가 증가함에 따라 공기밀도는 감소하기 때문에 항공기는 더 빨리 비행할 수 있다. 따라서 일정한 수정대기속도 또는 지시대기속도에서 온도가 증가함에 따라 진대기속도는 증가한다.

40. ②

Enroute chart에서 경계선(boundary)을 나타내는 부호(symbol)는 다음과 같다.

경계선(boundary)	부호(symbol)
ADIZ, DEWIZ and CADIZ	･････････････
FIR, UIR, ATRCC or OCA boundary	━━━━━
International boundary	━ ━ ━ ━
Time zone boundary	┤┤┤┤
Air Defence Identification Zones(ADIZs)	▓▓▓▓▓

항공종사자(조종사) 한정심사 학과시험 문제집

계기비행증명 필기

1판 1쇄 발행   2025년 3월 10일

지은이 | 편집부
펴낸이 | 김명선
펴낸곳 | 항공출판사
등 록 | 2022. 7. 4(제25100-2022-000042호)
주 소 | 경기도 부천시 경인로 605 103동 2401호
문 의 | 항공출판사 네이버 카페(Cafe.Naver.net/aerobooks)

정 가   19,000원
ISBN 979-11-979475-6-8 93550

※ 항공출판사의 서면 동의 없이 이 책을 무단 복사, 복제, 전재하는 것은 저작권법에 저촉됩니다.
※ 파손된 책은 구입한 곳에서 교환해 드립니다.

Copyright©2022 aviation books. All rights reserved.